国家示范性高职院校建设项目成果

高等职业教育教学改革系列规划教材

模拟电子技术

崔群凤　黄　洁　主　编

王　川　主　审

電子工業出版社

Publishing House of Electronics Industry

北京 •BEIJING

内 容 简 介

本书通过 7 个工作任务的引领，主要介绍常用半导体器件、基本放大电路、集成运算放大电路、负反馈放大电路、功率放大电路、波形产生电路，以及直流稳压电源等内容。本书紧密结合高职高专教学特点，注重技能训练，采用工作任务引导教与学，突出应用性、针对性。

本书可作为高等职业院校、高等专科院校、成人高校、民办高校及应用型本科院校电子电气、信息自动化、机电一体化及相关专业的教学用书，也适用于五年制高职、中职相关专业，并可作为社会从业人士的参考书及培训用书。

图书在版编目（CIP）数据

模拟电子技术 / 崔群凤，黄洁主编 . -- 北京：电子工业出版社，2017.1
高等职业教育教学改革系列规划教材
ISBN 978-7-121-30449-1

Ⅰ . ①模…　Ⅱ . ①崔…　②黄…　Ⅲ . ①模拟电路－电子技术－高等职业教育－教材
Ⅳ . ① TN710.4

中国版本图书馆 CIP 数据核字（2016）第 283009 号

策划编辑：王艳萍
责任编辑：王艳萍
印　　刷：三河市鑫金马印装有限公司
装　　订：三河市鑫金马印装有限公司
出版发行：电子工业出版社
　　　　　北京市海淀区万寿路 173 信箱　邮编 100036
开　　本：787×1 092　1/16　印张：11.75　字数：300.8 千字
版　　次：2017 年 1 月第 1 版
印　　次：2017 年 1 月第 1 次印刷
印　　数：3 000 册　定价：33.00 元

凡所购买电子工业出版社图书有缺损问题，请向购买书店调换。若书店售缺，请与本社发行部联系，联系及邮购电话：（010）88254888，88254888。
质量投诉请发邮件至 zlts@phei.com.cn，盗版侵权举报请发邮件至 dbqq@phei.com.cn。
本书咨询联系方式：wangyp@phei.com.cn

前　言

模拟电子技术是一门实践性很强的技术性课程，本教材的突出特点是理论教学与实际应用并重，教学的设计思路采用任务导向式的教学方法，课程通过任务的引领，将知识点融入其中，提高课程和教学的工作指向性，达到理论与实践应用的结合，使学生能够学以致用，满足高职人才培养的要求。

本书在内容叙述上力求深入浅出，将知识点与能力培养有机结合，注重培养学生的工程应用能力和解决现场实际问题的能力。书中对所涉及的器件内部结构与电路原理没有做太多的阐述，而是通过各种应用实例使学生熟悉器件在电子系统中的具体应用。

本书的内容按照“知识目标”→“技能目标”→“任务引导”→“知识积累”的结构进行组织，使学习者边学边做，在做中学，学中做。任务设计和理论知识遥相呼应，以期拓宽学生的视野，提高学生学习新知识、掌握新知识的能力，架设一条从课堂教学通向工程实践的桥梁。

武汉职业技术学院崔群凤、黄洁担任本书主编，崔群凤编写了第 1、2、4、5 章，黄洁编写了第 3、6、7 章，全书由王川审稿。

本书配有免费的电子教学课件及习题答案，请有需要的教师登录华信教育资源网（www.hxedu.com.cn）免费注册后下载，如有问题请在网站留言或与电子工业出版社联系（E-mail: hxedu@phei.com.cn）。

由于时间紧迫和编者的水平有限，书中的错误和不妥在所难免，敬请读者提出批评指正。

编　者

目　录

第 1 章　常用半导体器件

知识目标

- 了解半导体与 PN 结的基本知识。
- 了解二极管的结构，熟悉其图形符号、单向导电性，理解二极管的伏安特性曲线及主要参数，掌握其应用。
- 了解稳压二极管、光电二极管、发光二极管的图形符号、工作特点及应用。
- 了解双极性三极管即晶体管的结构，熟悉其图形符号，理解其工作原理、输入和输出伏安特性曲线及主要参数，熟悉晶体管的放大作用。
- 了解单极性三极管即场效应管(MOS管)的结构，熟悉其图形符号，理解其工作原理、转移伏安特性曲线及主要参数，熟悉场效应管的放大作用。
- 了解晶闸管的主要特性及应用。

技能目标

- 会分析普通二极管应用电路，知道特殊二极管（稳压二极管、发光二极管、光电二极管）的使用方法。
- 会对二极管进行识别和检测，知道其使用知识。
- 能对三极管的状态（截止、放大、饱和）进行判别。
- 会使用万用表判别三极管的引脚和质量的优劣，知道其使用知识。

半导体二极管，简称二极管，是用半导体材料制成的最简单的器件，半导体三极管具有放大和开关作用，二者应用非常广泛。半导体三极管有双极型和单极型两种类型，双极型半导体三极管通常简称晶体管或BJT，它有空穴和自由电子两种载流子参与导电，故称为双极型半导体三极管；单极型半导体三极管通常称为场效应管，简称FET，是一种利用电场效应控制输出电流的半导体器件，它只有一种载流子（多数载流子）参与导电，故称为单极型半导体三极管。

本章讨论半导体二极管的结构、特性及其应用，重点讨论二极管的伏安特性、单向导电性及应用；然后介绍三极管的结构、工作原理、特性曲线、主要参数及其分析方法，重点介绍三极管的放大原理，放大电路的组成、工作原理及其分析方法。

任务　温度报警器电路

一、任务目标

通过温度报警器电路的设计与制作，掌握二极管和三极管的特性及其基本应用。

二、任务要求

该温度报警器对温度很敏感，当温度高于或低于临界值时，发光二极管点亮，达到报警的目的。

三、任务实现

温度报警器电路如图1-1所示，热敏电阻R_t和R_P组成分压器，使A点电位在0~9V之间变化。温度正常时，热敏电阻R_t阻值较大，A点电位高，三极管VT_1导通，B点电位低，三极管VT_2截止，发光二极管不亮。当温度升高时，热敏电阻R_t阻值变小，A点电位低，三极管VT_1截止，B点电位高，三极管VT_2导通，发光二极管亮，发出警报。调节R_p阻值可以改变A点的电位，相应改变温度受控点。

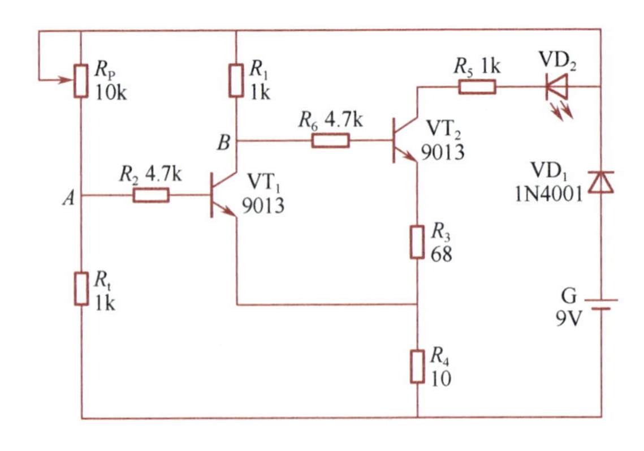

图1-1　温度报警器电路

元件清单：

- $R_1 \sim R_6$ （1/8）W 碳膜电阻器
- R_P 可变电阻器
- R_t 负温度系数热敏电阻
- VD_1 二极管 1N4001
- VD_2 发光二极管 LED
- $VT_1 \sim VT_2$ 晶体管 9013

1.1 半导体基础知识

1.1.1 半导体及其特性

1. 半导体特性

导电能力介于导体和绝缘体之间的物质称为半导体。常用的半导体材料主要有硅和锗，硅和锗均为四价元素，化学结构比较稳固，所以非常纯净的半导体即本征半导体导电能力很差。但半导体的导电能力随着掺入杂质、温度和光照的不同会发生很大变化，主要表现在：

（1）热敏性。半导体的导电能力对温度很敏感。当环境温度升高时，其导电能力增强。利用这种特性可以制成各种热敏器件，如热敏电阻，可用来检测温度的变化及对电路进行控制等。

（2）光敏性。半导体的导电能力随光照的不同而不同，当光照加强时，其导电能力增强。利用这种特性可以制成各种光敏器件，如光电管、光电池等。

（3）掺杂特性。如果在纯净的半导体中掺入微量的某些有用杂质，其导电能力将大大增加，可以增加几十万甚至几百万倍。利用这种特性可制成半导体二极管、晶体管、场效应管及晶闸管等很多不同用途的半导体器件。

由此可知，半导体具有掺杂特性、光敏性和热敏性等特性。

2. P 型半导体和 N 型半导体

本征半导体掺入微量元素后就成为杂质半导体。由于掺入的杂质不同，杂质半导体可分为 P 型半导体和 N 型半导体。

（1）P 型半导体：在本征半导体硅（或锗）中掺入微量的三价元素，就形成 P 型半导体。其内部有两种载流子，其中空穴是多数载流子（简称多子），自由电子是少数载流子（简称少子）。

（2）N 型半导体：在本征半导体硅（或锗）中掺入微量的五价元素，就形成 P 型半导体。其中自由电子是多数载流子（简称多子），空穴是少数载流子（简称少子）。

1.1.2 PN 结及其单向导电性

1. PN 结

在一块纯净的本征半导体中，通过不同的掺杂工艺，使其一边成为 N 型半导体，另一边成为 P 型半导体，那么就会在这两种半导体的交界处形成 PN 结，如图 1-2 所示。PN 结是构成各种半导体器件的基础。

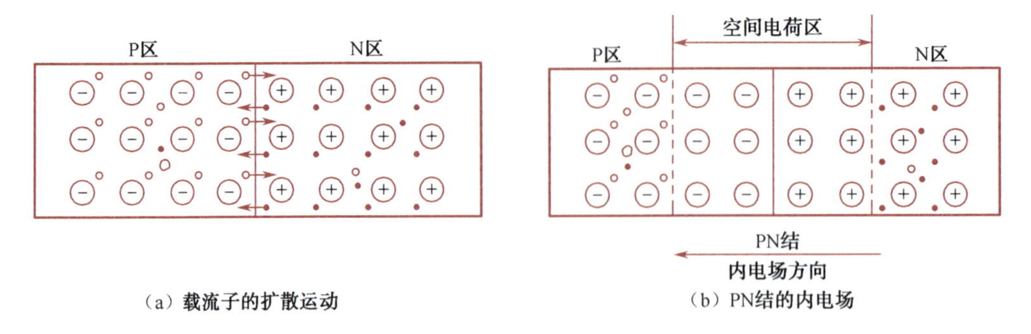

图 1-2　PN 结的形成

在 PN 结内部，由于载流子的浓度差产生了扩散运动，由此形成了一个内部电场，方向由 N 区指向 P 区。内电场对多数载流子的扩散运动起着阻碍作用，对少数载流子的漂移运动起着加速作用，当这两种运动达到动态平衡时，就形成了 PN 结。

2. PN 结的单向导电性

PN 结具有单向导电性。当 P 区接电源正极，N 区接电源负极时，如图 1-3（a）所示，称为 PN 结正向偏置。这时，外加电压产生的外电场与 PN 结的内电场的方向相反，内电场被消弱，形成了较大的扩散电流，即正向电流。这时 PN 结呈现很小的正向电阻，有较大的正向电流，PN 结处于正向导通状态。当 P 区接电源负极，N 区接电源正极时，如图 1-3（b）所示，称为 PN 结反向偏置。这时，外电场与内电场方向一致，增强了内电场，PN 结呈现很大的反向电阻，有很小的反向电流，PN 结处于反向截止状态。所以，PN 结正偏时导通，呈现很小的电阻，形成较大的正向电流；PN 结反偏时截止，呈现很大的电阻，反向电流近似为零。这就是 PN 结的单向导电性。

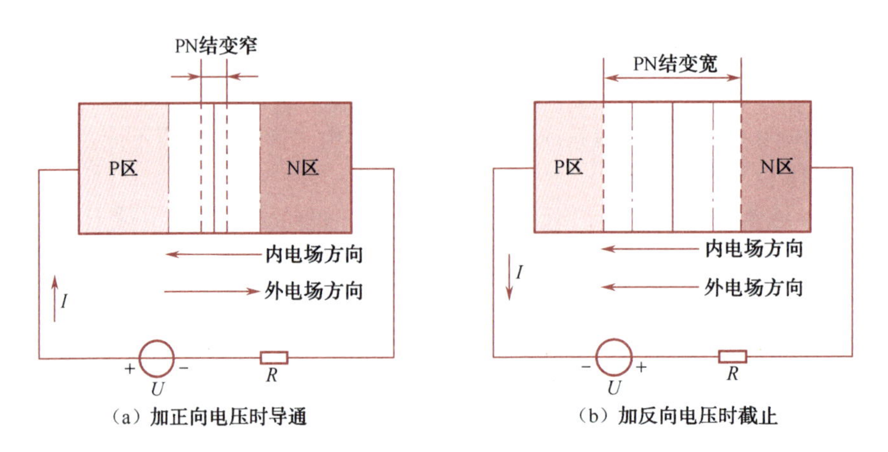

图 1-3　PN 结的单向导电性

1.2　半导体二极管

1.2.1　二极管的结构与符号

1. 结构

半导体二极管也称晶体二极管，简称二极管。它是由一个 PN 结加上电极和引线用管壳封装而成的，其核心为 PN 结，所以二极管的主要特性是单向导电性。

二极管的种类很多，按照制造二极管的材料不同，分为硅二极管和锗二极管；按照结构形式不同，分为点接触型二极管和面接触型二极管两类。

（1）点接触型二极管

点接触型二极管的结构如图 1-4（a）所示，其特点是 PN 结面积小，因而结电容小，适用于高频（几百兆赫兹）工作，但不能通过很大的电流，常用于高频检波、脉冲电路和小电流整流。

（2）面接触型二极管

面接触型二极管的结构如图 1-4（b）所示，其特点是 PN 结面积大，因而允许通过较大的正向电流，但其结电容也大，只能在较低频率下工作。

2. 符号

二极管的图形符号如图 1-4（c）所示，由 P 区引出的电极称为正极（或称阳极），由 N 区引出的电极称为负极 (或称阴极)。图形符号中的箭头方向代表由 P 区指向 N 区，表示二极管正向电流的流通方向。

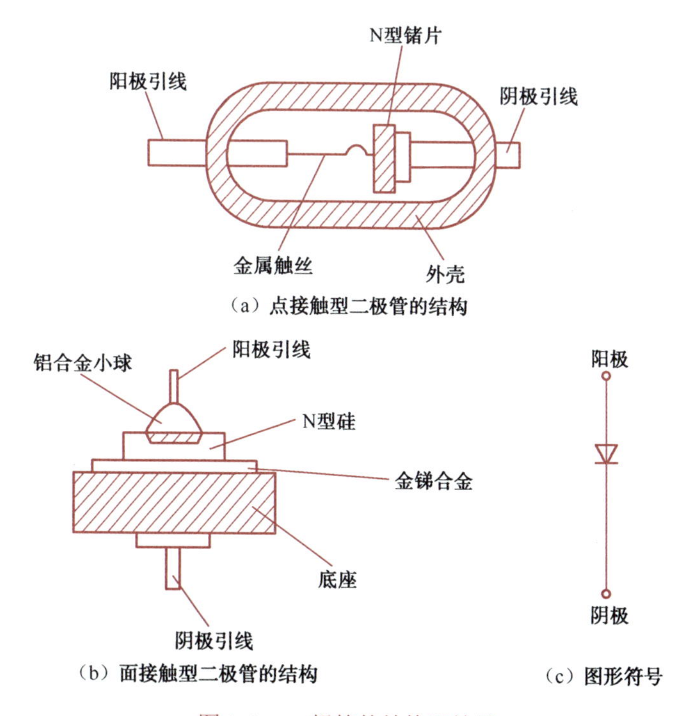

图 1-4　二极管的结构及符号

1.2.2 二极管的伏安特性

1. 正向特性

二极管的伏安特性是指加在二极管两端的电压 u_D 与流过二极管的电流 i_D 的关系。如图 1-5 所示为二极管的伏安特性曲线。

在二极管两端加以正向电压，就会产生正向电流。但是，当起始电压很低时，正向电流很小，几乎为零，管子呈高阻状态，这段区域称为死区。正向电压增大，使二极管导通的临界电压称为死区电压（又称门槛电压）。在常温下，硅管的死区电压一般约为 0.5V，而锗管则约为 0.2V。当二极管两端的电压大于死区电压后，管子开始导通，正向电流随着电压增加而迅速增大，管子呈低阻状态。从图 1-5 所示的特性曲线可以看出，这时二极管的正向电流在相当大的范围内变化，而二极管两端的电压变化不大（近似为恒压特性），小功率硅管为 0.6 ～ 0.8V，锗管为 0.2 ～ 0.3V。

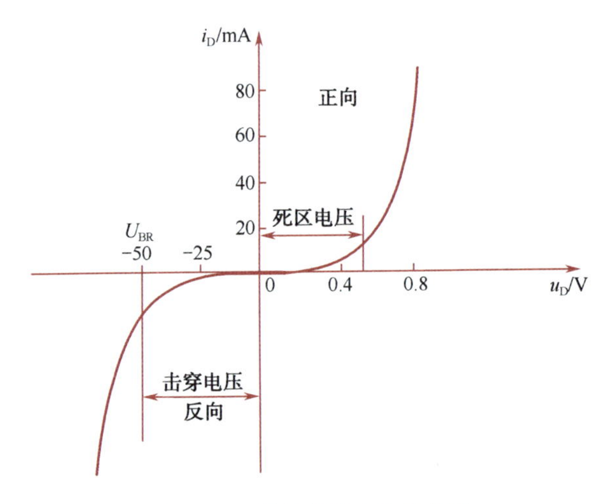

图 1-5 二极管的伏安特性曲线

2. 反向特性

在二极管两端加以反向电压，由于 PN 结的反向电阻很高，所以反向电压在一定范围内变化时，反向电流非常小，且基本不随反向电压而变化，这个电流称为反向饱和电流（正常情况下可忽略不计），此时管子处于截止状态。

反向饱和电流是二极管的一个重要参数，反向饱和电流越大，说明管子的单向导电性能越差。硅二极管的反向饱和电流比锗二极管小，一般为纳安（nA）数量级；锗二极管的反向饱和电流为微安数量级。另外，反向饱和电流随温度的上升而急剧增长，通常，温度每增加 10℃，其值约增加 1 倍。

3. 击穿特性

如图 1-5 所示，当二极管的反向电压增大到一定数值后，其反向电流会突然增大，这种现象称为反向击穿。发生击穿时的电压称为反向击穿电压，用 U_{BR} 表示。二极管的击穿有电击穿与热击穿之分；发生了电击穿，如果将反向电压降至击穿电压以下，二极管仍能

正常工作；发生了热击穿，二极管则会烧坏。在实际使用中，一般不允许二极管工作在击穿状态，但利用电击穿可以制成稳压二极管。

4. 温度对特性的影响

由于半导体的导电性能与温度有关，所以二极管对温度很敏感，温度升高时，二极管正向特性曲线向左移动，反向特性曲线向下移动，如图 1-6 所示。变化的规律：在室温附近，温度每升高 1℃，正向电压减小 2 ～ 2.5mV，即温度系数约为 –2.5mV/℃；温度每升高 10℃，反向电流约增大 1 倍，击穿电压也下降较多。

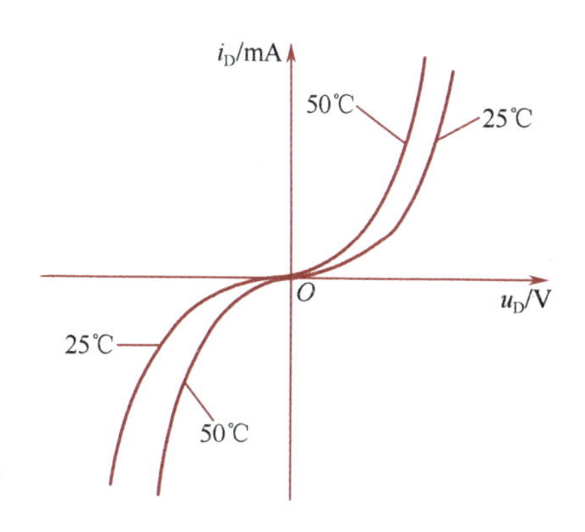

图 1-6　温度对二极管特性的影响

1.2.3　二极管的主要参数

二极管的参数是表征二极管的性能及其适用范围的数据，是选择和使用二极管的重要参考依据。二极管的主要参数有以下几个。

1. 最大整流电流 I_F

最大整流电流 I_F 是指二极管长期运行时，允许通过二极管的最大正向平均电流。二极管在使用时不能超过此值，否则将使二极管过热而损坏。

2. 最大反向工作电压 U_{RM}

最大反向工作电压 U_{RM} 是指二极管工作时两端所允许加的最大反向电压。为保证二极管安全工作，不被击穿，通常 U_{RM} 约为反向击穿电压 U_{BR} 的一半。

3. 反向电流 I_R

反向电流 I_R 是指二极管加最大反向工作电压 U_{RM} 时的反向电流。反向电流越小，管子的单向导电性能越好。常温下，硅管的反向电流一般只有几微安；锗管的反向电流较大，一般在几十至几百微安之间。反向电流受温度影响大，温度越高，其值越大，故硅管的温度稳定性比锗管好。

4. 最高工作频率 f_M

由于 PN 结存在结电容，它的存在限制了二极管的工作频率。如果通过二极管的信号频率超过管子的最高工作频率f_M，则结电容的容抗变小，高频电流将直接从结电容上通过，管子的单向导电性变差。

1.2.4　二极管的应用举例

1. 整流电路

整流二极管通常选用硅半导体材料制作的面接触型 PN 结，具有正向电流大、反向击穿电压高、允许结温高等特点。整流二极管的作用是利用二极管的单向导电性，将交流电变成直流电。整流二极管有金属封装、玻璃封装、塑料封装和表面封装等多种形式。

如图 1-7 所示为简单的半波整流电路。利用二极管 VD 的单向导电特性，可将大小和方向都变化的交流电整流成大小变化、方向不变的脉动直流电压。设二极管为理想二极管，即 $V_P>V_N$ 时，二极管导通，u_D=0V，相当于开关接通；$V_P<V_N$ 时，二极管截止，相当于开关断开。在交流正半周时，二极管 VD 导通；在负半周时，二极管 VD 不导通，由此得到整流后的波形 u_A；u_A 经 RC 滤波器滤波后，得到近似于直流的电压 u_o。

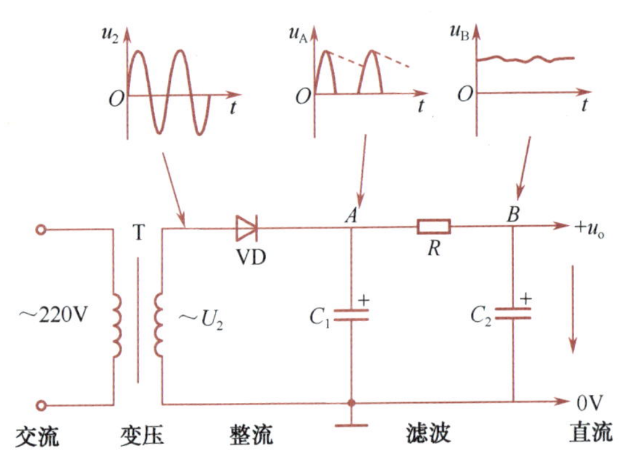

图 1-7　半波整流电路

2. 限幅电路

在电子线路中，为了限制输出电压的幅度，常利用二极管构成限幅电路。

【例 1-1】电路如图 1-8（a）所示，输入电压波形如图 1-8（b）所示，设二极管为理想二极管，试绘出输出电压 u_o 的波形。

解：当理想二极管加正向电压时，二极管导通，其两端呈现的电阻为 0；加反向电压时，二极管截止，其两端呈现的电阻为∞。所以当 $u_i > 5V$ 时，二极管导通，$u_o = u_i$；当 $u_i < 5V$ 时，二极管截止，$u_o = 5V$。输出电压（u_o）波形如图 1-8（c）所示。该电路利用二极管的开关作用，把输入电压 $u_i < 5V$ 的部分掩盖了，所以此电路称为削波电路，也称为下限限幅电路。如果改变二极管的连接极性，还可以构成上限限幅电路。

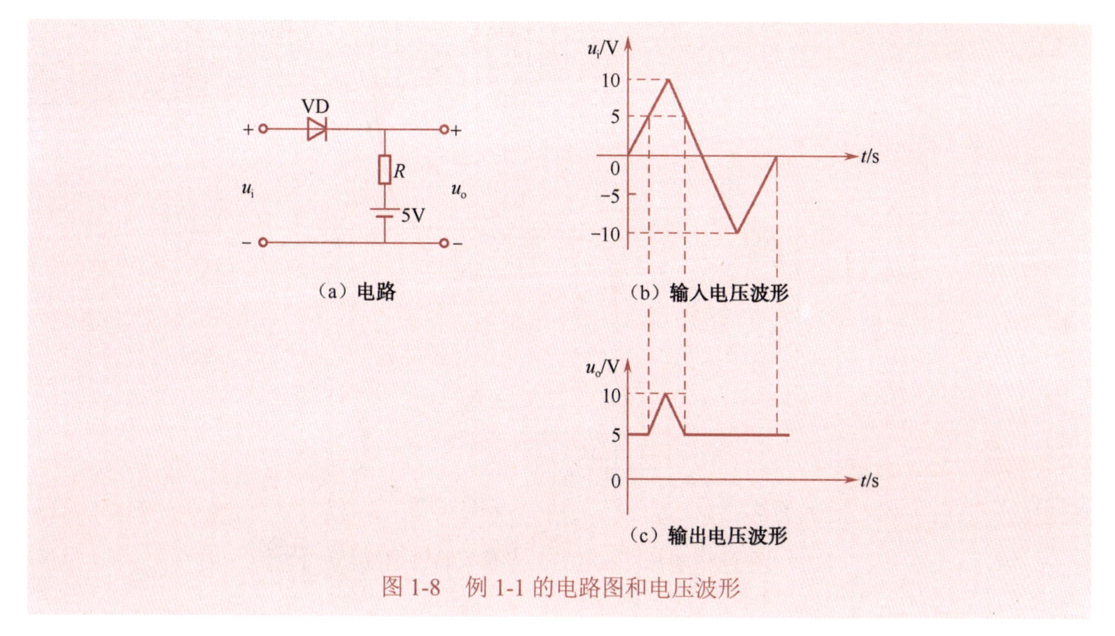

图 1-8　例 1-1 的电路图和电压波形

1.2.5　特殊二极管

1. 稳压二极管

稳压二极管是一种特殊的面接触型二极管，其符号和伏安特性曲线如图 1-9（a）所示，它的正向特性曲线与普通二极管相似，而反向击穿特性曲线很陡。正常情况下，稳压二极管工作在反向击穿区，由于曲线很陡，反向电流在很大范围内变化时，端电压变化很小，因而具有稳压作用。只要反向电流不超过其最大稳定电流，就不会形成破坏性的热击穿。因此，稳压二极管使用时必须串联适当的限流电阻。

稳压二极管的主要参数包括：

（1）稳定电压 U_Z。稳定电压指流过规定电流时二极管两端的反向电压值，其值取决于稳压二极管的反向击穿值。

（2） 稳定电流 I_Z。稳定电流是稳压二极管稳压工作时的参考电流值，通常为工作电压等于 U_Z 时所对应的电流值。当 $I_Z<I_{Zmin}$ 时，由图 1-9（b）所示可知，稳压管将失去稳压作用；当 $I_Z>I_{Zmin}$ 时，稳压管将被热击穿。

（3）最大耗散功率 P_{ZM} 和最大工作电流 I_{ZM}。P_{ZM} 和 I_{ZM} 是为了保证管子不被热击穿而规定的极限参数，由管子允许的最高结温决定，$P_{ZM}=I_{ZM}U_Z$。

（4）动态电阻 r_Z。动态电阻是稳压范围内电压变化量与相应电流变化量之比，即 $r_Z=\Delta U_Z/\Delta I_Z$，如图 1-9（b）所示。$r_Z$ 值很小，约为几欧到几十欧。r_Z 越小，反向击穿电压特性越陡，稳压性能就越好。

（5）电压温度系数 C_T。电压温度系数指温度每增加 1℃时，稳定电压的相对变化量，即

$$C_T=\frac{\Delta U_Z/\Delta I_Z}{\Delta T}\times 100\%$$

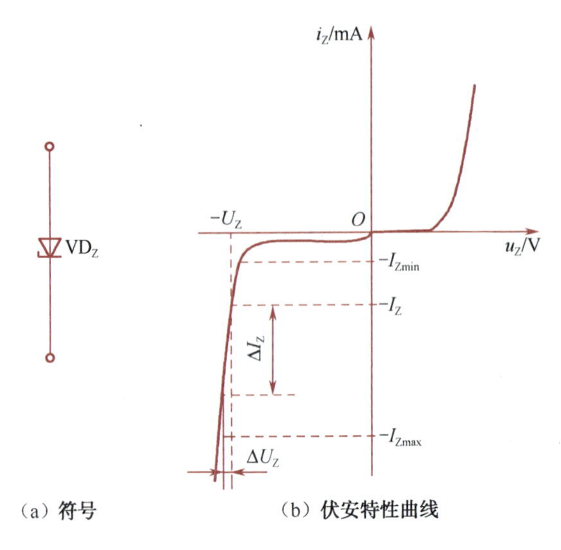

（a）符号　（b）伏安特性曲线

图 1-9　稳压二极管符号及伏安特性曲线

【例 1-2】由稳压二极管组成的简单稳压电路如图 1-10 所示，R 为限流电阻，试分析输出电压稳定的理由。

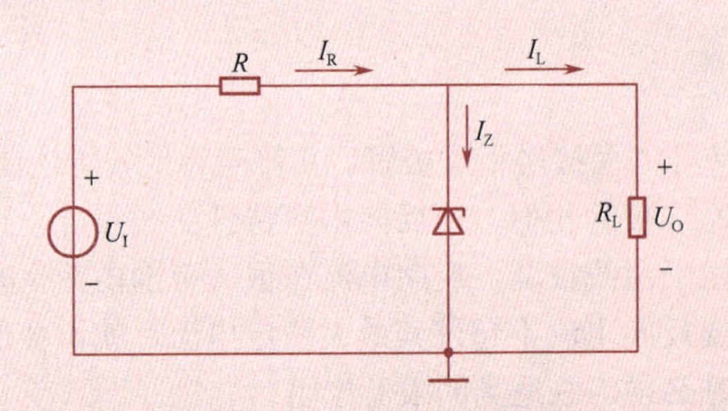

图 1-10　由稳压二极管组成的简单稳压电路

解：由图 1-10 可知，当稳压二极管正常稳压工作时，可得

$$U_O=U_I-I_RR=U_Z \tag{1-1}$$

$$I_R=I_Z+I_L \tag{1-2}$$

若 U_I 增大，U_O 将会随着上升，加在稳压二极管两端的反向电压增加，使电流 I_Z 大大增加，由式（1-2）可知，I_R 也随之显著增加，从而使限流电阻上的压降 I_RR 增加。其结果是 U_I 增加量绝大部分都落在限流电阻 R 上，从而使输出电压 U_O 基本维持恒定。反之，U_I 下降时 I_R 减小，R 上压降减小，从而维持 U_O 基本恒定。

若负载 R_L 增大（即负载电流 I_L 减小），输出电压 U_O 将会随着增大，则流过稳压管的电流 I_Z 大大增加，使 I_RR 增大，输出电压 U_O 下降；同理，若 R_L 减小，使 U_O 下降，则 I_Z 显著减小，使 I_RR 减小，U_O 上升，从而维持了输出电压的稳定。

2. 发光二极管

发光二极管简称 LED，是一种通以正向电流就会发光的特殊二极管，其图形符号如图 1-11（a）所示。发光二极管用某些自由电子和空穴复合时产生光辐射的半导体制成，采

用不同材料，可发出红、橙、黄、绿、蓝色光。发光二极管的伏安特性与普通二极管相似，不过它的正向导通电压较大，通常在 1.7 ～ 3.5V 之间；同时发光的亮度随通过的正向电流增大而增强，工作电流为几毫安到几十毫安，典型工作电流为 10mA 左右。发光二极管的反向击穿电压一般大于 5V，但为使器件可靠工作，应使其工作电压在 5V 以下。

发光二极管的基本应用电路如图 1-11（b）所示，其中 *R* 为限流电阻，使发光二极管正向工作电流在额定电流内。电源电压可以是直流，也可以是交流或脉冲信号，只要流过发光二极管的正向电流在正常范围内，就可以正常发光。发光二极管可单个使用，也可制成七段数字显示器及矩阵式器件。

3. 光电二极管

光电二极管的结构与普通二极管类似，使用时，光电二极管 PN 结工作在反向偏置状态，在光的照射下，反向电流随光照强度的增加而上升（这时的反向电流称做光电流），所以，光电二极管是一种将光信号转为电信号的半导体器件，其图形符号如图 1-12 所示。另外，光电流还与入射光的波长有关。在无光照射时，光电二极管的伏安特性和普通二极管一样，此时的反向电流称做暗电流，一般为几微安，甚至更小。

将发光二极管和光电二极管组合起来可以构成光电耦合器，如图 1-13 所示。

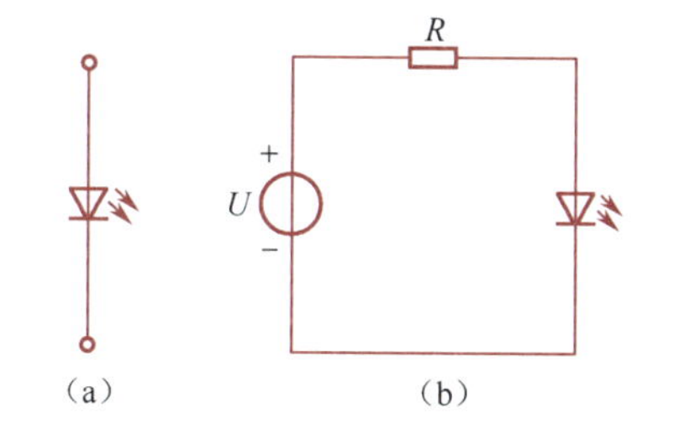

图 1-11　发光二极管符号和基本应用电路

图 1-12　光电二极管符号

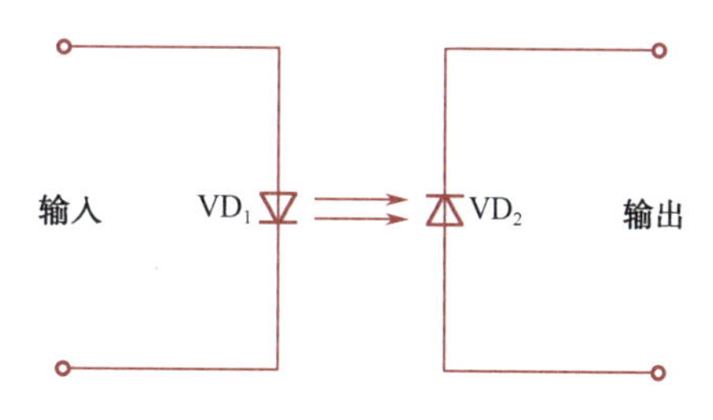

图 1-13　二极管型光电耦合器

4. 变容二极管

变容二极管，又称可变电抗二极管，是利用 PN 结之间电容可变的原理制成的半导体器件，其图形符号如图 1-14 所示。它属于反偏压二极管，改变其 PN 结上的反向偏压，即可改变 PN 结电容量，反向偏压越高，结电容则越小。不同型号的管子，电容最大值不同，一般在 5 ～ 30pF 之间。目前，变容二极管的电容最大值与最小值之比（变容比）可达 20 以上。变容二极管在高频调谐和通信技术中应用广泛，例如，彩色电视机普遍采用的电子调谐器，就是通过控制直流电压来改变二极管的结电容容量，从而改变谐振频率，实现频道选择的。

图 1-14　变容二极管符号

1.2.6　二极管的检测

1. 目测法识别二极管的极性

使用二极管时，正、负极不能接反，否则可能造成二极管的损坏。通常，二极管外壳上有型号的标记，标记有箭头、色环和色点三种形式。箭头指向的一端为负极，靠近色环的一端是负极，有色点的一端是正极；对于点接触型透明玻璃壳封装的二极管，可直接看出极性，金属触针那头即二极管的正极；对于发光二极管、变容二极管等，引脚引线较长的为正极，引脚引线较短的为负极。

2. 用模拟万用表检测二极管

（1）用模拟万用表判别二极管的极性

测量时把万用表置于 R×100 挡或 R×1k 挡，调零，不可用 R×1 挡或 R×10k 挡，前者电流太大，后者电压太高，有可能烧毁二极管。将万用表的红、黑表笔分别接触二极管两只引脚，测量其电阻，然后调换表笔，再测量其电阻。由于黑表笔连接的是表内电池正极，红表笔连接的是表内电池负极，所以测得电阻较小时，与黑表笔接触的为二极管正极，与红表笔接触的为二极管负极；测得电阻较大时，与红表笔接触的为二极管正极，与黑表笔接触的为二极管负极。

（2）用模拟万用表判别二极管的性能好坏

判断二极管性能的好坏，关键是看它的单向导电性能，正向电阻越小，反向电阻越大的二极管的质量越好。二极管的质量好坏也可以从其正、反向阻值中判断出来。如果一个二极管正、反向阻值相差不大，则必为劣质管；如果正、反向电阻值都是无穷大，说明二极管内部断路；如果正、反向电阻值都是零，说明二极管内部已被击穿短路。

（3）用模拟万用表判别二极管的材料

二极管的材料也可以从其正、反向阻值中判断出来。一般硅材料二极管正向电阻为几千欧，而锗材料二极管的正向阻值为几百欧。如果正向电阻较小，基本上可以认为是锗管。

3. 用数字万用表检测二极管

利用数字万用表的二极管挡可以判定二极管的正、负极性，鉴别其是锗管还是硅管，并能测出管子的正向导通电压。

用数字万用表测量二极管时，将其功能开关置于二极管挡，同时将黑表笔插入 COM 孔，红表笔插入 V/Ω 孔，如图 1-15 所示。二极管测量挡与线路通断检测用的蜂鸣挡是同一个挡位，有的数字万用表也称为二极管挡。

（1）判别二极管的正、负极

用红、黑两支表笔接二极管的两个电极，若显示值为 1V 以下，则说明管子处于正向

导通，红表笔接的是正极，黑表笔接的是负极。如果显示“.0L”或溢出符号“¦”，则管子处于反向截止状态，黑表笔接的是正极，红表笔接的是负极。

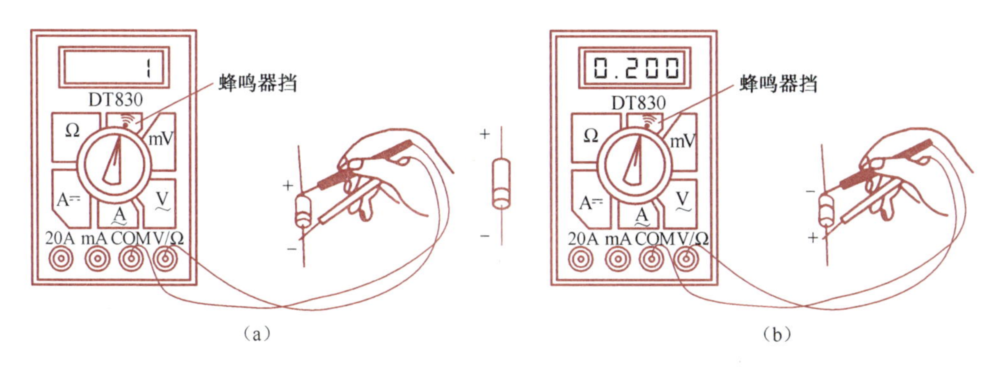

图 1-15　用数字万用表检测二极管

对调表笔，若两次测量都显示 .000，则说明二极管内部短路；都显示“.0L”或溢出符号“¦”，说明管子内部断路。

（2）鉴别锗管与硅管

二极管挡的工作原理：万用表内基准电压源向被测二极管提供大约 1mA 的正向电流，管子的正向电压降就是万用表输入电压——对于锗管，应显示 0.150 ～ 0. 300V；对于硅管，应显示 0.500 ～ 0.700V。根据管子的正向电压差，很容易区分锗管与硅管。蜂鸣器挡用来检测线路通断时，若被测两点间的电阻小于 30Ω，则会同时发出声光信号。

1.3　半导体晶体管

1.3.1　晶体管的结构及符号

与一个 PN 结的二极管相比，晶体管是由两个 PN 结构成的，其基本特性是具有电流放大作用。晶体管按其结构不同，分为 NPN 型和 PNP 型两种。相应的结构示意图及图形符号如图 1-16 所示。

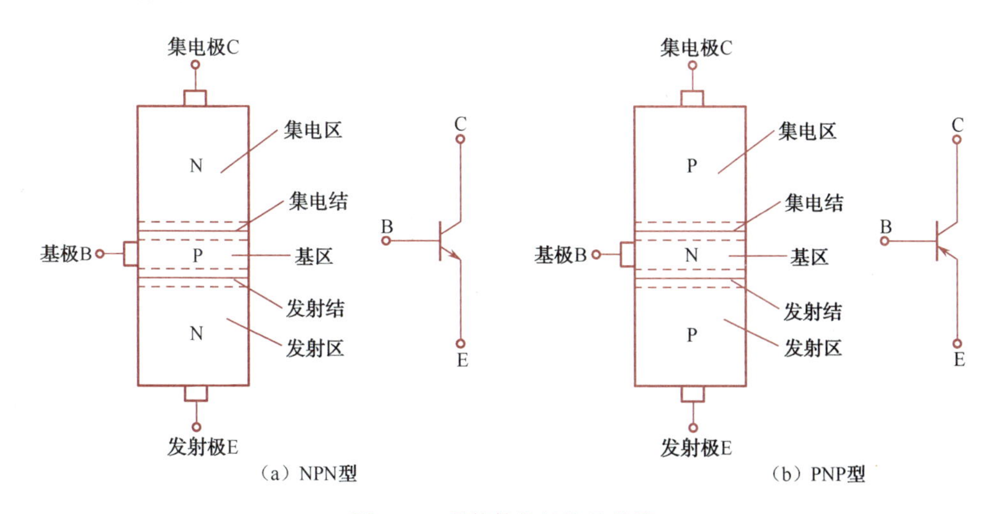

图 1-16　晶体管的结构及符号

晶体管的内部结构分为发射区、基区和集电区，相应引出的电极分别为发射极 E、基极 B 和集电极 C。发射区和基区之间的 PN 结称为发射结，集电区和基区之间的 PN 结称为集电结。在电路符号中，发射极的箭头方向表示晶体管在正常工作时发射极电流的实际方向（即由 P 端指向 N 端）。

在制作晶体管时，其内部的结构特点如下：

（1）发射区掺杂浓度高；

（2）基区很薄，且掺杂浓度低；

（3）集电结面积大于发射结面积。

以上特点是晶体管实现放大作用的内部条件。

另外，晶体管按其所用半导体材料不同，分为硅管和锗管；按用途不同，分为放大管、开关管和功率管；按工作频率不同，分为低频管和高频管；按耗散功率大小不同，分为小功率管和大功率管等。一般硅管多为 NPN 型，锗管多为 PNP 型。

1.3.2　晶体管的电流放大作用

1. 晶体管的电流放大条件

晶体管要实现电流放大除满足内部条件外，还应满足外部偏置条件，即发射结正偏、集电结反偏，如图 1-17 所示。

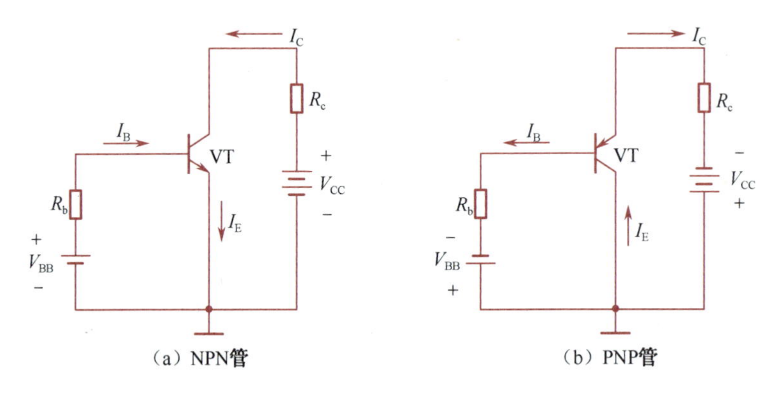

（a）NPN管　　（b）PNP管

图 1-17　晶体管放大的外部偏置条件

2. 电流分配关系

晶体管电流放大实验电路如图 1-18 所示。电路中晶体管的偏置满足发射结正偏，集电结反偏。调节基极偏置电阻 R_b，改变 I_B 的大小，得出相应的 I_C 和 I_E 的数据，如表 1-1 所示。

表 1–1　电流放大实验数据

I_B（mA）	0	0.02	0.04	0.06	0.08	0.10
I_C（mA）	< 0.001	0.70	1.50	2.30	3.10	3.95
I_E（mA）	< 0.001	0.72	1.54	2.36	3.18	4.05

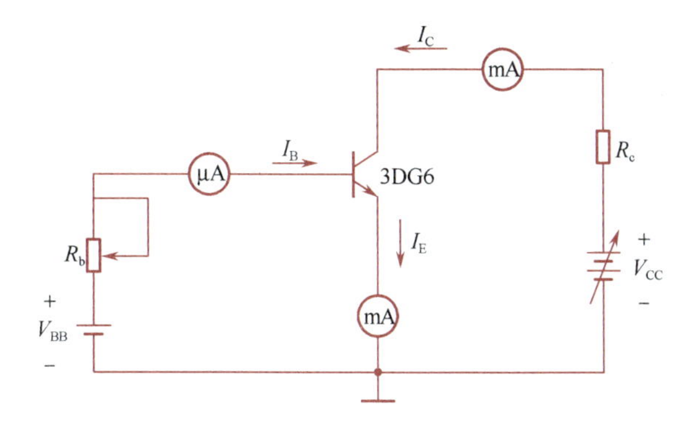

图 1-18　晶体管电流放大实验电路

由表 1-1 所示可知：

（1）晶体管的基极电流 I_B、集电极电流 I_C 和发射极电流 I_E 之间符合基尔霍夫定律，即

$$I_E=I_B+I_C \tag{1-3}$$

同时，$I_B<<I_C$，所以 $I_E \approx I_C$。

（2）晶体管具有电流放大作用。从表 1-1 可看出，I_C 与 I_B 的比值近似为常数。通常，$\bar{\beta}=\frac{I_C}{I_B}$ 称为共射极直流电流放大系数，所以有

$$I_C=\bar{\beta}\times I_B \tag{1-4}$$

$$I_E=(1+\bar{\beta})\times I_B \tag{1-5}$$

由表 1-1 中的数据可知：

当 I_B=0.02mA 时，I_C=0.70mA，则 $\bar{\beta}=\frac{I_C}{I_B}$ =0.70/0.02=35。

当 ΔI_B=0.04－0.02=0.02mA，相应的 ΔI_C=1.50－0.70=0.80mA 时，则 $\bar{\beta}=\Delta I_C/\Delta I_B=\frac{0.80}{0.02}$=40。

通常，$\beta=\Delta I_C/\Delta I_B$ 称为共射极交流电流放大系数，由上可知 $\beta\approx\bar{\beta}$。为了表示方便，以后不加区分，统一用 β 表示。

3. 放大作用的实质

由上述实验结果可知，当 I_B 有微小变化时，能引起 I_C 较大的变化，这种以小电流控制大电流的作用就称为晶体管的电流放大作用。

1.3.3　晶体管的伏安特性曲线及工作区域

晶体管的极电流与极电压之间的关系曲线称为晶体管的伏安特性曲线，它可以通过测量得到。晶体管放大电路有 3 种连接方式，即共发射极、共集电极和共基极，它们分别如图 1-19 所示。

下面讨论 NPN 管共发射极接法的输入和输出伏安特性曲线，其测试电路如图 1-20 所示。

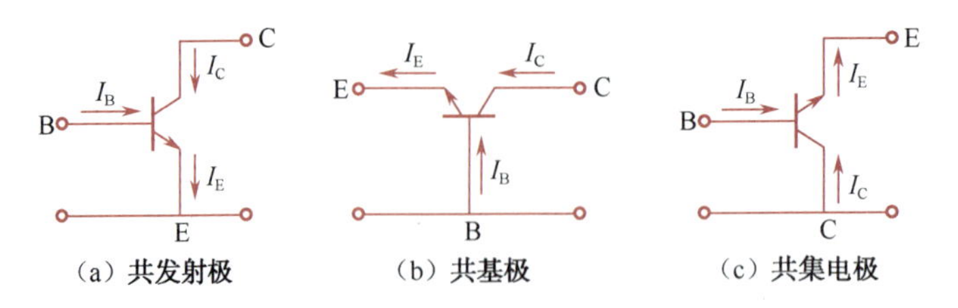

图 1-19 晶体管的三种连接方式

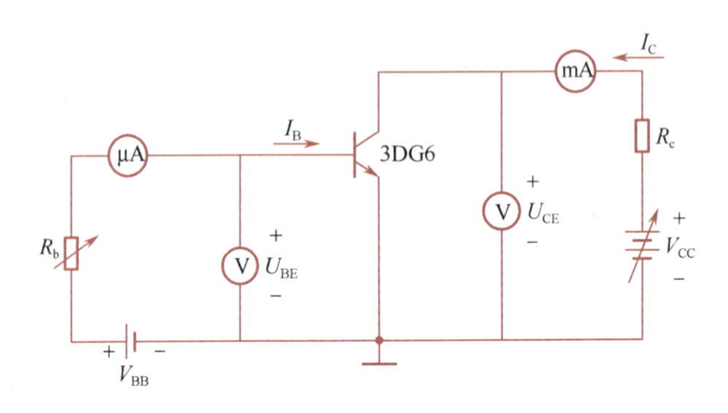

图 1-20 晶体管共发射极特性曲线测试电路

1. 输入特性曲线

当集电极和发射极之间的电压 u_{CE} 一定时，基极和发射极之间的电压 u_{BE} 与基极电流 i_B 之间的关系曲线称为输入特性曲线，即 $i_B=f(u_{BE})|_{u_{CE}=常数}$。

图 1-21 所示为某 NPN 型硅管的输入特性曲线，由图可见：

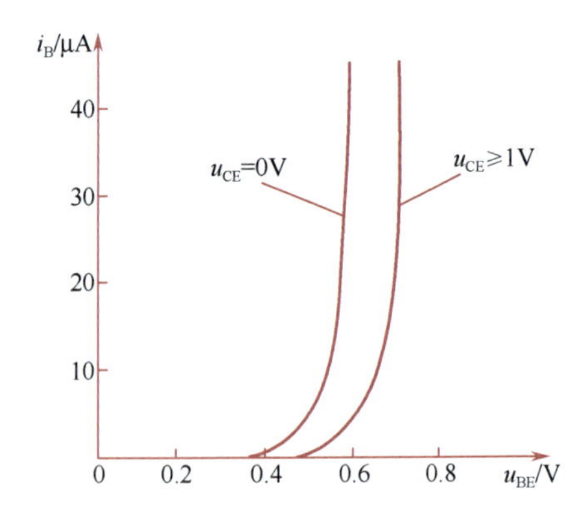

图 1-21 晶体管的输入特性曲线

（1）当 u_{CE}=0V 时，发射结和集电结均为正偏，相当于两个二极管并联，此时的特性曲线相当于二极管的正向伏安特性曲线。

（2）随着 u_{CE} 的增大，曲线右移，$u_{CE}\geqslant 1$V 以后，曲线右移不明显，基本重合在一起。此时，集电结反偏电压足够强，足以使注入基区的绝大多数自由电子被吸收到集电区，即使再增大 u_{CE}，也不会引起 i_B 减少了。在实际使用中，多数情况下满足 $u_{CE}\geqslant 1$V，所以，常用 $u_{CE}\geqslant 1$V 的这条曲线表示输入特性曲线。

（3）晶体管的输入特性和二极管特性类似，在发射结电压 u_{BE} 大于死区电压时，晶体

管才能导通。晶体管导通后，u_{BE} 的很小变化将引起 i_B 很大的变化，而且具有恒压特性，u_{BE} 近似为常数。硅管的死区电压约为 0.5V，导通电压为 0.6 ～ 0.8V，通常取 0.7V；锗管的死区电压约为 0.1V，导通电压为 0.2 ～ 0.3V，通常取 0.3V。

2. 输出特性曲线

当基极电流 i_B 一定时，集电极和发射极之间的电压 u_{CE} 与集电极电流 i_C 之间的关系曲线称为输出特性曲线，即 $i_C=f(u_{CE})|_{i_B=\text{常数}}$。

对应一个 i_B 值可画出一根曲线，因此输出特性曲线是由一簇曲线构成的，如图 1-22 所示。

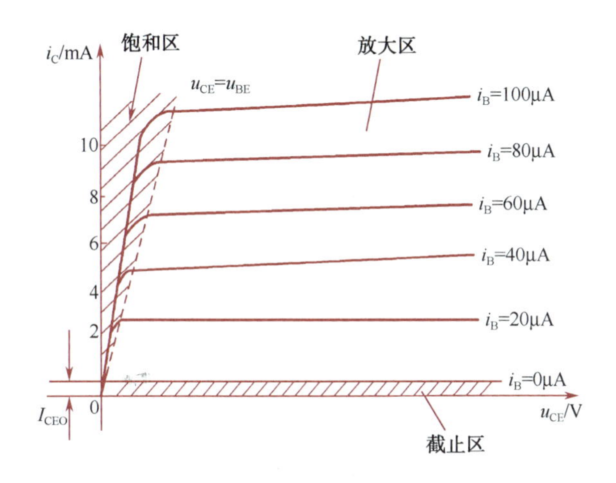

图 1-22　晶体管的输出特性曲线

由图 1-22 所示的输出特性曲线可以看出如下三点特性：

（1）曲线的起始部分较陡，且不同的 i_B 曲线的上升部分几乎重合，表明当 u_{CE} 较小时，只要 u_{CE} 略有增大，i_C 就迅速增加，但 i_C 几乎不受 i_B 的影响。

（2）当 u_{CE} 较大（如大于 1V）后，曲线比较平坦，表明此时 i_C 主要取决于 i_B，而与 u_{CE} 关系不大。曲线间的间隔反映 β 的大小。

（3）曲线是非线性的。由于晶体管的输入、输出特性曲线都是非线性的，所以它是非线性器件。

3. 晶体管的三个工作区

（1）截止区。在晶体管输出特性曲线中，i_B=0 的输出特性曲线以下，横轴以上的区域称为截止区。其特点：发射结和集电结均为反偏，各极电流很小，相当于一个断开的开关，此时的晶体管没有电流放大作用。

（2）放大区。在输出特性曲线中，截止区以上的平坦段组成的区域称为放大区。其特点：发射结正偏，集电结反偏。此时，i_C 受控于 i_B（受控特性），i_C 与 u_{CE} 基本无关，可近似看成恒流（恒流特性）。放大区的晶体管具有电流放大作用。

（3）饱和区。在输出特性曲线中，$u_{CE} \leqslant u_{BE}$ 的区域，即曲线的上升段组成的区域称为饱和区。饱和时的 u_{CE} 称为饱和压降，用 u_{CES} 表示，一般 u_{CES}=0.3V。将每条输出特性曲线上对应 $u_{CE}=u_{BE}$ 时的点连成虚线，即为饱和区和放大区的分界线，称做临界饱和线。饱和区的特点：发射结和集电结均为正偏。u_{CES} 很小，晶体管相当于一个闭合的开关，且没有电流放大作用。

从上述分析可以看出，晶体管工作在饱和区与截止区时，具有“开关”的特性，相当于一个无触点的开关；而工作在放大区时，具有电流放大作用。所以晶体管有“开关”和“放大”两大功能。

1.3.4 晶体管的主要参数

1. 电流放大系数 β

电流放大系数 β 是指输出电流与输入电流的比值，它是衡量晶体管电流放大能力的参数。由于制造工艺的分散性，即使是同一型号的晶体管，β 值也有很大差别。但对一个给定的晶体管，β 值是一定的。一般 β 值为 20 ～ 200。选用晶体管时，β 值太大，则稳定性差；β 值太小，则电流放大能力弱。

2. 穿透电流 I_{CEO}

穿透电流 I_{CEO} 是指基极开路时集－射极之间的电流。由于这个电流看起来像是从集电区穿过基区流至发射区的，所以称穿透电流。这个电流越小，表明晶体管的质量越好。

3. 集电极最大允许电流 I_{CM}

当集电极电流过大时，β 值将明显下降，β 值下降到正常值的 2/3 时的集电极电流 I_C 称为集电极最大允许电流 I_{CM}。作为放大管使用时，i_C 不宜超过 I_{CM}，超过时会引起 β 值下降，以及输出信号失真，过大时还会烧坏管子。

4. 集－射极反向击穿电压 $U_{(BR)CEO}$

集－射极反向击穿电压 $U_{(BR)CEO}$ 是指基极开路时加在集－射极之间的最大允许电压。当晶体管的集－射极电压大于此值时，I_{CEO} 大幅度上升，说明晶体管已经被击穿。电子器件手册上一般给出的是常温（25℃）时的值，在高温下，其反向击穿电压将会降低，使用时应特别注意。

5. 集电极最大允许耗散功率 P_{CM}

由于集电极电流在流经集电结时要产生功率损耗，使集电结温度升高，引起晶体管参数的变化，使管子性能下降，甚至损坏。所以晶体管在工作时，其允许耗散的功率有限制值，晶体管允许消耗的最大功率称为集电极最大允许耗散功率 P_{CM}。

$$P_{CM}=i_C\, u_{CE} \tag{1-6}$$

工作时，应使 $P_C<P_{CM}$。

1.3.5 晶体管的检测

1. 用模拟万用表对晶体管进行识别及检测

（1）管型与基极的判别

晶体管的结构可以看做两个背靠背的 PN 结，对 NPN 型管来说基极是两个 PN 结的公共阳极；对 PNP 型管来说基极是两个 PN 结的公共阴极，如图 1-23 所示。

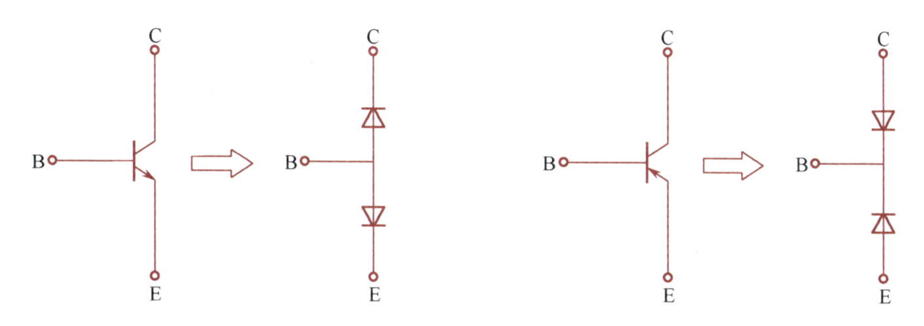

图 1-23　晶体管结构等效示意图

将万用表置于 $R\times100$ 或 $R\times1\text{k}$ 挡，先任意假设晶体管的一管脚为基极，将红表笔接假定的“基极”，黑表笔分别去接触另外两个管脚，如果两次测得的电阻值都很小，交换红、黑表笔后两次测得的电阻值都很大，则第一次红表笔所接接触的管脚为基极，且该管为 PNP 型晶体管；如果两次测得的电阻值都很大，交换红黑表笔后两次测得的电阻值都很小，则红表笔接触的管脚也为基极，该管为 NPN 型晶体管；如果两次测量阻值相差很大，则说明假设的“基极”不是实际的基极，可另假定其余管脚为“基极”，重复上述测量步骤，直到满足上述条件，这样可判断出晶体管的类型与基极。硅管、锗管的判别方法同二极管，即硅管 PN 结正向电阻约为几千欧，锗管 PN 结正向电阻约为几百欧。

（2）发射极与集电极的判别

为使晶体管具有电流放大作用，发射结需加正向偏置，集电结需加反向偏置，如图 1-24 所示。

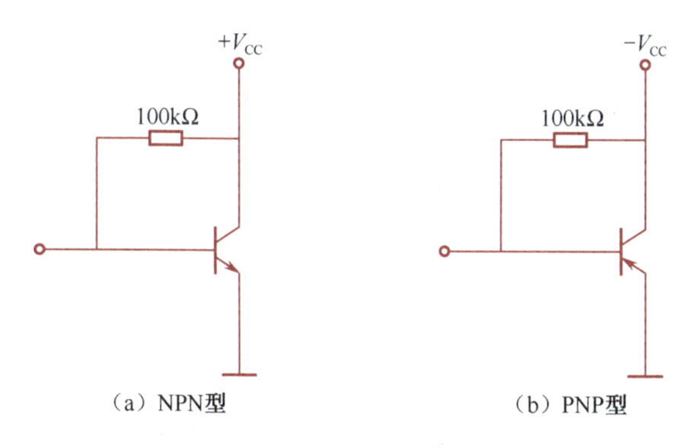

图 1-24　晶体管放大状态偏置情况

当晶体管基极 B 确定后，便可判别集电极 C 和发射极 E，若确定晶体管为 PNP 型，在剩下的两个管脚中先假设一个管脚为集电极，另一个管脚为发射极，将红表笔接集电极，黑表笔接发射极，并在基极和集电极之间接一个电阻器（也可用手握住基极和集电极，但两个管脚不能接触，这样用手指代替电阻），观察万用表指针的偏转位置，然后对调红黑表笔再测一次，观察指针偏转并读数，两次测量中指针偏转大（即电阻值小）的那次假设是正确的。若为 NPN 型管，先假设集电极和发射极，将黑表笔接集电极，红表笔接发射极，操作和判断的方法与测 PNP 型管方法一样。

（3）电流放大系数 β 的测量

将确定好管脚和管型的晶体管按标注管脚位置插入万用表上的 h_{FE} 插孔，可利用 h_{FE} 值来测量电流放大系数。

（4）热稳定性估测

热稳定性估测是用万用表测晶体管 C、E 极间电阻的方法来定性检测。测量时将万用表置于 R×1k 挡，红表笔与 NPN 型晶体管的发射极相连，黑表笔与集电极相连，基极悬空，测量 C、E 之间的电阻值，然后用手捏住晶体管的管帽，若万用表指针变化不大，则该管的热稳定性能较好，若指针迅速右偏，则该管的热稳定性能较差。PNP 型晶体管则交换红、黑表笔测量。

2. 用数字万用表对晶体管进行识别及检测

（1）对于型号标识清楚的晶体管，可通过产品说明书或相关手册查阅其型号及管脚排列；对于标识模糊的管子，首先应分辨出极性和管型。在无专用测试仪表的情况下，可使用万用表对晶极管进行估测。

数字方用表与指针式万用表相比，通常都认为前者具有操作简便、显示直观等优点。但用数字万用表的 h_{FE} 挡测量晶体管的 h_{FE}（$\bar{\beta}$）时，它内部提供的基极电流仅有 10μA 左右，晶体管工作在小信号状态，这样测出来的放大系数 h_{FE} 与实用时相差较大，只可作为参考。此外，在分辨或判定被测晶体管的基极 B 和区分管子的类型（PNP 型或 NPN 型）时，还应借助二极管挡。

（2）用二极管挡判定晶体管的基极 B

将数字万用表的功能开关置于二极管挡，如图 1-25 所示。将一支表笔固定某个电极（设为基极 B），另一支表笔依次接另外两个电极，若两次测量显示值都在 1V 以下或溢出（“1”），再将两支表笔对调后分别测一次，若还是上述结果，则证明固定表笔接的那一个管脚是基极 B；若两次测量显示值不符合上述条件，再换另外一个固定电极继续测量，直到确定基极 B。

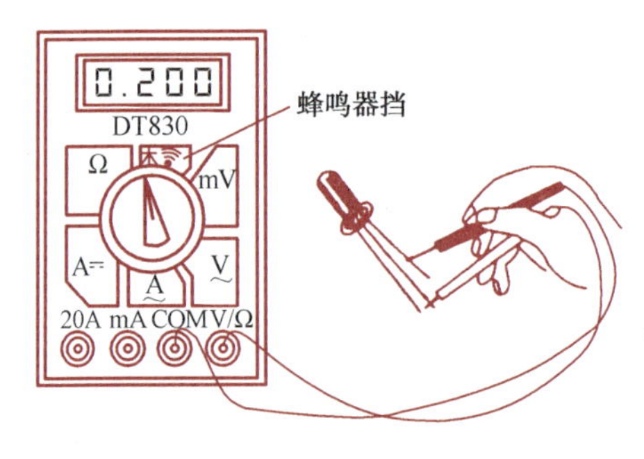

图 1-25 用数字万用表的二极管挡判别基极 B 和管型

（3）判断是 PNP 型管还是 NPN 型管

在确定 B 极后，将红表笔接 B 极，黑表笔分别接另外两个电极，若两次测出的都是正向压降（硅管为 0.5 ～ 0.7V，锗管为 0.15 ～ 0.3V），则证明是 NPN 型管；若两次显示

皆为溢出（“¦”），则该管为 PNP 型。

（4）判定集电极 C 和发射极 E，测量 h_{FE} 值

将万用表的功能开关拨至 h_{FE} 挡，借助 h_{FE} 测试插孔来判定晶体管的集电极 C 与发射极 E。假定测量的是 PNP 型管，把管子基极 B 插入 PNP 型测试插座的 B 孔中，另外两个极分别插入 C 孔和 E 孔中，如图 1-26 所示。通电后，显示屏上便会显示出晶体管的 h_{FE} 值。注意，图 1-26 显示的值为 h_{FE}=130。

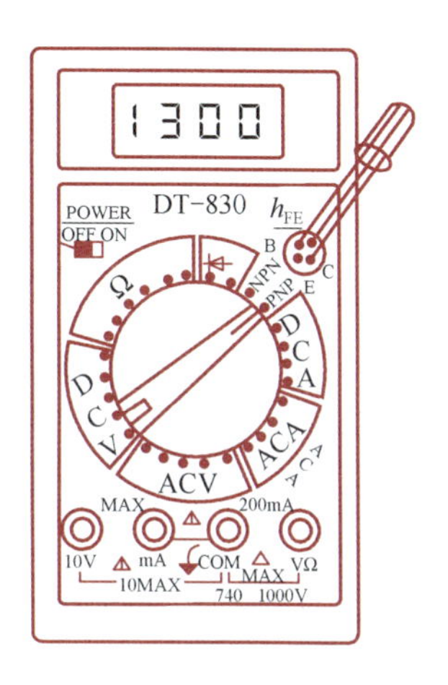

图 1-26　用数字万用表测量 h_{FE} 值

需要说明的是，若测 NPN 型管，需将开关拨至 NPN 挡。还要提及的是，若测出管子的 h_{FE} 值只有几至十几，则应检查管子的 C 极与 E 极是否接反了。正常二极管的 h_{FE} 一般为几十至几百。

1.4　场效应管

1.4.1　金属 – 氧化物 – 半导体（MOS）场效应管

场效应管（FET）利用改变电场的强弱来控制固体材料的导电能力。由于场效应管的输入电流很小，所以它具有很高的输入电阻（10^7 ~ 10^{15}Ω），此外它还具有热稳定性好、噪声低、抗辐射能力强、制造工艺简单、便于集成等优点，因此场效应管在电子电路中得到了广泛的应用。场效应管按其结构的不同可分为结型场效应管（JFET）和金属 – 氧化物 – 半导体场效应管（MOSFET）两种类型。使用结型场效应管时，栅极与漏极、源极间的 PN 结是反向偏置的，所以输入电阻很大。但 PN 结反向偏置时有反向电流存在，限制了输入电阻的进一步提高。金属 – 氧化物 – 半导体场效应管的栅极与沟道间有绝缘层隔离，其输入电阻可以进一步提高，达 10^9Ω 以上。目前应用最为广泛的是金属 – 氧化物 – 半导体场效应管，简称 MOS 管或 MOSFET。MOS 管有 N 沟道和 P 沟道两类，每类按其工作方式又分为增强型和耗尽型两种形式。

下面以 N 沟道增强型的 MOS 管为例，介绍 MOS 管的结构、工作原理和特性曲线。

1. N 沟道增强型 MOS 管的结构符号

N 沟道增强型 MOSFET 简称增强型 NMOS 管，它的结构如图 1-27（a）所示。它以

一块掺杂浓度较低、电阻率较大的P型硅半导体薄片作为衬底，利用扩散的方法在P型硅中形成两个高掺杂的N区，然后在P型硅表面生成二氧化硅绝缘层，并在二氧化硅的表面及N区的表面上分别安装三个铝电极（栅极G、源极S和漏极D），就形成了N沟道MOSFET。由于栅极与源极、漏极均无电接触，故称为绝缘栅。其符号如图1-27（b）所示，箭头的方向表示由P（衬底）指向N（沟道），符号中的断线表示当u_{GS}=0时，导电沟道不存在。同理，利用与增强型NMOS管对称的结构可以得到增强型PMOS管，其符号如图1-27（c）所示。

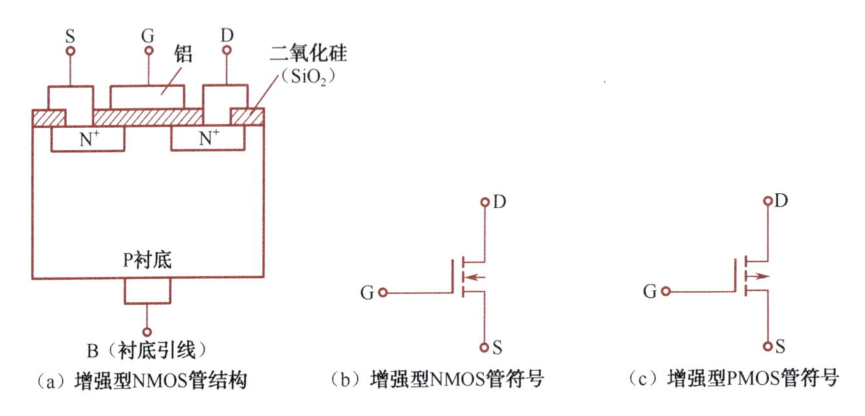

图1-27　增强型绝缘栅场效应管的结构和符号

2. N沟道增强型MOS管的工作原理

图1-28为N沟道增强型MOS管工作原理示意图，当u_{GS}= 0，在D、S间加上电压V_{DD}时，漏极D和衬底之间的PN结处于反向偏置状态，不存在导电沟道，故D、S之间的电流i_D=0。

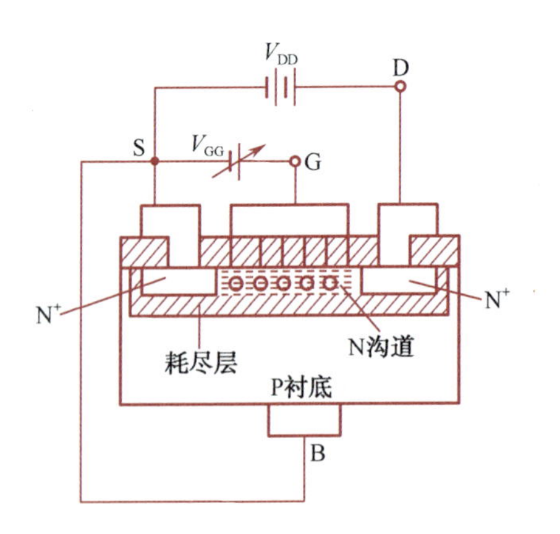

图1-28　N沟道增强型MOS管工作原理示意图

当u_{GS}>0时，在栅极和衬底间产生方向向下的电场。这个电场将P型硅中的一些自由电子吸引到二氧化硅绝缘层下方，当栅源电压u_{GS}增大到一定值时，该电场可吸引足够数量的自由电子，使P型衬底上表层自由电子数大于空穴数，形成一个与P型相反的N型薄层，称为反型层。反型层使两个高浓度N⁺的型区连接起来，在源极电压u_{DS}作用下，自由电

子漂移形成漏极电流 i_D。

由此可见，反型层是沟通源区与漏区的导电沟道，这种导电沟道称为 N 沟道。u_{GS} 越大，形成的电场越强，则吸引到绝缘层下方的自由电子越多，沟道越宽，导通电阻越小，漏极电流 i_D 越大。显然，改变 u_{GS} 可以改变沟道的宽窄，从而控制了 i_D 的大小。

由于这种 MOS 管只有当栅源极间的电压增大到一定值时，导电沟道才能形成，所以称为 N 沟道增强型 MOS 管。导电沟道形成时的 u_{GS} 值称为开启电压，用 $u_{GS(th)}$ 表示。

由以上分析可知，在同样 u_{DS} 的作用下，u_{GS} 越大，N 沟道越宽，实现了栅源电压对 u_{GS} 漏极电流 i_D 的控制。

3. 伏安特性曲线

N 沟道增强型 MOS 管的转移特性曲线如图 1-29（a）所示，输出特性曲线如图 1-29（b）所示。

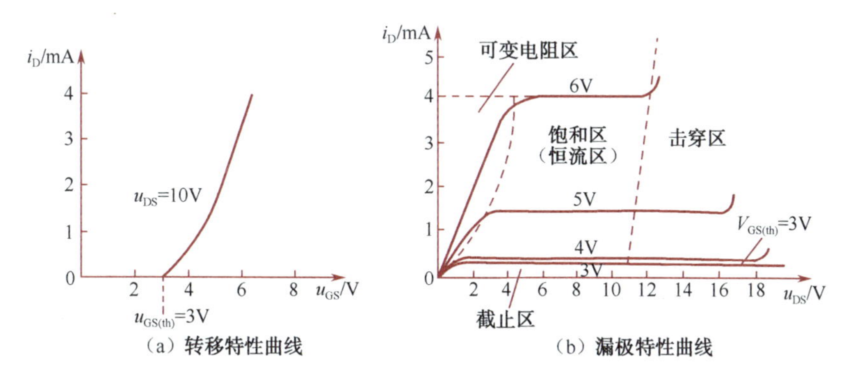

（a）转移特性曲线　（b）漏极特性曲线

图 1-29　增强型 NMOS 管的伏安特性曲线

（1）转移特性曲线。转移特性曲线是指 u_{DS} 为固定值时 i_D 与 u_{GS} 之间的关系，表示了 u_{GS} 对 i_D 的控制作用，即

$$i_D=f(u_{GS})|_{u_{DS}=\text{常数}}$$

由于 u_{DS} 对 i_D 的影响较小，所以不同的 u_{DS} 所对应的转移特性曲线基本上是重合在一起的，如图 1-29（a）所示，这时可以近似表示为

$$i_D=I_{DO}\left(\frac{u_{GS}}{u_{GS(th)}}-1\right)^2 \tag{1-7}$$

其中 I_{DO} 是当 $u_{GS}=2u_{GS(th)}$ 时的 i_D 值。

（2）输出特性曲线。输出特性曲线是指 u_{GS} 为固定值时，i_D 与 u_{DS} 之间的关系，即

$$i_D=f(u_{DS})|_{u_{GS}=\text{常数}}$$

同晶体管一样，输出特性可分以下三个区：

① 可变电阻区。u_{DS} 很小时，若 u_{GS} 不变，i_D 则随 u_{DS} 增加而线性上升，导电沟道基本不变。u_{GS} 越大，沟道电阻越小，MOS 管可以看成受 u_{GS} 控制的线性电阻器。

② 饱和区（恒流区）。只要 u_{GS} 不变，i_D 基本不随 u_{DS} 变化，趋于饱和或恒定，且 i_D 与 u_{GS} 呈线性关系，又称线性放大区。

③ 截止区。对于增强型 MOS 管，当 $u_{GS}<u_{GS(th)}$ 时，导电沟道没形成，i_D=0；对于耗尽型 MOS 管，当 $u_{GS}<u_{GS(off)}$ 时，导电沟道被夹断，i_D=0。

N 沟道耗尽型 MOS 管与增强型 NMOS 管在结构上的不同之处是前者二氧化硅绝缘层中掺入了一些正离子，使栅极 P 型层表面预先形成了 N 沟道。这样，N 沟道耗尽型 MOS 管的栅源电压 u_{GS} 即使为零或负值时，也可以形成 N 沟道。只有当 u_{GS} 减小到其夹断电压 $u_{GS(off)}$ 时，沟道才消失，管子截止。耗尽型 MOS 管的符号如图 1-30 所示。

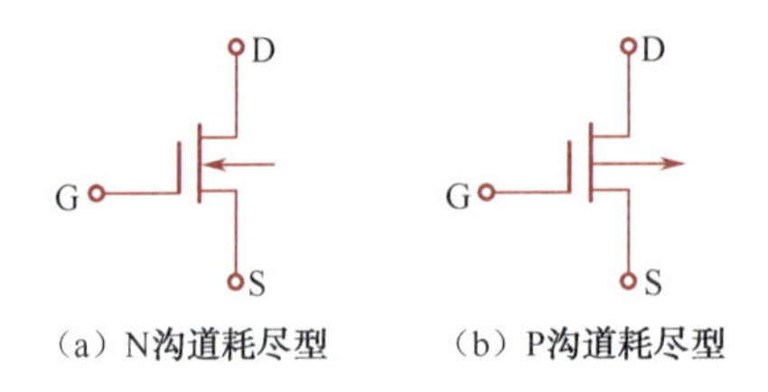

图 1-30 耗尽型绝缘栅场效应管图形符号

1.4.2 场效应管的主要参数

1. 开启电压 $u_{GS(th)}$ 和夹断电压 $u_{GS(off)}$

u_{DS} 等于某一定值，使漏极电流 i_D 接近于零（或等于某一微小电流）时栅、源之间所加的电压为 u_{GS}，对于增强型管称为开启电压 $u_{GS(th)}$，对于耗尽型管称为夹断电压 $u_{GS(off)}$。

2. 零偏漏极电流 I_{DSS}

零偏漏极电流 I_{DSS} 指 u_{DS} 等于某一定值，u_{GS}=0 时的漏极电流，是耗尽型场效应管的参数。

3. 直流输入电阻 R_{GS}

直流输入电阻 R_{GS} 指漏源间短路时，栅源间加的电压和栅源电流的比值，一般大于 $10^8\Omega$。

4. 低频跨导 g_m

低频跨导 g_m（又称低频互导）指 u_{DS} 等于某一定值时，漏极电流的微变量和引起这个变化的栅源电压微变量之比，即

$$g_m=\left.\frac{\Delta i_D}{\Delta u_{GS}}\right|_{u_{DS}=\text{常数}} \tag{1-8}$$

它反映了 u_{GS} 对 i_D 的控制能力，是表征场效应管放大能力的参数，类似于晶体管的电流放大系数，单位为西 [门子]，符号为 S，一般为几毫西（mS）。其值与场效应管的工作点有关。

5. 漏源动态电阻 r_{ds}

漏源动态电阻 r_{ds} 指 u_{GS} 为某一定值时，漏源电压变化量与相应的漏极电流变化量之比，即

$$r_{ds}=\left.\frac{\Delta u_{DS}}{\Delta i_D}\right|_{u_{DS}=\text{常数}} \tag{1-9}$$

它说明了 u_{DS} 对 i_D 的影响，是输出特性曲线某一点上切线斜率的倒数。在饱和区，i_D 随 u_{DS} 变化很小，r_{ds} 值很大，一般在几十千欧到几百千欧之间。

6. 漏源击穿电压 $u_{(BR)DS}$

漏源击穿电压 $u_{(BR)DS}$ 指漏源间能承受的最大电压，当 u_{DS} 值超过 $u_{(BR)DS}$ 值时，漏源间发生击穿，i_D 开始急剧增大。

7. 栅源击穿电压 $u_{(BR)GS}$

栅源击穿电压 $u_{(BR)GS}$ 指栅源间所能承受的最大反向电压，u_{GS} 值超过此值时，栅源间发生击穿。

8. 最大耗散功率 P_{DM}

$P_{DM}= i_D u_{DS}$ 指允许耗散在场效应管上的最大功率，是决定场效应管温升的参数。

1.4.3 使用 MOS 管时的注意事项

场效应管具有输入电阻高、噪声系数小、便于集成等优点，但它不足之处是使用、保管不当容易造成损坏，因此使用时应注意以下事项。

（1）在使用场效应管时，注意漏源电压、漏源电流、栅源电压、耗散功率等参数不应超过最大允许值。

（2）场效应管在使用中要特别注意对栅极的保护，尤其是绝缘栅场效应管（MOS），因为栅极处于绝缘状态，其上的感应电荷很不容易放掉，当积累到一定程度时，可产生很高的电压，容易将管子内部的 SiO_2 膜击穿，所以在使用这类型的场效应管时，应注意以下四个问题。

① 场效应管运输和储藏时必须将引脚短路或采用金属屏蔽包装，以防外来感应电势将漏极击穿。

② 要求测试仪器、工作台有良好的接地。

③ 焊接用的电烙铁外壳要接地，或者利用烙铁断电后的余热焊接。焊接绝缘栅场效应管的顺序：先焊源栅极，后焊漏极。

④ 要采取防静电措施。

（3）结型场效应管的栅压不能接反，如对 PN 结正偏，将造成栅极电流过大，使管子损坏。

（4）场效应管的漏极和源极互换时，其伏安特性没有明显变化，但有些产品出厂时已经将源极和衬底连在一起，其漏极和源极就不能互换。

（5）场效应管属于电压控制型器件，有极高的输入阻抗。为保证管子的高输入特性，焊接后应对电路板进行清洗。

（6）在安装场效应管时，要尽量避开发热元件。对于功率型场效应管，要有良好的散热条件，必要时要加装散热器，以保证其能在高负荷条件下可靠工作。

【例 1-3】已知图 1-31 中 NMOS 管和 PMOS 管的开启电压分别为 $u_{GS(th)}$=5V，$u_{GS(th)}$= –5V，求各管工作状态及 u_o 的值。

解：

（1）如图 1-31（a）所示，当 u_i=0V 时，因为 $u_{GS}=0V < u_{GS(th)}=5V$，故 VF_1 截止，所以 $u_o=V_{DD}=10V$。

当 u_i=10V 时，因为 u_{GS}= 10V > $u_{GS(th)}$，故 VF_1 导通，所以 u_o=0V。

（2）如图 1-31（b）所示，当 u_i= –10V 时，因为 u_{GS}= –10V < $u_{GS(th)}$= –5V，故 VF_2 导通，所以 u_o=0V。

当 u_i=0V 时，因为 u_{GS}=0V > $u_{GS(th)}$，故 VF_2 截止，所以 u_o=V_{DD}= –10V。

由上述分析可知，图 1-31（a）、（b）所示的两电路在输入低电平时，输出高电平；输入高电平时，输出低电平，具有反相功能。

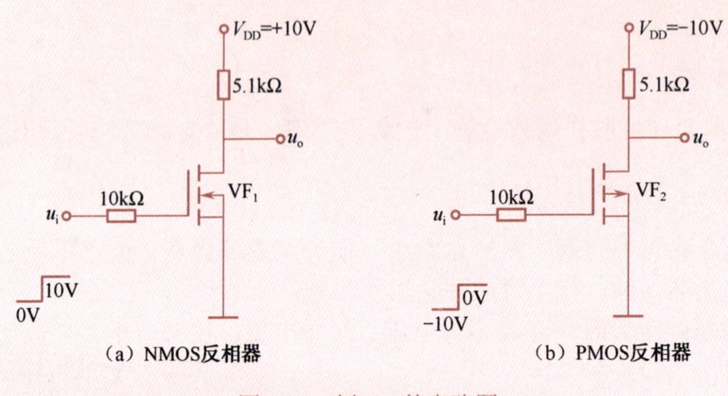

图 1-31　例 1-3 的电路图

1.5　晶闸管

晶闸管（简称 SCR）是使半导体器件从弱电领域进入强电领域的开关元件，它是一种利用小电流控制大电流的设备，可在高电压、大电流下工作，其工作电流可达 kA 以上，工作电压可在万伏以上，工作频率可为几万赫兹。

1.5.1　晶闸管的结构、外形与符号

晶闸管的结构、外形、符号如图 1-32 所示，其中 A 为阳极，K 为阴极，G 为控制极。

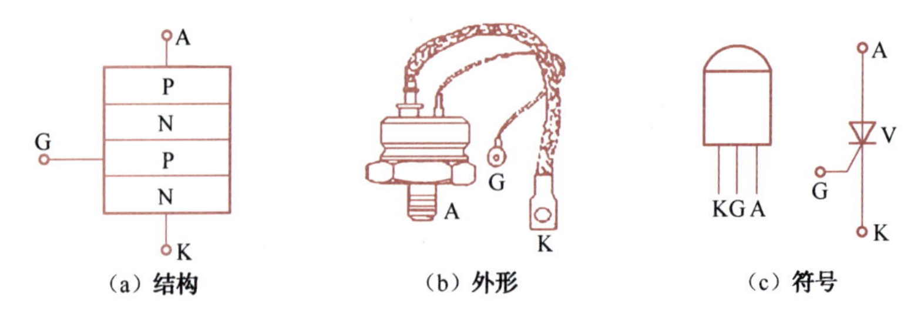

图 1-32　晶闸管的结构、外形、符号

1.5.2　晶闸管的工作原理

为了说明晶闸管的导电原理，可按图 1-33 所示的电路做一个简单的实验。

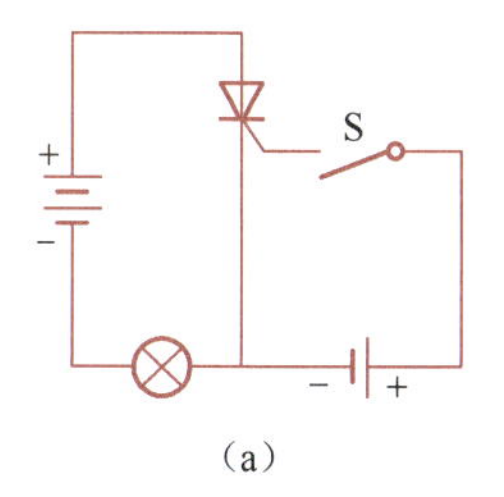

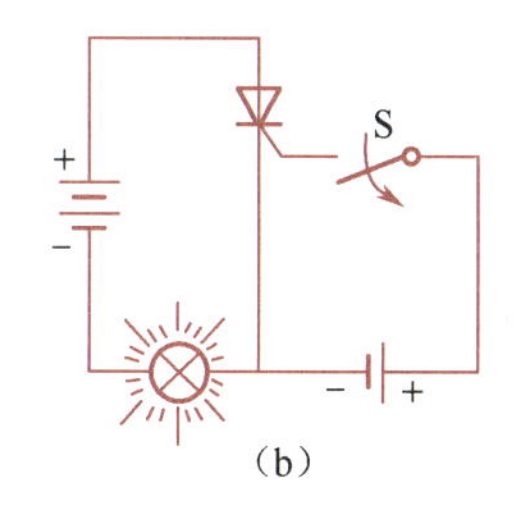

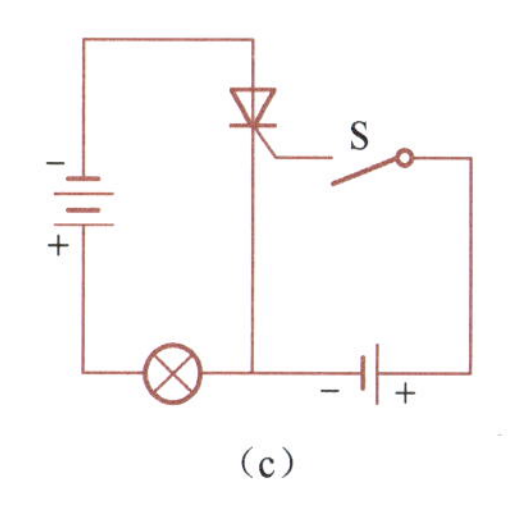

图 1-33　晶闸管导通实验电路图

由图 1-33 所示可知：

（1）晶闸管阳极接直流电源的正端，阴极经灯泡接电源的负端，此时晶闸管承受正向电压。控制极电路中开关 S 断开（不加电压），如图 1-33（a）所示，这时灯不亮，说明晶闸管不导通。

（2）晶闸管的阳极和阴极间加正向电压，控制极相对于阴极也加正向电压，如图 1-33（b）所示，这时灯亮，说明晶闸管导通。

（3）晶闸管导通后，如果去掉控制极上的电压，即将图 1-33（b）中的开关 S 断开，灯仍然亮，这表明晶闸管继续导通，即晶闸管一旦导通后，控制极就失去了控制作用。

（4）晶闸管的阳极和阴极间加反向电压，如图 1-33（c）所示，无论控制极加不加电压，灯都不亮，晶闸管截止。

（5）如果控制极加反向电压，晶闸管阳极回路无论加正向电压还是反向电压，晶闸管都不导通。

从上述实验可以看出，晶闸管导通必须同时具备两个条件：

（1）晶闸管阳极电路加正向电压；

（2）控制极电路加适当的正向电压（实际工作中，控制极加正触发脉冲信号）。

晶闸管是一个可控的单向导电开关，其结构是四层半导体三个 PN 结。与一个 PN 结的二极管相比，其差别在于晶闸管的正向导通受控制极电流的控制；与两个 PN 结的晶体管相比，其差别在于晶闸管对控制极电流没有放大作用。

1.5.3　晶闸管的伏安特性曲线

晶闸管的导通和截止这两个工作状态是由阳极电压 U_A、阳极电流 I_A 及控制极电流 I_G 决定的，而这几个量又是互相联系的。在实际应用上常用实验曲线来表示它们之间的关系，这就是晶闸管的伏安特性曲线。图 1-34 所示的伏安特性曲线是在 $I_G=0$ 的条件下做出的。

当晶闸管的阳极和阴极之间加正向电压时，由于控制极未加电压，晶闸管内只有很小的电流流过，这个电流称为正向漏电流。这时，晶闸管阳极和阴极之间表现出很大的内阻，处于阻断（截止）状态，如图 1-34 中第 I 象限中曲线的下部所示。当正向电压增加到某一数值时，漏电流突然增大，晶闸管由阻断状态突然导通。晶闸管导通后，就可以通过很大电流，而它本身的管压降只有 1V 左右，因此特性曲线靠近纵轴而且陡直。晶闸管由阻断状态转为导通状态所对应的电压称为正向转折电压 U_{BO}。在晶闸管导通后，若减小正向电压，正向电流就逐渐减小。当电流小到某一数值时，晶闸管又从导通状态转为阻断状态，这时所对应的最小电流称为维持电流 I_H。

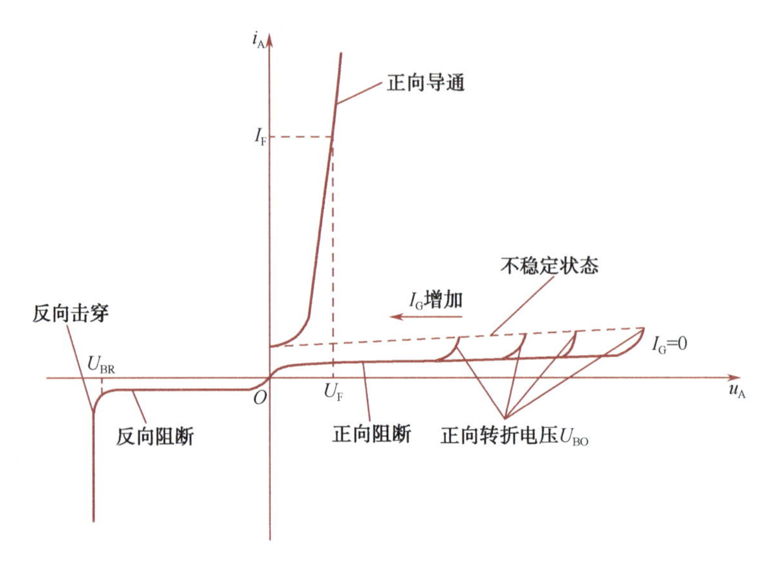

图 1-34　晶闸管的伏安特性曲线

当晶闸管的阳极和阴极之间加反向电压时（控制极仍不加电压），其伏安特性与二极管类似，电流也很小，称为反向漏电流。当反向电压增加到某一数值时，反向漏电流急剧增大，使晶闸管反向导通，这时所对应的电压称为反向转折电压 U_{BR}。

从图 1-34 的晶闸管的正向伏安特性曲线可见，当阳极正向电压高于转折电压时元件将导通。但是这种导通方法很容易造成晶闸管的不可恢复性击穿而使元件损坏，在正常工作时是不采用的。晶闸管的正常导通受控制极电流 I_G 的控制。为了正确使用晶闸管，必须了解其控制极特性。

当控制极加正向电压时，控制极电路就有电流 I_G，晶闸管就容易导通，其正向转折电压降低，特性曲线左移。控制极电流越大，正向转折电压越低，如图 1-35 所示。

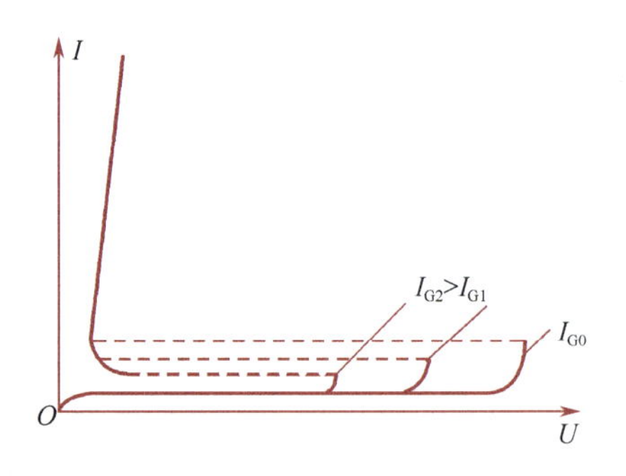

图 1-35　控制极电流对晶闸管转折电压的影响

实际规定，当晶闸管的阳极与阴极之间加上 6V 直流电压，能使元件导通的控制极最小电流（电压）称为触发电流（电压）。由于制造工艺上的问题，同一型号的晶闸管的触发电压和触发电流也不尽相同。如果触发电压太低，则晶闸管容易受干扰电压的作用而造成误触发；如果太高，又会造成触发电路设计上的困难。因此，规定了在常温下各种规格的晶闸管的触发电压和触发电流的范围。例如 KP50 型的晶闸管，触发电压和触发电流分别为≤ 3.5V 和 8 ～ 150mA。

下面以延时照明开关电路为例来说明晶闸管的简单应用。图 1-36 所示为延时照明开关电路，该电路包括直流稳压电源、延时触发电路和晶闸管三个部分：直流稳压电源为电路提供直流电压，延时触发电路为晶闸管提供触发电流，晶闸管起交流开关作用。该电路主要由二极管、晶体管和晶闸管构成。VD_1 为整流二极管，VD_Z 为稳压二极管，VT_1 为晶体管，VT_2 为双向晶闸管。

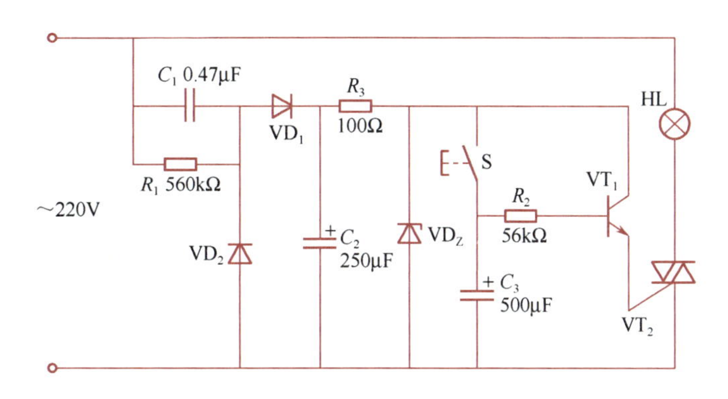

图 1-36　延时照明开关电路

如图 1-36 所示，频率为 50Hz、有效值为 220V 的交流电经 R_1、C_1 降压、二极管 VD_1 整流、电容 C_2 滤波和稳压管 VD_Z 稳压后，为晶体管 VT_1 提供 7V 的直流电源电压。

当按下按钮 S 时，电容器 C_3 被充电，终值电压可达 7V。在充电过程中，当电容上的电压达到晶体管基 – 射间电压 u_{BE}=0.7V 时，晶体管导通，由发射极输出电流触发双向晶闸管 VT_2 导通，灯泡被点亮。松开 S 以后，电容 C_3 经 R_2 放电，继续维持晶体管 VT_1 导通，晶闸管也导通，灯泡继续发光。当 C_3 上的电压降到 0.7V 以下时，晶体管发射极输出的电流不足以触发晶闸管导通，则交流电压过零时，晶闸管自行关断，灯泡熄灭，晶闸管起交流开关作用。延时时间由 C_3 或 R_2 的数值决定，只要改变 C_3 或 R_2 的数值，就可以改变延时时间。这种延时照明开关电路非常适用于楼道夜间照明，达到节能的效果。

本章小结

PN 结的重要特性是单向导电性，它是构成半导体器件的基本结构。二极管就是具有一个 PN 结的半导体器件，其伏安特性曲线体现了二极管的单向导电性和反向击穿性。

晶体管有 NPN 型和 PNP 型两种结构，用较小的基极电流控制较大的集电极电流。要使晶体管具有放大作用，必须保证其发射结正偏、集电结反偏。晶体管有三个工作区域：放大区、截止区和饱和区。在放大电路中，晶体管有电流放大作用，工作在放大区；在数字电路中，晶体管常用做开关元件，工作在截止区和饱和区。

场效应管利用栅源电压控制漏极电流。MOS 管由于栅源之间是绝缘的，故输入电阻很高。

习题

1. 测试二极管正向电阻，用不同的电阻量程挡时，为什么测试的阻值有差异？

2．在图 1-37 所示的电烙铁供电电路中，哪种情况下电烙铁温度最高？哪种情况下电烙铁温度最低？为什么？

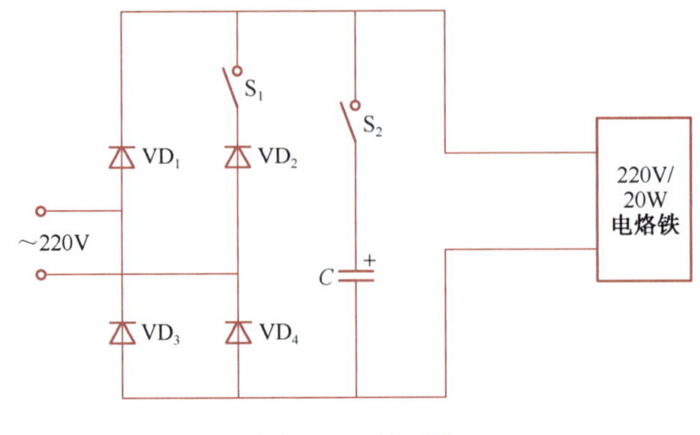

图 1-37　题 2 图

3．二极管电路如图 1-38 所示，判断图中的二极管是导通还是截止，并求 A、O 两点间的电压 U_o。设图中二极管为理想二极管。

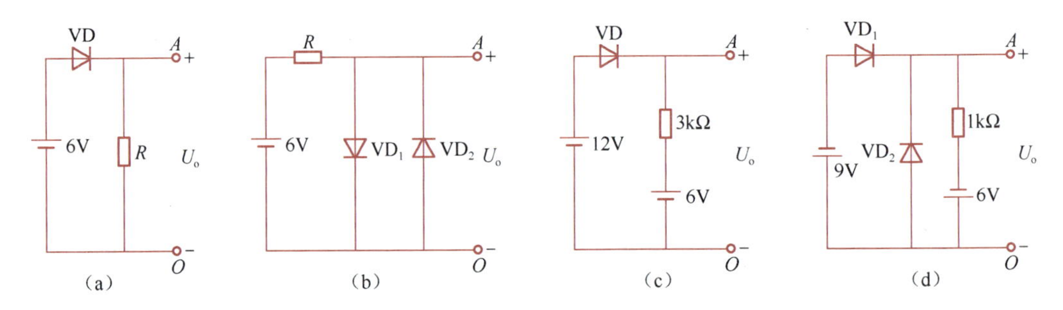

图 1-38　题 3 图

4．图 1-39 所示的各电路图中，u_i=10sinwt，E=5V，试分别画出输出电压 u_o 的波形，二极管的正向压降可忽略不计。

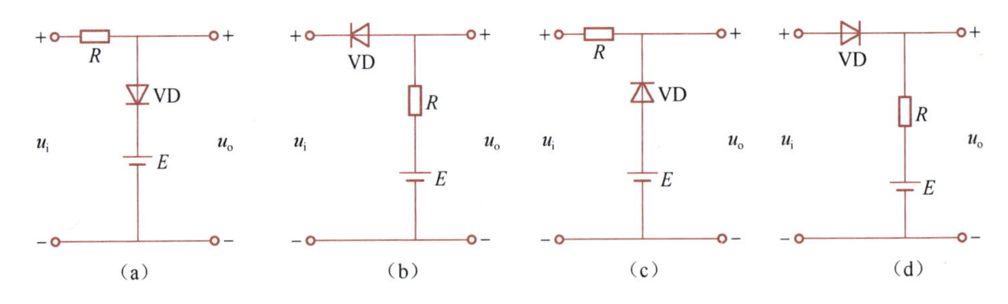

图 1-39　题 4 图

5．某晶体管三个电极中，1 脚流出电流为 3mA，2 脚流入电流是 2.95mA，3 脚流入电流为 0.05mA，判断各引脚名称，并指出管型。

6．测得晶体管各电极对地的电位如图 1-40 所示，其中 PNP 型三极管为锗管，NPN 型三极管为硅管。试判断三极管的工作状态。

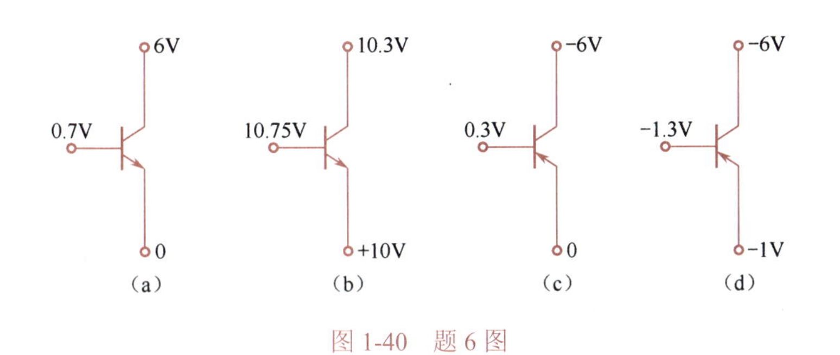

图 1-40 题 6 图

第 2 章　基本放大电路

知识目标

● 理解放大电路的基本概念。

● 理解放大电路的基本工作原理。

● 理解基本放大电路的组成和各元件的作用，了解静态工作点的设置对放大电路输出波形的影响。

● 了解三种组态放大电路的基本特点及在电路中的应用。

● 理解多级放大电路三种耦合方式的特点及适用范围。

技能目标

● 会画出基本放大电路的直流通路、交流通路和微变等效电路。

● 能对基本放大电路进行静态和动态分析，并估算相关性能指标。

● 能对基本放大电路进行装配、调试和检测。

放大电路是使用最为广泛的电子电路之一，也是构成其他电子电路的基本单元电路，其作用是将输入信号进行不失真放大，习惯上亦称为放大器。

按照晶体管的三个电极在组成放大器时的输入、输出和公共端的不同，放大电路有三种基本组态，分别为共发射极放大电路、共集电极放大电路和共基极放大电路。

本章首先讨论放大电路的基本知识，然后讨论以晶体管构成的基本单元电路，其次讨论多级放大电路。重点讨论晶体管三种组态放大电路静态工作点的设置、交流工作过程及应用。

任务　电子助听器电路

一、任务目标

通过电子助听器电路的设计与制作，掌握晶体管放大电路的基本组成及工作原理。

二、任务要求

该电子助听器能将环境声音转变为音频电流，并将信号进行放大，推动耳机发声。

三、任务实现

图 2-1 所示为电子助听器电路图。

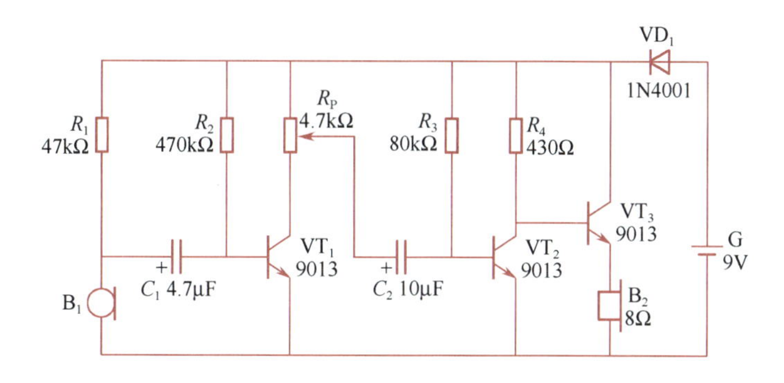

图 2-1　电子助听器电路图

电路中的传声器驻极体话筒 B_1 能够把人说话的微弱声音信号转换成随声音强弱变化的电信号，再送入电压放大器进行三级连续放大，最后耳机中就能听到放大后的洪亮声音，起到助听的作用。在这个电路中，有三个晶体管放大器，其中晶体管 VT_1、VT_2 为共发射极放大器，VT_3 为共集电极放大器。晶体管 VT_1 与电阻 R_2 和可变电阻 R_P 组成单管放大器，驻极体话筒 B_1 传出的音频信号，经电容 C_1 传到 VT_1 基极，经放大后从 VT_1 集电极输出，再经过电容 C_2 送到 VT_2 基极，VT_2 和 VT_3 组成直接耦合式放大器，把信号进一步放大，推动耳机 B_2 发声。

元件清单：

- $R_1 \sim R_4$　　(1/8) W 碳膜电阻器
- R_P　　可变电阻器
- $C_1 \sim C_2$　　涤纶可独立电容器
- $VT_1 \sim VT_3$　　晶体管 9013
- VD_1　　二极管 1N4001
- G　　电源

2.1 放大电路的基础知识

2.1.1 放大电路的概念

放大电路（简称放大器）的功能是把微弱的电信号（电压、电流）进行有限的放大，得到所需的电信号。放大器是模拟电子线路中最基本的电路形式，是构成其他功能电路的核心基础。它广泛用于各种电子设备中，如扩音机、电视机、音响设备、仪器仪表、自动控制系统等电路中。

在电子技术中所说的“放大”，是指用一个小的变化量去控制一个较大量的变化，使变化量得到放大。同时，要求两者的变化情况完全一致，不能“失真”，即要求大的变化量和小的变化量成比例，实现所谓的“线性放大”。从能量（功率）的观点看，则是用小的能量来控制大的能量，放大电路就是利用晶体管来实现能量控制的。最后负载上获得的较大的功率似乎是由晶体管提供的（实质上只是实现了能量控制与转换），因此将晶体管称做“有源器件”。如扩音机就是一种比较典型的电子设备，它的核心部分是放大电路。扩音机的组成部分示意图如图 2-2 所示。扩音机放大的对象是音频（频率从几十 Hz 到 20kHz 左右）信号。扩音机的输入信号从话筒、电唱机或录放机等送来，它的输出信号则送到扬声器（喇叭）。扩音机的放大电路至少要满足两个条件：一是输出端扬声器中发出的音频功率一定要比输入端话筒的大得多，这样才能使音频信号（声音）得到放大。扬声器所需的能量是由外接电源供给的，而话筒送来的信号只是起着控制输出端较大能量的作用。二是扬声器中音频信号的变化必须与话筒中音频信号的变化一致，也就是不能失真，或者使失真的程度在允许范围内。如果扩音机失真度很大，说话听不清，乐曲变噪声，那就失去扩音的意义了。

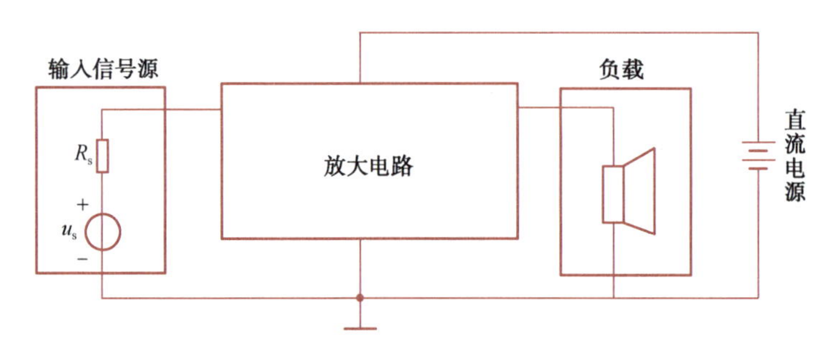

图 2-2　扩音机组成示意图

2.1.2 放大电路的主要性能指标

一个放大电路的性能如何，可以用许多性能指标来衡量。为了便于分析，将放大电路用图 2-3 所示的有源线性四端网络表示，其中，1-1′端为放大电路的输入端，R_s 为信号源内阻，u_s 为信号源电压，此时放大电路的输入电压和电流分别为 u_i 和 i_i。2-2′端为放大电路的输出端，接实际负载电阻 R_L，u_o、i_o 分别为放大电路的输出电压和输出电流。图 2-3 中电压、电流的参考方向符合线性四端网络的一般规定。

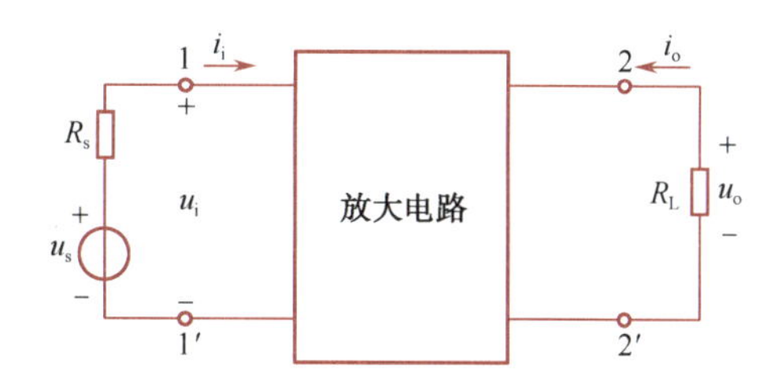

图 2-3　放大电路四端网络表示法

一般来说，上述有源线性四端网络中均含有电抗元件，不过，在放大电路工作频段（通常将这个频段称为中频段），这些电抗元件的影响均可忽略，有源线性四端网络实际上是电阻性的。在线性电阻网络中，输出信号具有与输入信号相同的波形，仅幅度或极性有所变化。因此，为了使符号具有普遍意义，不论输入信号是正弦信号还是非正弦信号，各电量统一用瞬时值表示。

1. 放大倍数

放大倍数是衡量放大电路放大能力的指标，它有电压放大倍数、电流放大倍数和功率放大倍数等表示方法，其中电压放大倍数应用得最多。

电压放大倍数表示放大器放大信号电压的能力。其定义为放大器输出电压 u_o 与输入端电压 u_i 之比，用 A_u 表示，即

$$A_u=u_o/u_i$$

电流放大倍数表示放大器放大信号电流的能力。其定义为放大器输出电流 i_o 与输入端电流 i_i 之比，用 A_i 表示，即

$$A_i=i_o/i_i$$

功率放大倍数表示放大器放大信号功率的能力。其定义为放大器的输出功率 P_o 与输入功率 P_i 之比，用 A_p 表示，即

$$A_p=\frac{P_o}{P_i}$$

工程上常用分贝（dB）来表示放大倍数，称为增益，它们的定义分别为

$$电压增益\ A_u（dB）=20\lg|A_u|$$

$$电流增益\ A_i（dB）=20\lg|A_i|$$

$$功率增益\ A_p（dB）=10\lg|A_p|$$

例如，某放大电路的电压放大倍数 $|A_u|=100$，则电压增益为 40dB。

2. 输入电阻

放大电路的输入电阻是从输入端 1-1′ 向内看进去的等效电阻，它等于放大电路输出端接实际负载电阻 R_L 后，输入电压 u_i 与输入电流 i_i 之比，即

$$R_i=u_i/i_i$$

对于信号源来说，R_i 就是它的等效负载，如图 2-4 所示。由图可得

$$u_i=u_s\frac{R_i}{R_s+R_i}$$

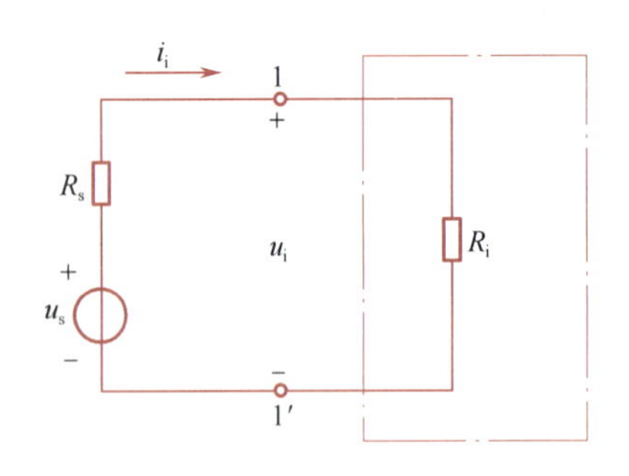

图 2-4　放大电路输入等效电路

可见，R_i 的大小决定了放大电路从信号源吸取信号幅度的大小。对输入为电压信号的放大电路来说，R_i 越大，则 u_i 值越大，i_i 值越小；对输入为电流信号的放大电路来说，R_i 越小，则 i_i 值越大，u_i 值越小。

3. 输出电阻

放大电路输出电阻 R_o 的大小决定了它带负载的能力。所谓带负载的能力，是指放大电路输出量随负载变化的程度。当负载变化时，输出量变化很小或基本不变表示带负载的能力强。放大电路的类型不同，其输出量的表现形式也随之不同。例如，电压放大电路的输出量为电压信号，R_o 越小，带负载能力越强，即 R_L 的变化对输出电压 u_o 的影响越小；电流放大电路的输出量为电流信号，R_o 越大，带负载能力越强，即 R_L 的变化对输出电流 i_o 的影响越小。

放大电路的输出电阻是断开负载后（这点要注意），从放大电路输出端看进去的等效交流电阻，如图 2-5 所示，图中的 u_o' 表示在断开负载时的输出电压（即空载输出电压）。

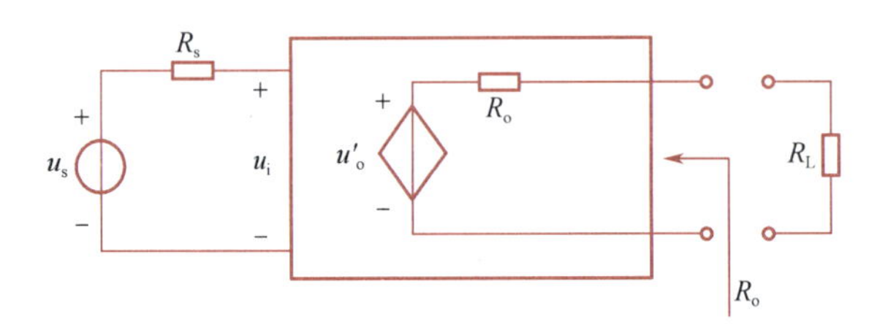

图 2-5　放大电路的输出电阻示意图

定量分析放大电路的输出电阻 R_o 时，可令图 2-5 中的信号源短路（即 u_s=0，但保留 R_s）和负载开路（即 $R_L=\infty$），在放大电路的输出端加一测试电压 u_o，相应地产生一测试电流 i_o，则可得输出电阻为

$$R_o=\frac{u_o}{i_o}\bigg|_{u_s=0,R_L=\infty} \tag{2-1}$$

另外，也可以用实验的方法获得 R_o 的值。具体方法是首先在输入端加信号，测出断开负载（空载）时的输出电压 u_o'，然后接上负载，再测此时的输出电压 u_o。可以证明：

$$R_o=\left(\frac{u_o'}{u_o}-1\right)R_L$$

必须指出，以上所讨论的放大电路输入电阻和输出电阻不是直流电阻，而是在线性应用情况下的交流电阻，用符号 R 带有小写字母下标 i 和 o 表示。

4. 通频带与频率失真

输入信号的频率往往是在一定范围内变化的。例如，人的说话和歌声中包含着从低到高的很多频率分量。要使放大后的信号不失真，就要求放大电路对不同频率的输入信号有相同的放大能力。频率特性就是指放大电路的放大倍数（包括幅值和相位）与频率的关系。为了使输出信号不失真，要求在输入信号所处的频率范围内，放大电路的电压放大倍数 A_u 的幅值几乎不变。实际上，在输入信号频率较低或较高时，由于放大电路中通常含有电抗元件（外接的或有源放大器件内部寄生的），它们的电抗值与信号频率有关，A_u 总是要下降的，如图 2-6 所示。

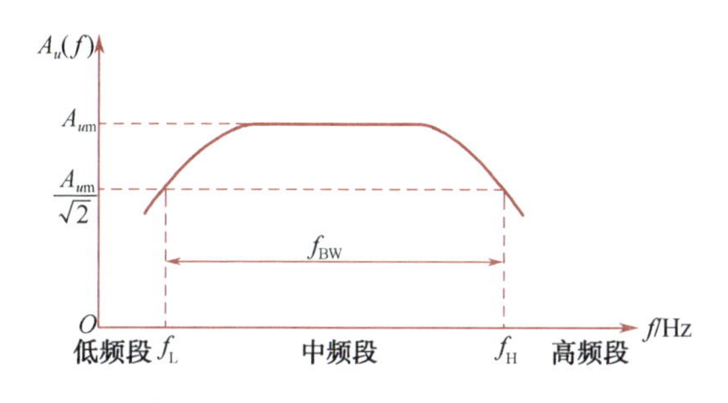

图 2-6　放大电路的幅频特性曲线

一般情况下，在中频段的放大倍数不变，用 A_{um} 表示，在低频段和高频段放大倍数都将下降，当下降到 $\frac{A_{um}}{\sqrt{2}}$ 时的频率 f_L 和 f_H 分别称做放大电路的下限截止频率和上限截止频率。f_L 和 f_H 之间的频率范围称为放大电路的通频带，用 f_{BW} 表示，即放大电路所需的通频带由输入信号的频带来确定。为了不失真地放大信号，要求放大电路的通频带应大于信号的频带。如果放大电路的通频带小于信号的频带，由于信号的低频段或高频段的放大倍数下降过多，放大后的信号不能重现原来的形状，也就是输出信号产生了失真。这种失真称为放大电路的频率失真，由于它是线性电抗元件引起的，在输出信号中并不产生新的频率成分，仅是原有各频率分量的相对大小和相位发生了变化，故这种失真是一种线性失真。

2.2　基本放大电路的组成和分析

在电子设备中，经常要把微弱的电信号放大，以便推动执行元件工作。由晶体管组成的基本放大电路是电子设备中应用最为广泛的基本单元电路，也是分析其他复杂电子线路的基础。下面以应用最广泛的共发射极放大电路为例来说明它的组成及静态工作点的设置。

2.2.1　放大电路的基本组成和工作原理

图 2-7 所示是共发射极接法的基本放大电路，输入端接交流信号源，输入电压为 u_i，输出端接负载电阻 R_L，输出电压为 u_o。

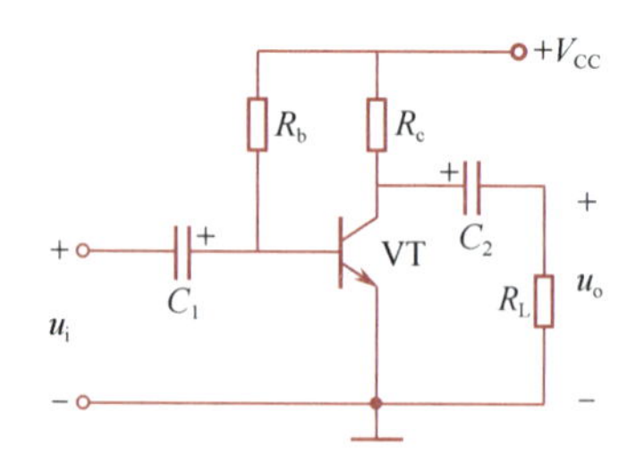

图 2-7　共发射极放大电路

1. 电路中各元件的作用

（1）晶体管 VT：放大电路中的核心元件，起电流放大作用。

（2）直流电源 V_{CC}：一方面与 R_b、R_c 相配合，保证晶体管的发射结正偏和集电结反偏，即保证晶体管工作在放大状态；另一方面为输出信号提供能量。V_{CC} 的数值一般为几至几十伏。

（3）基极偏置电阻 R_b：与 V_{CC} 配合，决定了放大电路基极电流 I_{BQ} 的大小。R_b 的阻值一般为几十至几百千欧。

（4）集电极负载电阻 R_c：主要作用是将晶体管集电极电流的变化量转换为电压的变化量，反映到输出端，从而实现电压放大。R_c 的阻值一般为几至几十千欧。

（5）耦合电容 C_1 和 C_2：起“隔直通交”作用，一方面隔离放大电路和信号源与负载之间的直流通路；另一方面使交流信号在信号源、放大电路、负载之间能顺利地传送。C_1、C_2 一般为几至几十微法的电解电容。

晶体管有三个电极，由它构成的放大电路形成两个回路，即信号源、基极、发射极形成输入回路，负载、集电极、发射极形成输出回路。发射极是输入、输出回路的公共端，所以，该电路被称为共发射极放大电路。

电路图中，符号“⊥”表示电路的参考零电位，又称为公共参考端，它是电路中各点电压的公共端点。这样，电路中各点的电位实际上就是该点与公共端点之间的电压。“⊥”符号一般称为“接地”，但实际上并不一定真正需要接大地。

2. 放大电路中电流、电压符号使用规定

任何放大电路都是由两大部分组成的：一是直流偏置电路，二是交流信号通路。因此，放大电路中的电流和电压有交、直流之分。为了清楚地表示这些电量，其表示符号做如下规定：

（1）直流量：字母大写、下标大写，如 I_B、I_C、U_{BE}、U_{CE}。

（2）交流量的瞬时值：字母小写、下标小写，如 i_b、i_c、u_{be}、u_{ce}。

（3）交、直流叠加量：字母小写、下标大写，如 i_B、i_C、u_{BE}、u_{CE}。

（4）交流量的有效值：字母大写、下标小写，如 I_b、I_c、U_{be}、U_{ce}。

2.2.2 放大电路的直流通路和交流通路

任何一个放大电路均包含直流偏置电路和交流信号通路。

1. 直流通路的分析思路及方法

电路中直流分量电流通过的路径称为直流通路，分析思路及方法如下。

（1）由于电容器具有隔直（流）特性，故可将电路中的电容器均视为开路。

（2）因为电感器的直流电阻通常很小，且电感对直流电的感抗为零，故可将电感器视为短路。

（3）画直流通路时，令输入信号 u_i=0。

（4）流过晶体管 VT 的直流，主要是基极偏置电流 I_B 和集电极至发射极间的直流。

按照上述思路就可画出共发射极电路的直流图解分析图，如图 2-8（b）所示。

2. 交流通路的分析思路和方法

交流通路是放大电路中交流信号流通的路径，分析思路和方法如下。

（1）在放大电路的输入端加上合适的交流信号电压，内阻很小旳直流电压源可视为短路，内阻很大的直流电源或恒流源可视为开路。

（2）对一定频率范围的交流信号，因为耦合电容的容量较大，所以其容抗很小，可视为通路。

（3）弄清交流信号在共射极放大电路中的传输路径。注意：共发射极放大电路具有电压放大作用，且输出信号电压与输入信号电压呈反相，如图 2-8（c）所示。

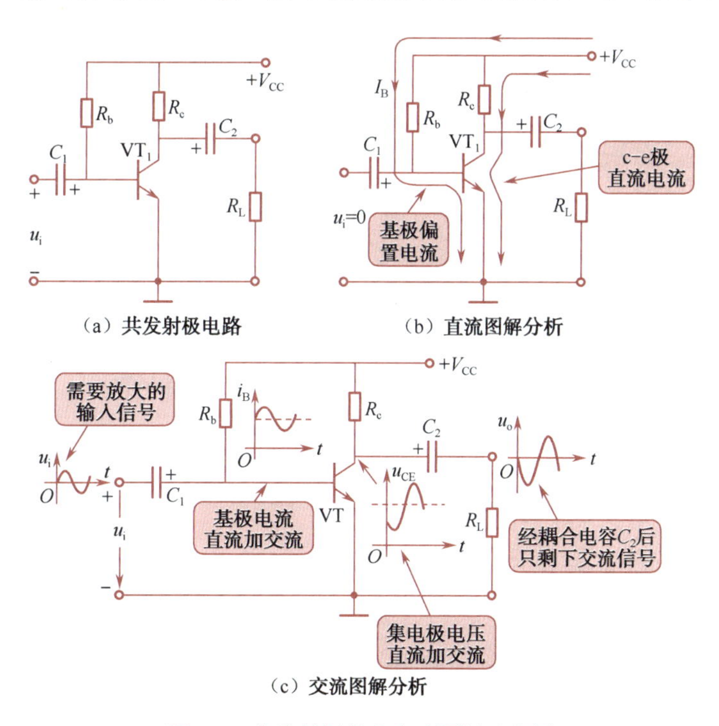

图 2-8　共发射极放大电路图解示意图

3. 共发射极放大电路的直流通路和交流通路

直流通路的作用是为放大电路提供必要的工作条件，为放大电路设计（计算）设置合适的工作点。交流通路的作用是在其输入端加上交流信号后，保证交流信号在电路中通畅地输入、线性地放大和输出。图 2-9（a）、（b）所示分别为共发射极放大电路的直流通路和交流通路。

2.2.3 放大电路的静态分析

静态是指放大电路在没有加输入信号（即 $u_i=0$）时电路的工作状态，即放大电路处于直流工作状态。此时，电路中的电压、电流都为直流信号，它们在特性曲线上所对应的点称为放大电路的静态工作点，记为 Q。

在放大电路中建立静态工作点的目的，是使晶体管工作在特性曲线的线性区，在交流信号作用下被放大的信号波形不失真。

放大电路的静态分析方法常用的有两种：近似估算法和图解分析法。前者算法简单，后者形象直观。

1. 近似估算法

如图 2-9（a）所示，可知

$$I_{BQ}=\frac{V_{CC}-U_{BEQ}}{R_b} \tag{2-2}$$

$$I_{CQ}=\beta I_{BQ} \tag{2-3}$$

$$U_{CEQ}=V_{CC}-I_{CQ}R_C \tag{2-4}$$

当 $V_{CC}\geqslant U_{BEQ}$ 时，式（2-2）通常可采用近似估算法计算，$I_{BQ}\approx\dfrac{V_{CC}}{R_b}$。

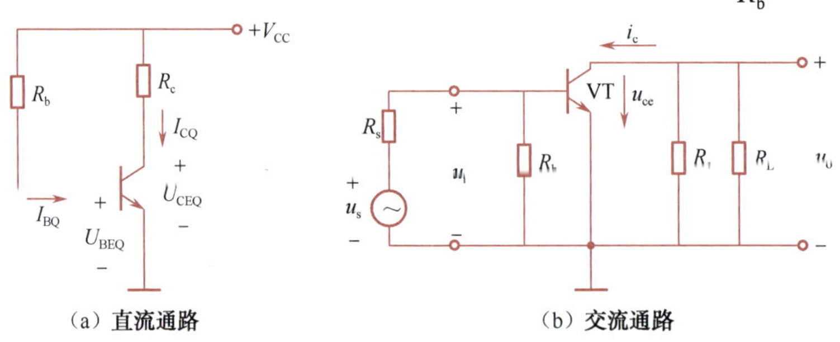

图 2-9　共发射极放大电路的直流通路和交流通路

上述公式中各量的下标 Q 表示它们是静态值。U_{BEQ} 的估算值，对硅管取 0.7V，对锗管取 0.3V。

当电路参数 V_{CC} 和 R_b 确定后，基极电流 I_{BQ} 为固定值，所以图 2-7 所示电路又称为固定偏置共射放大电路。

【例 2-1】 设图 2-9（a）所示电路中，V_{CC}=12V，R_c=4kΩ，R_b=200kΩ，锗材料晶体管的电流放大系数 β=30，试求电路的静态工作点。

解： 由上述分析可得

$$I_{BQ}=\frac{V_{CC}-U_{BEQ}}{R_b}\approx\frac{V_{CC}}{R_b}=\frac{12\text{V}}{200\text{k}\Omega}=60\mu\text{A}$$

$$I_{CQ}=\beta I_{BQ}=30\times60\mu A=1.8mA$$

$$U_{BEQ}=V_{CC}-I_{CQ}R_c=12-1.8\times4=4.8V$$

2. 图解分析法

图解法是以晶体管的特性曲线为基础，用作图的方法，在特性曲线上分析放大电路的工作情况并找出静态工作点。

（1）由晶体管特性测试仪扫出放大电路所用晶体管的输出特性曲线（或由晶体管手册查出管子特性曲线），如图 2-10 所示。

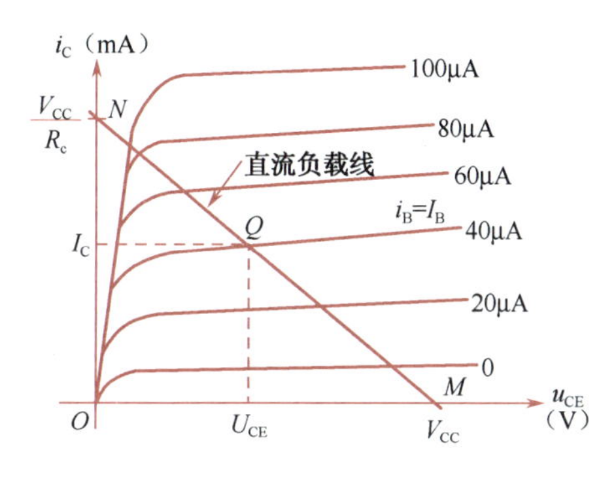

图 2-10　晶体管输出特性曲线

（2）在输出特性曲线上作直流负载线。直流负载线是在放大电路静态下，由集电极电流和集–射极电压 u_{CE} 所确定的一条直线。

$$u_{CE}=V_{CC}-i_CR_c \tag{2-5}$$

令 i_C=0，$u_{CE}=V_{CC}$，则在横轴上得 M 点（V_{CC}，0），令 u_{CE}=0，在纵轴上得 N 点（0，V_{CC}/R_c），连接 M、N 点，则可得直流负载线 MN。

（3）确定静态工作点 Q。直流负载线 MN 与基极电流 I_{BQ} 所对应的那条曲线的交点即为工作点 Q，根据 Q 点即可确定集电极电流和集–射极电压 u_{CE} 的数值。

2.2.4　放大电路的动态分析

当放大电路有交流信号输入时，晶体管电路处于动态工作情况。此时晶体管的电压、电流不再保持原来的静态直流量，而是在原直流量基础了叠加了交流分量。动态分析即研究放大电路的电压、电流变化，以及输入和输出信号间的变化关系。

1. 交流分析

当放大电路接入交流信号 u_i 和负载电阻 R_L 后，电路的静态工作点不会受到影响。但晶体管的电压、电流会以静态工作点为中心上下变动。如图 2-9（b）所示，可知

$$u_{ce}=-i_C(R_L\ /\!/\ R_c)=-i_CR_L \tag{2-6}$$

$$R_L'=(R_L\ /\!/\ R_c) \tag{2-7}$$

交流量 i_C 和 u_{ce} 有如下关系：

$$i_C=\left(-\frac{1}{R'_L}\right)u_{ce} \tag{2-8}$$

式中，$-\frac{1}{R'_L}$即为交流负载线的斜率。

2. 交流负载线

图 2-10 所示的直流负载线 MN 是将负载 R_L 视为开路（空载）情况下作出的，而放大电路的输出端都带有一定的交流负载 R_L，这时放大电路的工作轨迹就要用交流负载线来表示了。

需要明确：交流负载线必然是通过静态工作点的直线。因为 Q 点既可理解为无信号输入时的静态工作点，又可理解为当输入信号瞬时值为零时的动态工作点。

交流负载线的作法通常按下列步骤进行：

（1）根据实测或相关手册画出所用晶体管的输出特性曲线，如图 2-11 所示。

（2）作出直流负载线 MN，确定工作点 Q。

（3）作交流负载线的辅助线 MP，M 点的坐标为（V_{CC}，0），P 点的坐标为（0，$\frac{V_{CC}}{R'_L}$），$R'_L=(R_L\ //\ R_c)$。

（4）过 Q 点作辅助线 MP 的平行线 LH。该线即是由交流通路得到的负载线，故称为交流负载线，其斜率为$-\frac{1}{R'_L}$。

交流负载线的特征如下：

（1）交流负载线必然通过静态工作点 Q。

（2）空载情况下，交流负载线与直流负载线重合。

（3）交流负载线是有交流输入信号时，放大电路动态工作点移动的轨迹。

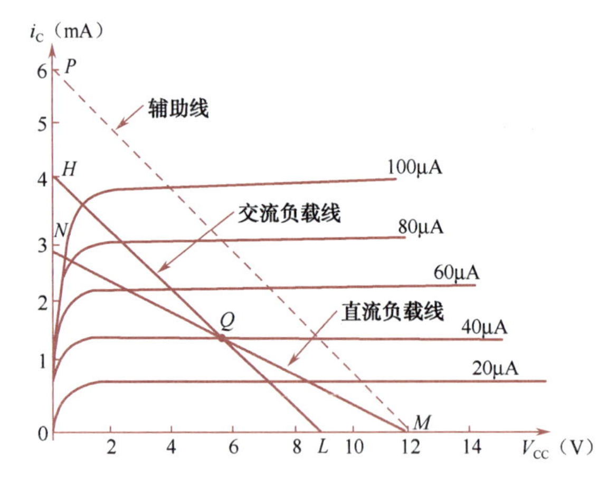

图 2-11 交流负载线

2.2.5 放大电路输出信号的非线性失真与静态工作点 Q 的关系

（1）当静态工作点 Q 的设置合适时，其输出波形 u_o 被线性地放大，无失真，输出 u_o 与 u_i（或 i_B）相位相反，如图 2-12 所示。

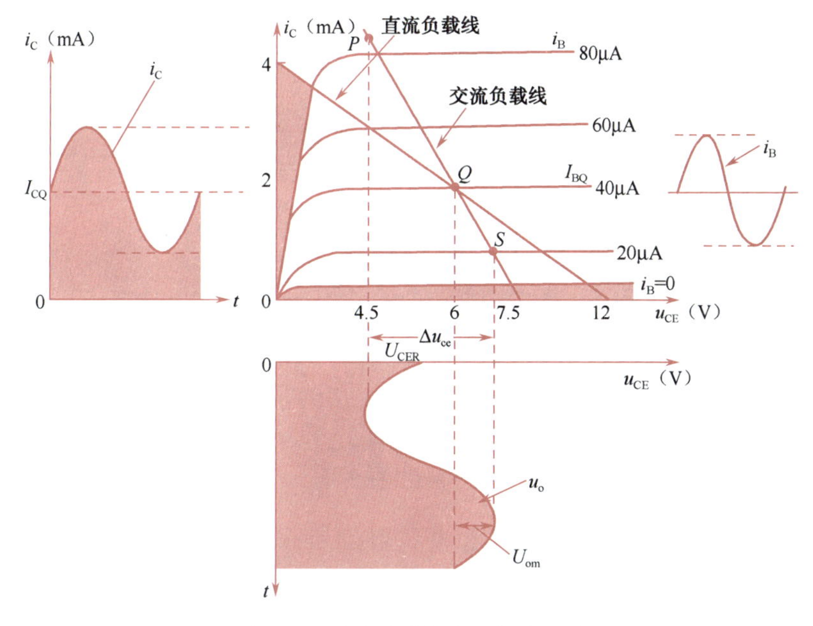

图 2-12　放大电路静态工作点合适

（2）当静态工作点（Q'）过高时，会导致输出波形饱和失真，如图 2-13 所示。此时输出信号波形的负半周被部分削平。这是由于输入信号（i_C）的正半周有一部分进入饱和区，使输出信号的负半周被部分削平，这时应适当增大放大电路的偏置电阻 R_b，减小 I_{BQ}，使静态工作点下移，让波形得以改善。

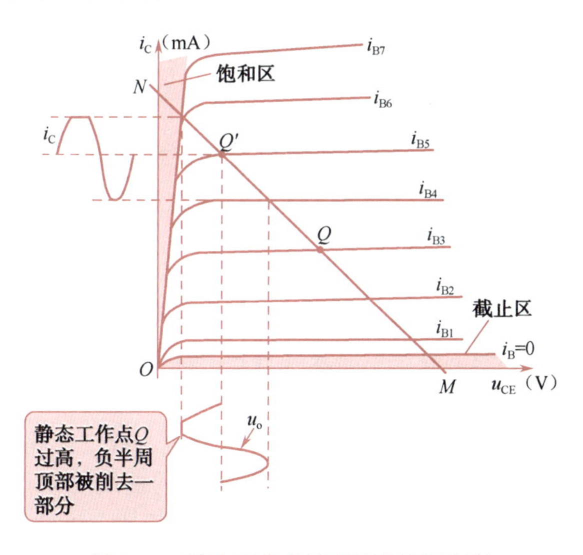

图 2-13　静态工作点过高导致饱和失真

（3） 当静态工作点偏低（Q''）时，会导致输出波形截止失真，如图 2-14 所示。此时输入信号（i_C）的负半周波形有部分进入截止区，使输出信号 u_o 的正半周被削去一部分，这时应减小晶体管基极的偏置电阻 R_b，从而增大电流 I_{BQ}，使静态工作点适当上移，让波形得以改善。

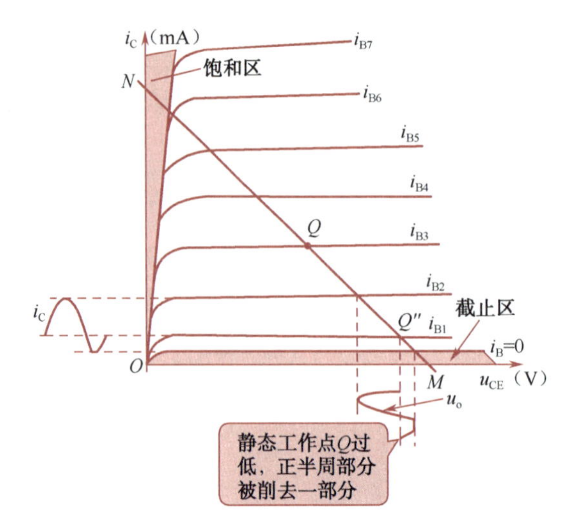

图 2-14　静态工作点过低导致截止失真

放大电路的饱和失真和截止失真是由于其工作点分别进入输出特性曲线的饱和区和截止区导致的，所以饱和失真和截止失真统称为非线性失真。

由此可见，要构成一个放大电路，必须遵循以下原则：

① 晶体管应工作在放大状态。即发射结正向偏置，集电结反向偏置。

② 信号电路应畅通。输入信号能从放大电路的输入端加到晶体管的输入极上，信号放大后能顺利地从输出端输出。

③ 放大电路静态工作点应选择合适且稳定的点，输出信号的失真程度（即放大后的输出信号波形与输入信号波形不一致的程度）不能超过允许的范围。

2.2.6　微变等效电路

当放大电路工作在小信号范围内时，可利用微变等效电路（亦称小信号等效电路）来分析放大电路的动态指标，即输入电阻 R_i、输出电阻 R_o 和电压放大倍数 A_u。

1. 晶体管的微变等效电路

晶体管是非线性元件，在一定的条件（输入信号幅度小，即微变）下可以把晶体管看成一个线性元件，用一个等效的线性电路来代替它，从而把放大电路转换成等效的线性电路，使电路的动态分析、计算大大简化。

首先，从晶体管的输入与输出特性曲线入手来分析其线性电路。由图 2-15（a）所示可以看出，当输入信号很小时，在静态工作点 Q 附近的曲线可以认为是直线。这表明在微小的动态范围内，基极电流 Δi_B 与发射结电压 Δu_{BE} 成正比，为线性关系。因而可将晶体管输入端（即基极与发射极之间）等效为一个电阻 r_{be}，常用下式估算：

$$r_{be}=300\Omega+(1+\beta)\frac{26(\text{mV})}{I_{EQ}(\text{mA})} \quad (2\text{-}9)$$

式中，I_{EQ} 是发射极电流的静态值（mA），r_{be} 一般为几百欧到几千欧。

图 2-15（b）所示是晶体管的输出特性曲线，在线性工作区是一组近似等距离的平行直线。这表明集电极电流 i_C 的大小与集电极电压 u_{BE} 的变化无关，这就是晶体管的恒流特

性；i_C 的大小仅取决于 i_B 的大小，这就是晶体管的电流放大特性。由这两个特性，可以将 i_C 等效为一个受 i_B 控制的恒流源，其内阻 $r_{ce}=\infty$，$i_C=\beta i_B$。

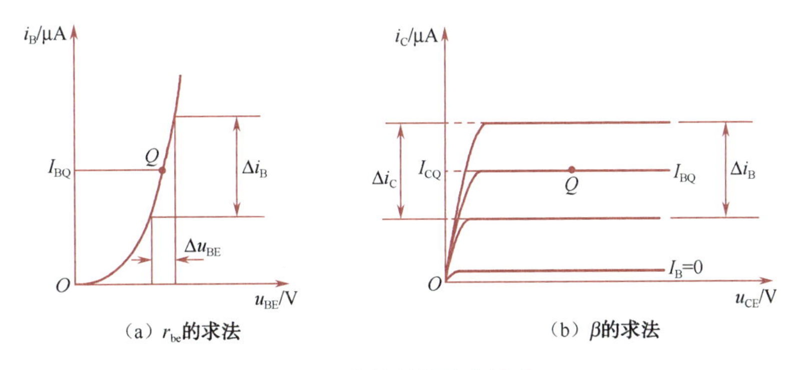

图 2-15　从晶体管的特性曲线求 r_{be}、β

所以晶体管的集电极与发射极之间可用一个受控恒流源代替。因此，晶体管电路可等效为一个由输入电阻和受控恒流源组成的线性简化电路，如图 2-16 所示。但应当指出，在这个等效电路中，忽略了 u_{ce} 对 i_c 及输入特性的影响，所以又称为晶体管简化的微变等效电路。

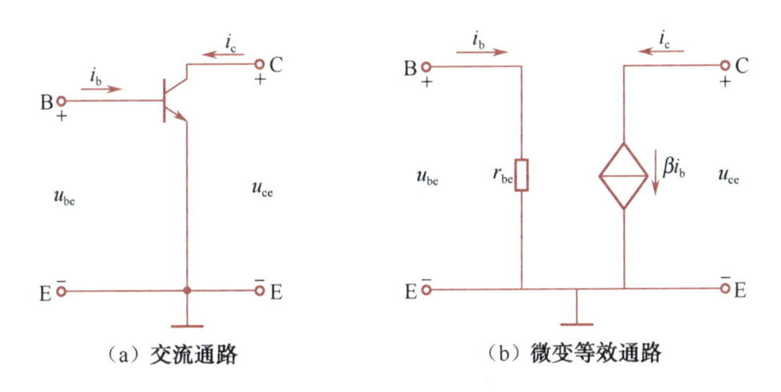

图 2-16　晶体管等效电路模型

2. 微变等效电路法的应用

利用微变等效电路，可以比较方便地运用电路基础知识来分析放大电路的性能指标。下面仍以图 2-8（a）所示单管共发射极放大电路为例来说明电路分析过程。

首先，根据图 2-8（a）画出该电路的交流通路，然后把交流通路中的晶体管用其等效电路来代替，即可得到如图 2-17 所示的微变等效电路。

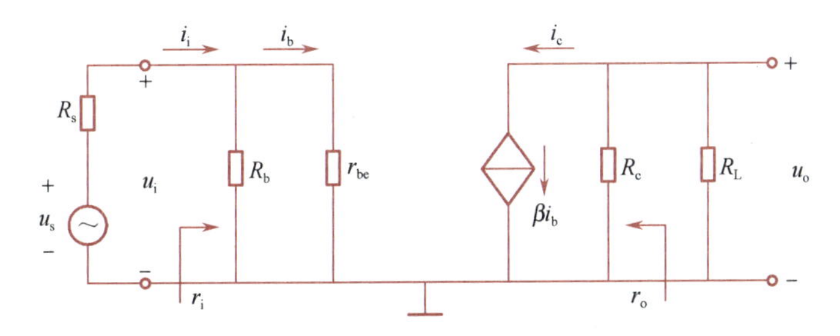

图 2-17　单管共发射极电路的微变等效电路

（1）电压放大倍数 A_u：A_u 定义为放大器输出电压 u_o 与输入电压 u_i 之比，是衡量放大电路电压放大能力的指标。

$$A_u=\frac{u_o}{u_i}=-\frac{\beta R'_L}{r_{be}} \tag{2-10}$$

如图 2-17 所示，可知

$$A_u=-\frac{i_c(R_c//R_L)}{i_b r_{be}}=-\frac{\beta(R_c//R_L)}{r_{be}}=-\frac{\beta R'_L}{r_{be}} \tag{2-11}$$

式（2-11）中，$R'_L=R_c//R_L$，负号表示输出电压与输入电压的相位相反。

当不接负载 R_L 时，电压放大倍数为

$$A_u=-\frac{\beta R_c}{r_{be}} \tag{2-12}$$

由式（2-11）可知，接上负载 R_L 后，电压放大倍数 A_u 将有所下降。

（2）输入电阻 R_i：显而易见，放大电路是信号源的一个负载，这个负载电阻就是从放大器输入端看进去的等效电阻。从图 2-17 所示的电路中可知

$$R_i=\frac{u_i}{i_i}=R_b//r_{be} \tag{2-13}$$

一般 $R_b>>r_{be}$，所以 $R_i\approx r_{be}$。

R_i 反映放大电路对所接信号源（或前一级放大电路）的影响程度。一般来说，希望 R_i 尽可能大一些，以使放大电路向信号源索取的电流尽可能小。由于晶体管的输入电阻 r_{be} 约为 1kΩ，所以共发射极放大电路的输入电阻较低。

（3）输出电阻 R_o：对负载电阻 R_L 来说，放大器相当于一个信号源。放大电路的输出电阻就是从放大电路的输出端看进去的交流等效电阻，从图 2-17 所示电路和式（2-1）计算可知

$$R_o=\frac{u_o}{i_o}=R_c \tag{2-14}$$

输出电阻是衡量放大电路带负载能力的一个性能指标。放大电路接上负载后，要向负载（后级）提供能量，所以，可将放大电路看做一个具有一定内阻的信号源，这个信号源的内阻就是放大电路的输出电阻。

【例 2-2】在图 2-17 所示电路中，若已知 R_b=200kΩ，R_c=4kΩ，V_{CC}=12V，β=30，R_L=4kΩ，求 A_u，R_i，R_o。

解：由【例 2-1】已知该电路的 I_{CQ}=1.8mA，因为

$I_{EQ}\approx I_{CQ}$=1.8mA，则由式（2-7）可求出：

$$r_{be}=300+(1+\beta)26/I_{EQ}=300+(1+30)26/1.8\approx 748\Omega$$

而

$$R'_L=R_C//R_L=(4\times4)/(4+4)=2\text{k}\Omega$$

则

$$A_u=\frac{u_o}{u_i}=-\frac{\beta R'_L}{r_{be}}=-\frac{30\times2}{0.748}\approx-80$$

$$R_i=r_{be}//R_b \approx r_{be}=748\Omega$$

$$R_o=R_c=4\text{k}\Omega$$

根据以上分析，可以归纳出使用微变等效电路法分析电路的步骤如下：

① 首先对电路进行静态分析，求出 I_{BQ}、I_{CQ}；

② 求出晶体管的输入电阻 r_{be}；

③ 画出放大电路的微变等效电路；

④ 根据微变等效电路求出 A_u、R_i、R_o。

2.3　放大电路静态工作点的稳定

前面介绍的固定偏置式共发射极放大电路结构比较简单，电压和电流放大作用都比较大，但其突出的缺点是静态工作点不稳定，电路本身没有自动稳定静态工作点的能力。

2.3.1　温度变化对静态工作点的影响

造成静态工作点不稳定的原因很多，如电源电压波动、电路参数变化、晶体管老化等，但主要原因是晶体管特性参数（U_{BE}、β、I_{CEO}）随温度的变化而变化，造成静态工作点偏离原来的数值。

晶体管的 I_{CEO} 和 β 均随环境温度的升高而增大，U_{BE} 则随温度的升高而减小，这些都会使放大电路中的集电极电流 I_C 随温度升高而增加。例如，当温度升高时，对于同样的 I_{BQ}（40μA），输出特性曲线将上移。严重时，将使晶体管进入饱和区而失去放大能力，这是设计电路时所不希望的。为了克服上述问题，可以从电路结构上采取措施。

2.3.2　稳定静态工作点的措施

稳定静态工作点的典型电路是如图 2-18（a）所示的分压式偏置稳定电路，该电路有以下两个特点。

1. 利用电阻 R_{b1} 和 R_{b2} 分压来稳定基极电位

由图 2-18（b）所示放大电路的直流通路，可得

$$I_1 = I_2+I_{BQ} \tag{2-15}$$

若使 $I_1>>I_{BQ}$，则 $I_1 \approx I_2$，这样，基极电位 V_{BQ} 为

$$V_{BQ} \approx \frac{R_{b2}}{R_{b1}+R_{b2}} V_{CC} \tag{2-16}$$

所以基极电位 V_{BQ} 由电源电压 V_{CC} 经 R_{b1} 和 R_{b2} 分压所决定，基本不随温度而变化，且与晶体管参数无关。

2. 由发射极电阻 R_e 实现静态工作点的稳定

温度上升使 I_{CQ} 增大时，I_{EQ} 随之增大，V_{EQ} 也增大，因为基极电位 $V_{BQ}=U_{BEQ}+V_{EQ}$ 恒定，故 V_{EQ} 增大使 U_{BEQ} 减小，引起 I_{BQ} 减小，使 I_{CQ} 相应减小，从而抑制了温度升高引起的 I_{CQ} 的增量，即稳定了静态工作点。其稳定过程如下：

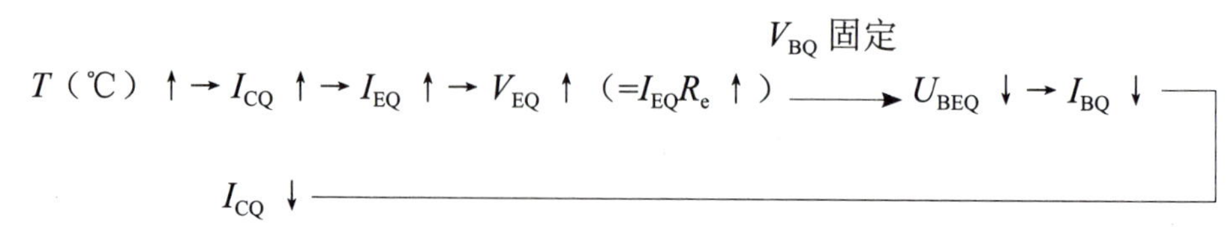

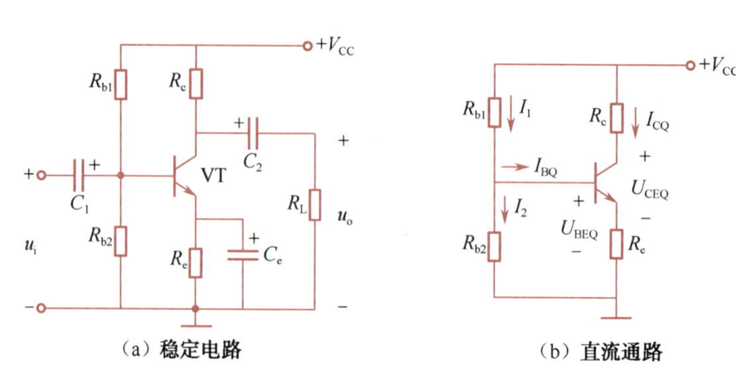

图 2-18 分压式偏置放大电路

通常 $V_{BQ}>>U_{BEQ}$，所以集电极电流为

$$I_{CQ}\approx I_{EQ}=\frac{V_{BQ}-U_{BEQ}}{R_e}\approx\frac{V_{BQ}}{R_e} \tag{2-17}$$

根据 $I_1>>I_{BQ}$ 和 $V_{BQ}>>U_{BEQ}$ 两个条件得到的式（2-16）和式（2-17），说明了 V_{BQ} 和 I_{CQ} 是稳定的，基本上不随温度而变化，也与管子的参数 β 值无关。

【例 2-3】 电路如图 2-19 所示，已知晶体管 β=40，V_{CC}=12V，R_{b1}=20kΩ，R_{b2}=10kΩ，R_L=4kΩ，R_c=2kΩ，R_e=2kΩ，C_e 足够大，试求：静态值 I_{CQ} 和 U_{CEQ}，电压放大倍数 A_u，输入电阻 R_i，输出电阻 R_o。

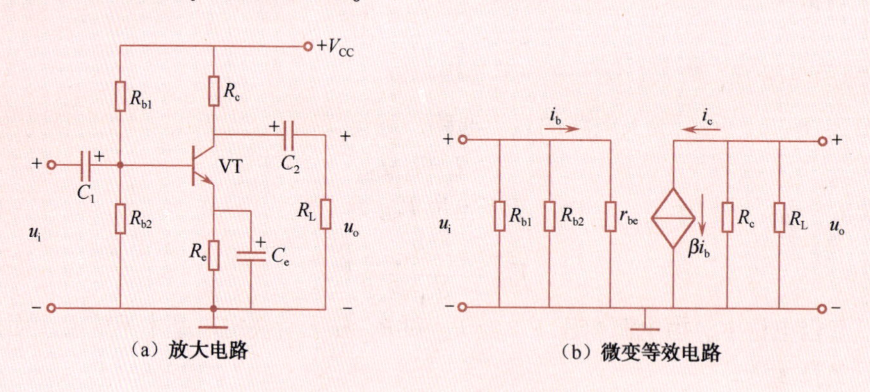

图 2-19 例 2-3 的电路图

解：（1）估算静态值 I_{CQ}、U_{CEQ}。

$$V_B\approx\frac{R_{b2}}{R_{b1}+R_{b2}}V_{CC}=\frac{10}{10+20}\times 12=4\text{V}$$

$$I_{CQ} \approx I_{EQ} = \frac{(V_B - U_{BEQ})}{R_e} \approx \frac{V_B}{R_e} = \frac{4}{2000} = 0.002\text{A} = 2\text{mA}$$

$$U_{BEQ} \approx V_{CC} - I_{CQ}(R_c + R_e) = 12 - 2\times(2+2) = 4\text{V}$$

（2）估算电压放大倍数 A_u。

由图 2-19（a）可画出其微变等效电路如图 2-19（b）所示。

由式（2-9）可求出 $r_{be} = 300 + (1+\beta)\times\frac{26}{I_{EQ}} = 300 + (1+40)\times\frac{26}{2} = 833\Omega = 0.83\text{k}\Omega$。

$$R_L' = R_c // R_L = \frac{2\times4}{2+4} = 1.33\text{k}\Omega$$

故

$$A_u = \frac{u_o}{u_i} = -\frac{i_c R_L'}{i_b r_{be}} = -\beta\frac{R_L'}{r_{be}} = -40\times\frac{1.33}{0.83} = -64$$

（3）估算输入电阻 R_i，输出电阻 R_o。

$$R_i = R_{b1} // R_{b2} // r_{be} \approx r_{be} = 0.83\text{k}\Omega$$

$$R_o = R_c = 2\text{k}\Omega$$

在图 2-19（a）中，电容 C_e 称为射极旁路电容（一般取 10 ～ 100μF），它对直流相当于开路，静态时使直流信号通过 R_e 实现静态工作点的稳定；对交流相当于短路，动态时交流信号被 C_e 旁路掉，使输出信号不会减小，即 A_u 的计算与式（2-11）完全相同。这样既稳定了静态工作点，又没有降低电压放大倍数。

2.4　共集电极放大电路

2.4.1　共集电极放大电路的组成

共集电极放大电路如图 2-20（a）所示，它是由基极输入信号、发射极输出信号的，所以称为射极输出器。由图 2-20（b）所示的交流通路可见，集电极是输入回路与输出回路的公共端，所以又称为共集放大电路。

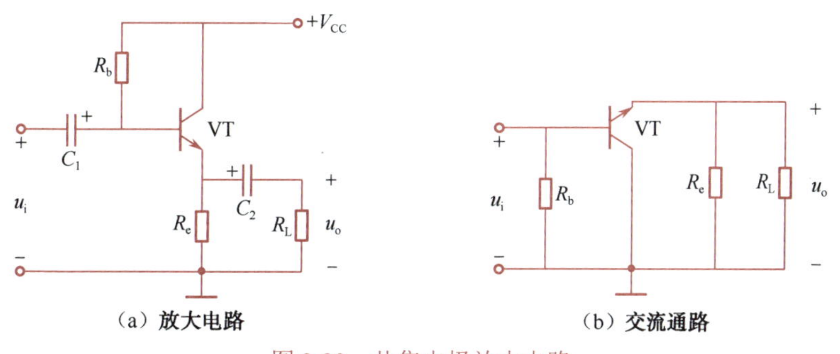

图 2-20　共集电极放大电路

2.4.2 共集电极放大电路的特点

1. 静态工作点稳定

由图 2-21（a）所示的共集电极放大电路的直流通路可知

$$V_{CC}=I_{BQ}R_b+U_{BEQ}+I_{EQ}R_e \tag{2-18}$$

$$I_{BQ}=\frac{I_{EQ}}{1+\beta} \tag{2-19}$$

于是得

$$I_{CQ}\approx I_{EQ}=\frac{V_{CC}-U_{BEQ}}{R_e+\dfrac{R_b}{1+\beta}} \tag{2-20}$$

故

$$U_{CEQ}=V_{CC}-I_{CQ}R_e \tag{2-21}$$

2. 电压放大倍数近似等于 1

由图 2-21（b）所示的微变等效电路可知

$$A_u=\frac{u_o}{u_i}=\frac{i_eR_L'}{i_br_{be}+i_eR_L'}=\frac{(1+\beta)\ i_bR_L'}{i_br_{be}+i_b(1+\beta)\ R_L'}=\frac{(1+\beta)\ R_L'}{r_{be}+(1+\beta)\ R_L'} \tag{2-22}$$

式中，$R_L'=R_e//R_L$。

通常（$1+\beta$）$R'_L>>r_{be}$，于是得

$$A_u\approx 1 \tag{2-23}$$

电压放大倍数约为 1 并为正值，可见输出电压 u_o 随着输入电压 u_i 的变化而变化，大小近似相等，且相位相同，因此，共集电极放大电路又称为射极跟随器。

应该指出，虽然共集电极放大电路的电压放大倍数等于 1，但它仍具有电流放大和功率放大的作用。

3. 输入电阻高

由图 2-21（b）所示可知

$$R_i=R_b//r_i'=R_b//[r_{be}+(1+\beta)\ R_L'] \tag{2-24}$$

由于 R_b 和（$1+\beta$）R_L' 值都较大，因此，共集电极放大电路的输入电阻 R_i 很高，可达几十到几百千欧。

4. 输出电阻低

由于共集电极放大电路 $u_o\approx u_i$，当 u_i 保持不变时，u_o 就保持不变。可见，输出电阻对输出电压的影响很小，说明共集电极放大电路带负载能力很强。根据式（2-1）可得出输出电阻的估算公式为

$$R_o\approx\frac{r_{be}}{1+\beta} \tag{2-25}$$

通常 R_o 很低，一般只有几十欧。

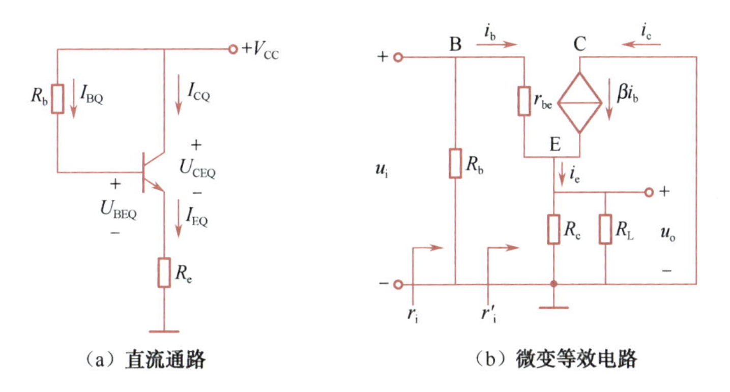

图 2-21　共集电极放大电路的直流通路和微变等效电路

【例 2-4】放大电路如图 2-20 所示，图中晶体管为硅管，β=100，r_{be}=1.2kΩ，R_b=200kΩ，R_e=2kΩ，V_{CC}=12V。试求：静态工作点 I_{CQ} 和 U_{CEQ}；输入电阻 R_i 和输出电阻 R_o。

解：（1）静态工作点。

$$I_{CQ}=\frac{V_{CC}-U_{BEQ}}{R_e+\dfrac{R_b}{1+\beta}}=\frac{(12-0.7)\text{V}}{\left(2+\dfrac{200}{101}\right)\text{k}\Omega}=2.8\text{mA}$$

$$U_{BEQ}\approx V_{CC}-I_{CQ}R_e=12-2.8\times 2=6.4\text{V}$$

（2）输入电阻 R_i 和输出电阻 R_o。

$$R_i=R_b//[r_{be}+(1+\beta)R_L']=200//(1.2+101\times 1)=66.7\text{k}\Omega$$

$$R_o\approx\frac{r_{be}}{\beta}=\frac{1.2\text{k}\Omega}{100}=12\Omega$$

2.4.3　共集电极放大电路的应用

（1）用做输入级

在要求输入电阻较高的放大电路中，常用射极输出器做输入级，利用其输入电阻很高的特点，可减少对信号源的衰减，有利于信号的传输。

（2）用做输出级

由于射极输出器的输出电阻很低，常用做输出级。可使输出级在接入负载或负载变化时，对放大电路的影响较小，使输出电压更加稳定。

（3）用做中间隔离级

将射极输出器接在两级共射电路之间，利用其输入电阻高的特点，可提高前级的电压放大倍数；利用其输出电阻低的特点，可减小后级信号源内阻，提高后级的电压放大倍数。由于其隔离了前后两级之间的相互影响，因而也称为缓冲级。

2.5 共基极放大电路

共基极放大电路如图 2-22 所示，输入信号 u_i 由发射极引入，输出信号由集电极引出，交流信号通过晶体管基极旁路电容 C_b 接地，基极为输入与输出回路的公共端，故称为共基极放大电路。从直流通路看，它和图 2-18 所示射极放大电路一样，也称为分压式电流负反馈偏置电路。

共基极放大电路具有输出电压与输入电压同相、电压放大倍数高、输入电阻小、输出电阻大等特点，由于共基极电路具有较好的高频特性，故广泛用于高频或宽带放大电路中。

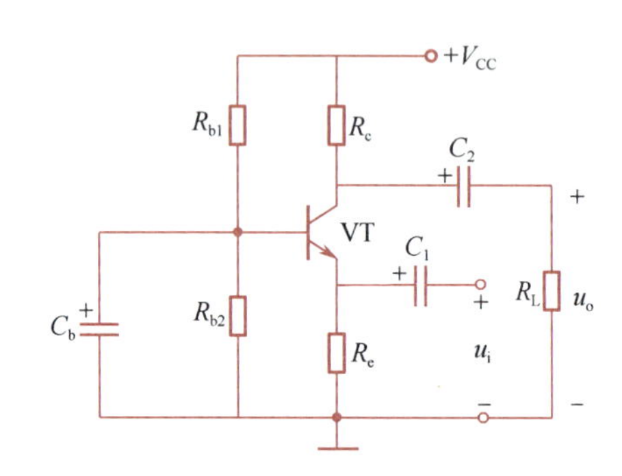

图 2-22　共基极放大电路

2.6 场效应管放大电路

场效应管（FET）与晶体管（BJT）一样能实现对信号的控制。由场效应管组成的基本放大电路与晶体管组成的放大电路类似。如不考虑物理本质上的区别，可把场效应管的栅极（G）、源极（S）、漏极（D）分别与晶体管的基极（B）、发射极（E）、集电极（C）相对应，从工作原理上看，晶体管通过 i_B 来控制集电极电流 i_C，场效应管则通过 u_{GS} 来控制漏极电流 i_D，它们之间存在对应关系。所以由场效应管组成的基本放大电路同样有三种组态，分别称为共源极、共漏极和共栅极放大电路。虽然场效应管放大电路的组成原则与晶体管放大电路相同，但由于场效应管是用栅源电压控制漏极电流的，且种类较多，故在电路组成上仍有其自身的特点。下面以增强型 MOS 管共源极放大电路为例进行分析。

2.6.1 共源极放大电路

如图 2-23 所示为 N 沟道增强型场效应管共源极放大电路，C_1、C_2 为耦合电容，R_D 为漏极负载电阻，R_S 为源极电阻，R_{G1}、R_{G2} 为分压电阻，R_{G3} 为栅极通路电阻，C_S 为源极电阻旁路电容。

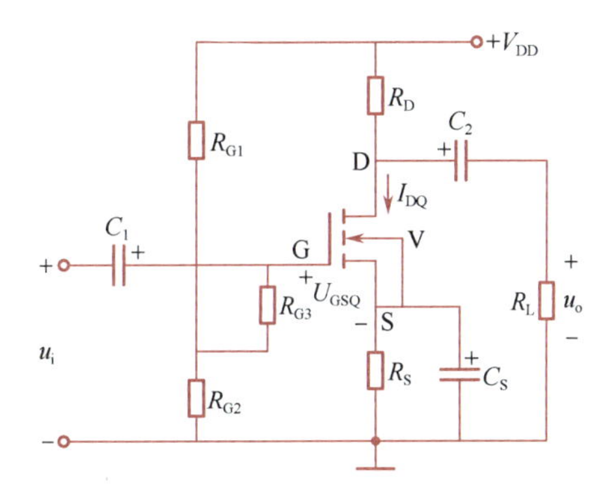

图 2-23　共源极放大电路

2.6.2　共源极放大电路的静态分析

在晶体管放大电路中必须设置合适的静态工作点，否则将造成输出信号的失真。同理，场效应管放大电路也必须设置合适的静态工作点。与晶体管放大电路相似，给场效应管栅极提供直流电压的电路称为偏置电路，场效应管有固定偏置、自给偏置和分压式偏置三种电路。

图 2-23 所示电路为分压式自偏压 N 沟道增强型场效应管共源极放大电路，其直流通路如图 2-24 所示。由于流过 R_{G3} 的电流 $I_{GQ}=0$，R_{G3} 两端的电压降为零，所以它对静态工作点没有影响，U_{GSQ} 由 R_{G2} 上得到的分压 V_{GQ} 和 R_S 两端的电压降共同决定。

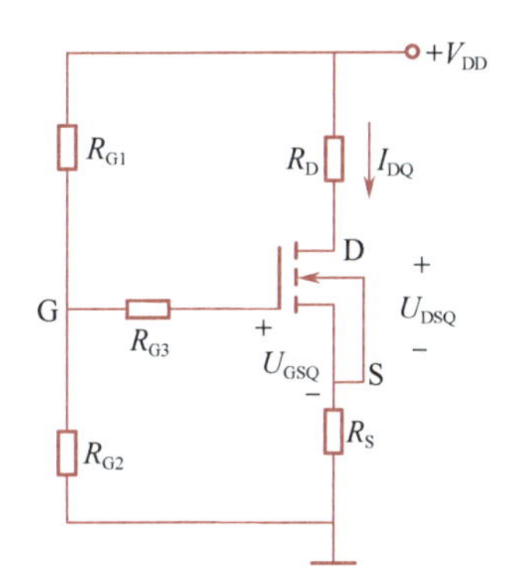

图 2-24　图 2-23 的直流通路

$$V_{GQ}=V_{DD}\times\frac{R_{G2}}{R_{G1}+R_{G2}} \tag{2-26}$$

$$U_{GSQ}=V_{DD}\times\frac{R_{G2}}{R_{G1}+R_{G2}}-I_{DQ}R_S \tag{2-27}$$

$$U_{DSQ}=V_{DD}-I_{DQ}(R_D+R_S) \tag{2-28}$$

$$I_{DQ}=I_{DO}\left(\frac{U_{GSQ}}{U_{GSQ(th)}}-1\right)^2 \tag{2-29}$$

根据式（2-26）～式（2-29）可以求出 U_{GSQ}、I_{DQ} 和 U_{DSQ}，由此确定静态工作点。

分压式自给偏压电路不仅适用于增强型场效应管放大电路，也同样适用于耗尽型场效应管放大电路。但是需要注意的是，增强型场效应管和耗尽型场效应管计算静态工作点时使用的电流公式不同，耗尽型场效应管的电流公式为 $I_{DQ}=I_{DSS}\left(1-\dfrac{U_{GSQ}}{U_{GS(off)}}\right)^2$。

2.6.3 共源极放大电路的动态分析

场效应管基本放大电路动态分析采用场效应管小信号模型来分析，分析的步骤与晶体管放大电路的小信号模型分析法的步骤相同。图 2-25（a）和图 2-25（b）所示为共源极放大电路的交流通路和小信号等效电路。

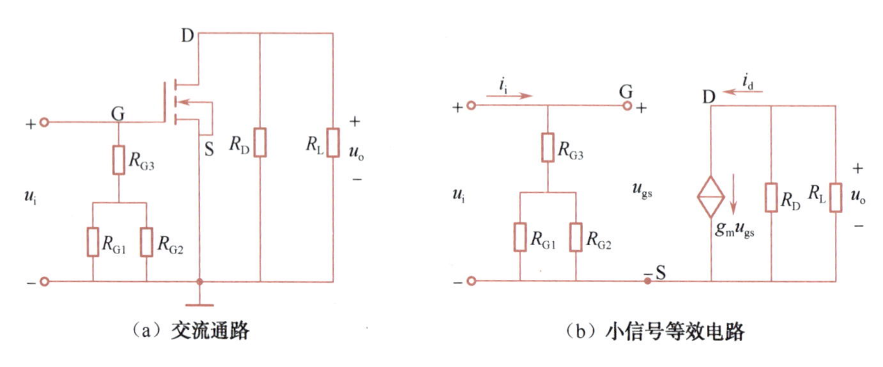

图 2-25 共源极放大电路

（1）电压放大倍数 A_u。

由图 2-25（a）所示可得放大电路的电压放大倍数为

$$A_u=\frac{u_o}{u_i}=\frac{-g_m u_{gs}(R_D//R_L)}{u_{gs}}=-g_m(R_D//R_L) \tag{2-30}$$

式中，负号表示输出电压 u_o 与输入电压 u_i 反相。

（2）输入电阻 R_i。

$$R_i=\frac{u_o}{u_i}=R_{G3}+R_{G1}//R_{G2} \tag{2-31}$$

由上式可知，R_{G3} 可以提高输入电阻。

（3）输出电阻 R_o。

令 $u_{gs}=0$，则受控电流源 $g_m u_{gs}=0$，相当于开路，断开 R_L，在输出端接入 u_o，可得 $i_o=\dfrac{u_o}{R_D}$，故求得放大电路的输出电阻为

$$R_o=R_D \tag{2-32}$$

由上述分析可知，与共发射极放大电路类似，共源极放大电路具有一定的电压放大能力，且输出电压与输入电压反相。共源极放大电路的输入电阻很高，输出电阻主要由漏极电阻 R_D 决定。共源极放大电路常常用做多级放大电路的输入级或中间级。

2.7 多级放大电路

前面分析的放大电路，都是由一个晶体管组成的单级放大电路，它们的放大倍数是有

限的。在实际应用中，如通信系统、自动控制系统及检测装置中，输入信号都是极微弱的，必须将微弱的输入信号放大到几千乃至几万倍才能驱动执行机构如扬声器、伺服机构和测量仪器等进行工作。所以实用的放大电路都是由多个单级放大电路组成的多级放大电路。

2.7.1　多级放大电路的组成

多级放大电路是由两级或两级以上的基本放大电路连接而成的，其组成框图如图 2-26 所示。通常把与信号源相连接的第一级放大电路称为输入级，与负载相连接的末级放大电路称为输出级，输出级与输入级之间的放大电路称为中间级。输入级与中间级的位置处于多级放大电路的前几级，故又称为前置级。前置级一般都属于小信号工作状态，主要进行电压放大；输出级是将信号放大，以提供负载足够大的信号，常采用功率放大电路。

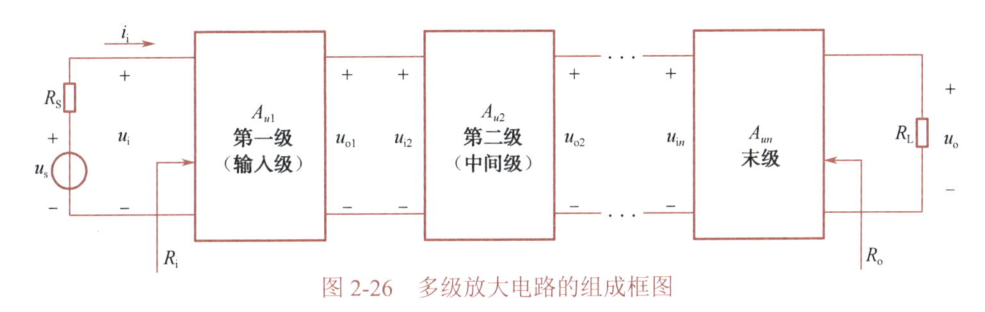

图 2-26　多级放大电路的组成框图

2.7.2　多级放大电路的级间耦合

多级放大电路级与级之间的连接方式称为耦合。级间耦合应满足下面两点要求：一是静态工作点互不影响；二是前级输入信号应尽可能多地传送到后级。常用的耦合方式有直接耦合、阻容耦合，有时也采用变压器耦合和光电耦合。

1. 直接耦合

前级的输出端直接与后级的输入端相连，这种连接方式称为直接耦合，如图 2-27（a）所示。

直接耦合放大电路的优点：由于省去了级间耦合元件，使该电路的信号传输的损耗很小，它不仅能放大交流信号，而且还能放大直流或变化十分缓慢的信号。此外，由于电路的元件少，体积小，便于集成，所以集成电路中多采用这种耦合方式。

缺点：由于级间为直接耦合，所以前后级之间的直流电位相互影响，使得多级放大电路的各级静态工作点不能独立，当某一级的静态工作点发生变化时，其前后级电路将受到影响。当工作温度或电源电压等外界因素发生变化时，直接耦合放大电路中各级静态工作点将跟随变化，这种变化称为工作点漂移。值得注意的是，第一级的工作点漂移将会随信号传送至后级，并被逐级放大。这样一来，即使输入信号为零，输出电压也会偏离原来的初始值而上下波动，这个现象称为“零点漂移”。零点漂移将会造成有用信号的失真，严重时有用信号将被零点漂移所“淹没”，使人们无法辨认是漂移电压，还是有用信号电压。

在引起工作点漂移的外界因素中，工作温度变化引起的漂移最严重，所以也将零点漂移称为“温漂”。这主要由于晶体管的 β、I_{CBO}、U_{BE} 等参数都随温度的变化而变化，从而引起工作点的变化。衡量放大电路温漂的大小，不能只看输出端漂移电压的大小，还要看放大倍数。因此，一般都是将输出端的温漂折合到输入端来衡量。如果输出端的温漂电压

为ΔU_O，电压放大倍数为A_u，则折合到输入端的零点漂移为

$$\Delta U_I = \frac{\Delta U_O}{A_u} \tag{2-33}$$

由式（2-33）可知，ΔU_I越小，零点漂移越小。

2. 阻容耦合

级间通过耦合电容与下级输入电阻连接的方式称为阻容耦合，如图2-27（b）所示。

优点：耦合电容有“隔直通交”的作用，可使各级的静态工作点彼此独立，互不影响，便于分析、设计和应用；若耦合电容的容量足够大，对交流信号的容抗则很小，前级输出信号就能在一定频率范围内几乎无衰减地传输到下一级。

缺点：由于电容信号对交流信号具有一定的容抗，在信号传输过程中，会受到一定的衰减，因此该阻容耦合放大电路不能放大直流信号或变化十分缓慢的信号，若放大的交流信号的频率较低，则需采用大容量的电解电容。在集成电路中，制造大容量的电容很困难，所以阻容耦合只适合分立元件电路。

3. 变压器耦合

变压器耦合是在级与级之间通过变压器连接的方式，如图2-27（c）所示。

优点：变压器只能传输交流信号和进行阻抗变换，不能传输直流信号，因此各级电路的静态工作点相互独立，互不影响。改变变压器的匝数比，容易实现阻抗变换，可以获得较大的输出功率。

缺点：变压器体积大而重，不便于集成。此外，由于频率特性比较差，不能传送直流信号或变化十分缓慢的信号。

4. 光电耦合

光电耦合是在级与级之间通过发光器件和光敏器件连接的方式，如图2-27（d）所示。

优点：发光器件在输入回路，将电能转换成光能；光敏器件在输出回路，将光能转换成电能，实现了两部分之间的电气隔离，从而有效地抑制了电气干扰。

缺点：光电耦合器受温度影响比较大，电路热稳定性较差。

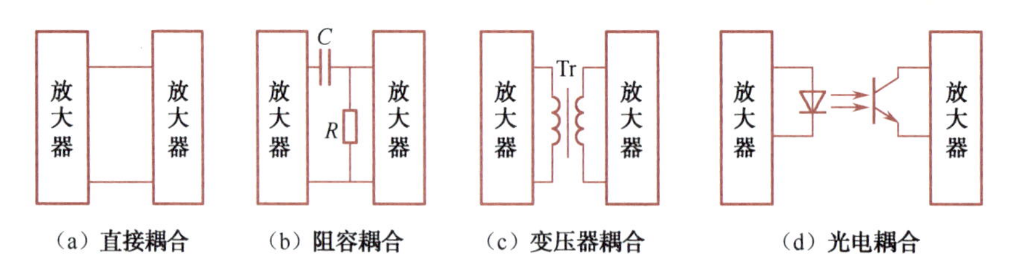

图2-27　多级放大电路的耦合方式

2.7.3 多级放大电路的分析

1. 电压放大倍数

电压放大倍数可用多级放大电路的级联方框图表示，如图2-28所示。由图可知，前级的输出是后级的输入，后级的输入电阻是前级的负载。

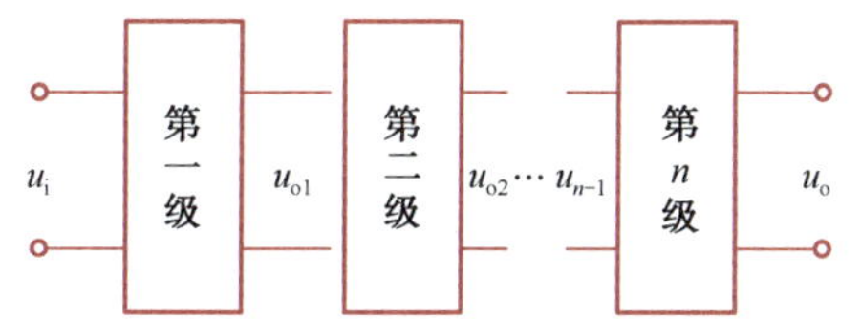

图 2-28　多级放大电路的级联

$$u_{o1}=A_{u1}u_i$$
$$u_{o2}=A_{u2}u_{o1}$$
$$\vdots$$
$$u_o=A_{un}u_{o(n-1)}$$

以二级放大电路为例，则

$$A_u=\frac{u_o}{u_i}=\frac{u_{o1}}{u_i}\cdot\frac{u_o}{u_{o1}}=\frac{u_{o1}}{u_{i1}}\cdot\frac{u_{o2}}{u_{i2}}=A_{u1}\cdot A_{u2}$$

对于 n 级放大电路，则有

$$A_u=A_{u1}A_{u2}\cdots A_{un} \tag{2-34}$$

由式（2-34）可知，多级放大电路的电压放大倍数为单级各电压放大倍数的乘积。

2. 输入电阻和输出电阻

多级放大电路的输入电阻就是第一级的输入电阻，而多级放大电路的输出电阻则等于末级放大电路的输出电阻，即

$$R_i=R_{i1} \tag{2-35}$$
$$R_o=R_{on} \tag{2-36}$$

2.8　基本放大电路的频率特性

在生产和科学研究实践中所遇到的信号往往不是单一频率，而是在一段频率范围内的。例如广播中的语言和音乐信号、从传感器中转换出来的电信号、脉冲数字电路和计算机系统中的脉冲信号等，都含有丰富的频率成分。在放大器中，由于电路中的耦合电容、旁路电容、分布电容及晶体管的结电容的存在，它们在各种频率的情况下电抗值不一样，因而使放大器对不同频率信号的效果不完全一致。因此当输入信号幅度一定而频率改变时，输出电压也将随频率变化，也就是说电压放大倍数也随频率变化，即放大器的电压放大倍数是频率的函数，因而使输出电压不能完全重现输入电压的波形，即在放大过程中产生了失真。放大器对不同频率的输入信号的响应特性简称为频率特性。利用频率特性可以全面反映放大器对不同频率信号的放大性能。

图 2-29（a）所示为单极共发射极放大电路，图中 C_0 为晶体管输出端的极间电容、导线分布电容等的等效电容。图 2-29（b）所示为电路的幅频特性，即表示电路的电压放大倍数 A_u 与频率 f 的关系。图 2-29（c）所示为电路的相频特性，表示放大器输出电压与输入电压之间的相位差 φ 和频率 f 之间的关系。

从图 2-27 所示可知，在中频的范围内，电压放大倍数最大，而且几乎不随频率 f 变化，输出电压与输入电压之间的相位差为 $-180°$，即输出电压与输入电压反相。这是因为在这段频率范围内，电容 C_1、C_2 可看做短路，电容 C_0 可看做开路，它们对电路无影响，所

以 A_u 和 φ 都与 f 无关。

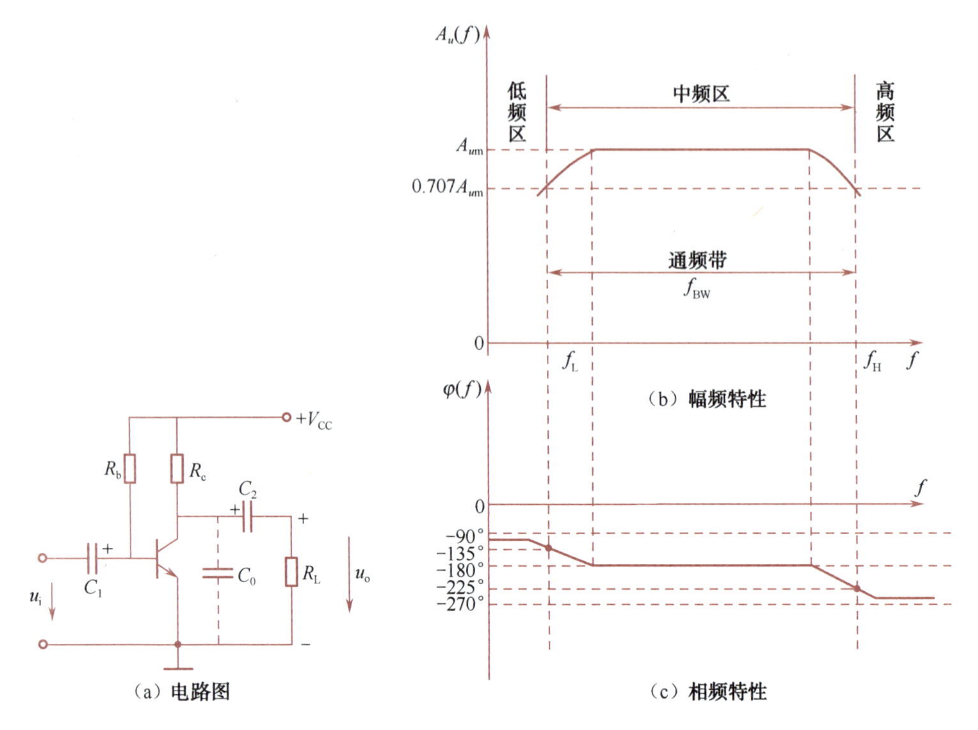

图 2-29　单极放大器的频率特性

在低频区，A_u 随 f 降低而减小，输出电压和输入电压相较中频区时，附加相位偏移最大值为 +90°，当 $f=f_L$ 时，$\Delta\varphi=+45°$。这是因为 f 较低时，C_1、C_2 的影响不能忽略，容抗 X_{C1}、X_{C2} 较大，输入、输出信号都会在其上产生压降，使 A_u 减小，同时 C_1、C_2 的影响使输出电压与输入电压之间发生了相移。

在高频区，A_u 随 f 的增高而减小，输出电压和输入电压相较中频区时，附加相位偏移最大值为 –90°，当 $f=f_H$ 时，$\Delta\varphi=-45°$。这时因为 f 较高时，虽然 C_1、C_2 的影响可以忽略不计，但是 C_0 与 R_L 并联，C_0 的存在使总的负载阻抗减小，所以电压放大倍数也下降了。由于 C_0 的影响，也使输出电压与输入电压之间发生了相移。

工程上规定，当电压放大倍数下降到中频区最大电压放大倍数的 $\frac{1}{\sqrt{2}}$ 即 0.707 倍时，相应的低频频率和高频频率分别称为下限截止频率 f_L 和上限截止频率 f_H。在下限截止频率和上限截止频率之间的频率范围称为通频带 f_{BW}，即 $f_{BW}=f_H-f_L$。若放大的输入信号频率在通频带的范围内，A_u 是常数，$\varphi=180°$，此时各种频率分量都能得到同样的放大，而输入信号经过放大就可以不失真地传到输出端。若超出通频带范围，则放大倍数会降低，同时产生附加相移。所以，通频带是放大电路的重要技术指标，它是放大电路能对输入信号进行不失真放大的频率范围。

本章小结

晶体管基本放大电路有共发射极、共集电极、共基极三种组态。共发射极放大电路的

输入、输出电阻适中，输出电压与输入电压反相，电压放大倍数和电流放大倍数均较大，应用较广泛。共集电极放大电路的输入电阻大、输出电阻小、电压放大倍数接近 1，适用于前置和驱动级。共基极放大电路输入电阻小、输出电阻适中，输出电压与输入电压同相，有较大的电压放大倍数，适用于高频和宽带放大电路。在分析放大电路时，应选择合适的静态工作点，在合适的静态偏置下采用微变等效电路法对放大电路进行交流分析。为克服温度和其他因素对工作点的影响，常采用分压式偏置电路来稳定工作点。

多级放大电路常见的耦合方式有阻容耦合、直接耦合、变压器耦合和光电耦合。多级放大电路的电压放大倍数是各单级电压放大倍数的乘积，其带宽小于构成它的任一单级放大器的带宽。

习题

1. 有同学说，共集电极电路 u_o 比 u_i 还要小，为什么要叫放大器？不如把 1、3 两个端子（图 2-30）短接好一些，你认为他说的对吗？

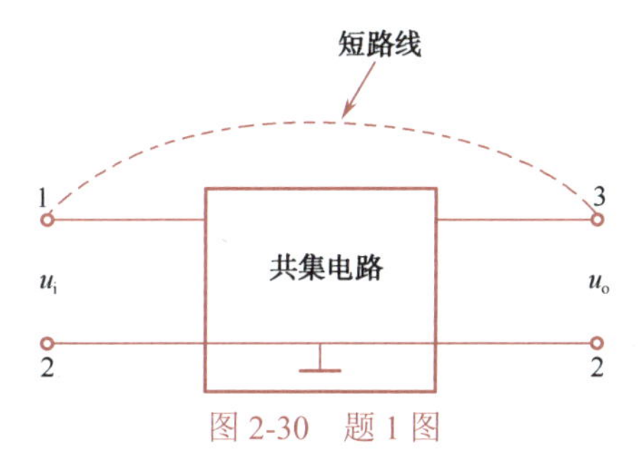

图 2-30　题 1 图

2. 在图 2-31 所示的各电路中，哪些可以实现正常的交流放大？哪些不能？请说明理由。

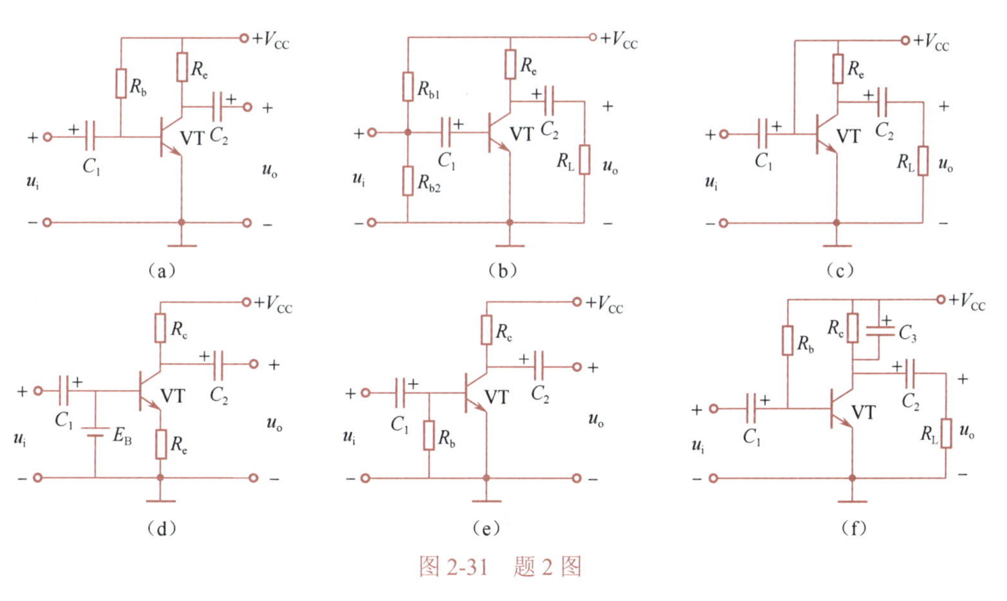

图 2-31　题 2 图

3．在调试图 2-32（a）所示的放大电路时，出现图 2-32（b）所示的输出波形，试判断这是什么失真？必须增大 R_P 还是减小 R_P 才能使 u_o 不失真？

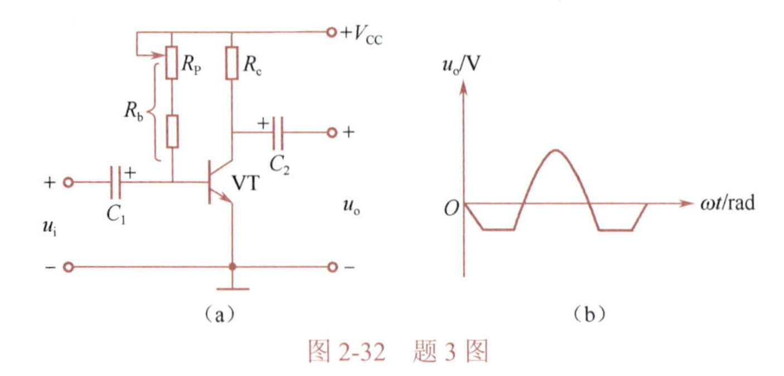

图 2-32　题 3 图

4. 基本共射放大电路如图 2-33 所示，VT 为 NPN 型硅管，β=100，V_{CC}=12V，估算静态工作点 I_{CQ} 和 U_{CEQ}，求晶体管的输入电阻值 r_{be}，画出放大电路的微变等效电路，求电压放大倍数 A_u，输入电阻 R_i 和输出电阻 R_o。

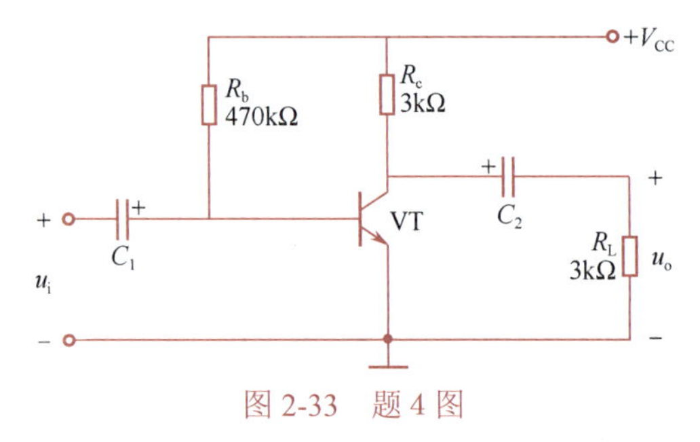

图 2-33　题 4 图

5. 分压式偏置放大电路如图 2-34 所示，已知 V_{CC}=12V，R_{b1}=22kΩ，R_{b2}=4.7kΩ，R_e=1kΩ，R_c=2.5kΩ，硅管的 β=50，r_{be}=1.3kΩ，求静态工作点、空载时的电压放大倍数、带 4kΩ 负载时的电压放大倍数。

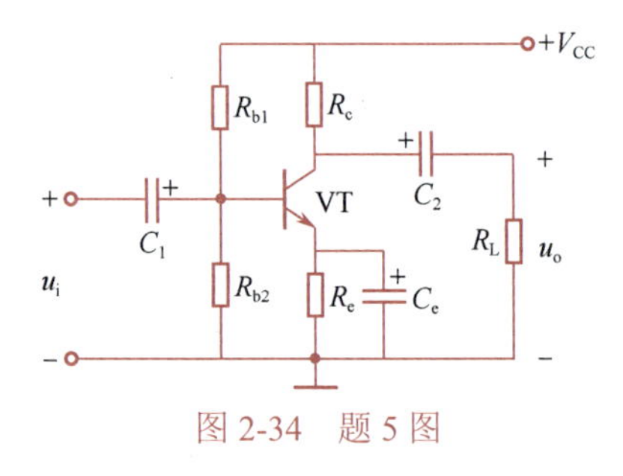

图 2-34　题 5 图

6. 图 2-35 所示的射极输出器中，设晶体管的 β=60，V_{CC}=12V，R_e=5.6kΩ，R_b=560kΩ，试求静态工作点，画出微变等效电路，求出 R_L=2kΩ 时的 A_u、R_i、R_o。

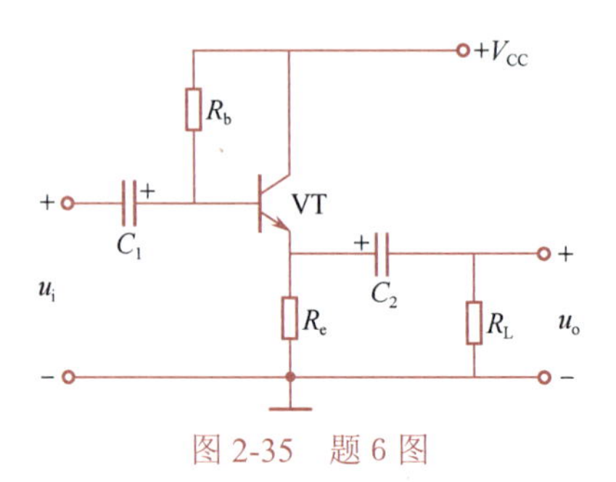

图 2-35　题 6 图

第 3 章　集成运算放大电路

知识目标

- 了解差分放大电路的工作原理、输入 / 输出方式及功能。
- 理解集成运放的基本组成、电压传输特性的意义和主要参数的含义。
- 掌握集成运放的线性应用。

技能目标

- 能够识别集成运放符号，并能根据手册确定集成芯片管脚功能。
- 能够根据集成运放的外接电路，确定其工作在线性状态还是非线性状态。
- 会运用“虚短”和“虚断”概念判断集成运放应用电路的功能。
- 会对集成运放实际应用电路进行安装和调试。

在半导体制造工艺的基础上，把整个电路的元器件制作在一块硅基片上，构成特定功能的电子线路，称为集成电路（简称IC）。由于全部电路集成在一块电路芯片中，所以使用时，只需要关心集成电路的外部特性和电气特性，而不必像使用分立元器件设计电路时对电路的所有元器件进行分析调试。与分立元器件电路相比较，集成电路具有电路特性好、抗干扰能力强、使用简单、省电、体积小等优点。集成电路按功能分为模拟集成电路和数字集成电路两大类，模拟集成电路又分为集成运算放大器、集成功率放大器和集成稳压器等。

任务　微型音响电路

一、任务目的

通过对微型音响的制作，了解集成电路的应用和微型音响的制作过程。

二、任务要求

用音频放大集成电路LM386制作微型音响。

三、任务实现

根据任务要求，选择LM386集成电路。LM386有以下特点：

（1）外接元件少，无须输入耦合电容。

（2）内部有负反馈电路。

（3）静态功耗小，静态功耗仅24mW。

微型音响电路如图3-1所示，音频放大集成电路LM386的1脚与8脚为增益调整端，当两脚开路时，电压放大倍数为20（26dB），当两脚间接10μF电容时，电压放大倍数为200（46dB）；2脚为反相输入端，电路中已将此脚接地；3脚为同相输入端，它通过可变电阻R_P接信号输入端，调节R_P的大小可以改变输入信号的强弱以实现输出音量大小的控制；4脚为接地端；5脚为输出端，音频信号由此脚经电容C_2送到扬声器B使其发声；6脚为电源正极；7脚为旁路端，无振荡可不接；6脚与接地之间接一个100μF电容，以消除可能产生的自激振荡。本电路电源电压选用6V，扬声器阻抗选用8Ω，最大不失真功率可达到325mW。

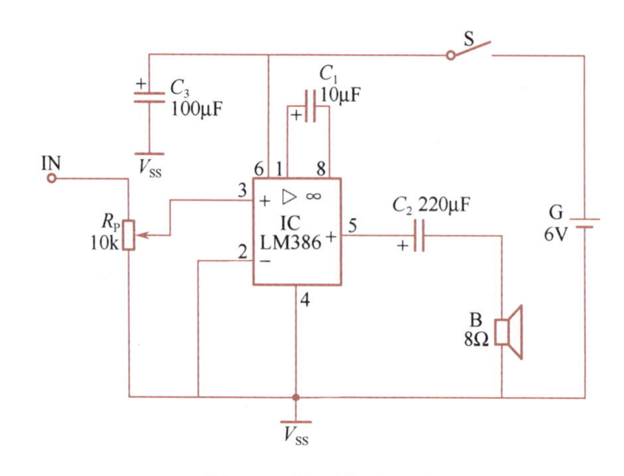

图3-1　微型音响电路

元件清单：

- IC　　LM386　　音频放大集成电路
- R_P　　10kΩ　　可变电阻器
- $C_1 \sim C_3$　　　　电解电容
- B　　8Ω2in　　扬声器
- S　　1×2　　拨动开关
- G　　6V（5 号电池 4 节）　　电源

3.1　差分放大电路

差分放大电路又称为差动放大器或差值放大器，它实质上是一个直接耦合放大电路，不仅能放大直流和交流信号，而且能有效地抑制零点漂移。因此，集成电路的输入级都采用差分放大电路。

3.1.1　基本差分放大电路

1. 基本电路

射极耦合基本差分放大电路如图 3-2 所示。图中 VT_1、VT_2 是特性相同的晶体管，电路对称，参数也对称。如 $U_{BE1}=U_{BE2}$，$R_{c1}=R_{c2}=R_c$，$R_{b1}=R_{b2}=R_b$，$\beta_1=\beta_2=\beta$。电路有两个输入端和两个输出端。差动电路对电路的基本要求：两个电路的参数完全对称，两个管子的温度特性也完全对称。

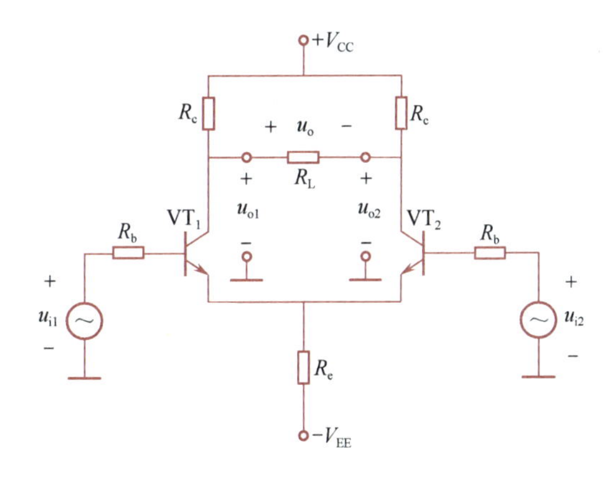

图 3-2　基本差分放大电路

输入电压 u_{i1} 与 u_{i2} 分别加到两管的基极，经过放大后获得输出电压 u_o，它等于两管集电极输出电压之差 $u_o=u_{o1}-u_{o2}$。

2. 差模信号和共模信号

差模信号和共模信号一般是用电压信号来描述的。输入电压 u_{i1} 与 u_{i2} 之差称为差模电压，定义为

$$u_{id} = u_{i1}-u_{i2} \tag{3-1}$$

两输入电压 u_{i1} 和 u_{i2} 的算术平均值称为共模电压，定义为

$$u_{ic} = \frac{u_{i1}+u_{i2}}{2} \tag{3-2}$$

当用差模电压和共模电压表示两输入电压时，由式（3-1）和式（3-2）可得

$$u_{i1} = u_{ic} + \frac{u_{id}}{2} \tag{3-3}$$

$$u_{i2} = u_{ic} - \frac{u_{id}}{2} \tag{3-4}$$

由上面两式可知，两输入端的共模信号 u_{ic} 大小相等、极性相同，两输入端的差模信号 u_{id} 大小相等、极性相反。两输入端的任意信号均可分解为差模信号部分和共模信号部分。通常，要求差分放大电路放大差模电压信号时有较高的电压增益，对共模电压信号则显现出低得多的电压增益。当两输入端的差模信号和共模信号同时存在时，对于线性放大电路来说，根据叠加原理可求出电路总的输出电压为

$$u_o = A_{ud}\, u_{id} + A_{uc}\, u_{ic} \tag{3-5}$$

式中，$A_{ud}=u_{od}/u_{id}$ 为差模电压增益，$A_{uc}=u_{oc}/u_{ic}$ 为共模电压增益。

3. 工作原理

（1）静态分析

当 $u_{i1}=u_{i2}=0$，即静态时，由于电路完全对称：$I_{C1}=I_{C2}=I_C$，$R_{c1}I_{C1}=R_{c2}I_{C2}$，$u_o=u_{C1}-u_{C2}=0$，即输入为 0 时，输出也为 0。当温度发生变化时，由于电路对称，所引起的两管集电极电流的变化必然相同，但电路的双端电压输出 u_o 保持为零，即能抑制零点漂移。

静态工作点的估算：忽略 I_{BQ}，则有 $U_{B1Q}=U_{B2Q}=0V$，则

$$I_{Re} = \frac{-0.7-(-V_{EE})}{R_e} \tag{3-6}$$

$$I_{C1Q}=I_{C2Q}=I_{CQ}=\frac{1}{2}I_{Re} \tag{3-7}$$

$$U_{CE1Q}=U_{CE2Q}=V_{CC}-I_{CQ}R_c-(-0.7) \tag{3-8}$$

$$I_{B1Q}=I_{B2Q}=\frac{I_C}{\beta} \tag{3-9}$$

（2）动态分析

因为

$$u_{i1} = \frac{1}{2}(u_{i1}-u_{i2}) + \frac{1}{2}(u_{i1}+u_{i2}) \tag{3-10}$$

$$u_{i2} = -\frac{1}{2}(u_{i1}-u_{i2}) + \frac{1}{2}(u_{i1}+u_{i2}) \tag{3-11}$$

所以任意的双端输入信号都可分解为差模输入信号$\left\{\frac{1}{2}(u_{i1}-u_{i2})、-\frac{1}{2}(u_{i1}-u_{i2})\right\}$和共模

输入信号$\left\{\frac{1}{2}(u_{i1}+u_{i2})\right\}$两部分。

① 差模输入。

差模信号输入时，电路的两个输出电压大小相等，极性相反，即 $u_{o1}=-u_{o2}$，则双端输出电压$\Delta u_o=u_{o1}-u_{o2}=2u_{o1}$。差模电压放大倍数 A_{ud} 为

$$A_{ud}=\frac{\Delta u_o}{\Delta u_i}=\frac{u_{o1}-u_{o2}}{u_{i1}-u_{i2}}=\frac{u_{o1}}{u_{i1}}=A_{u1} \tag{3-12}$$

A_{u1} 为单管放大电路的电压放大倍数，由此可见，差分放大电路对差模输入信号有放大作用。

由于 VT_1、VT_2 两管发射极电流 i_{e1} 与 i_{e2} 大小相等、方向相反，两者流过 R_e 时相抵消，所以流过 R_e 的电流仍等于静态电流 I_{Re}。也就是说在差模输入信号的作用下，R_e 两端的压降几乎不变，即 R_e 对于差模信号来说没有影响，相当于短路，由此可画出差分放大电路的差模信号交流通路，如图 3-3（a）所示，图 3-3（b）所示为其单管微变等效电路。

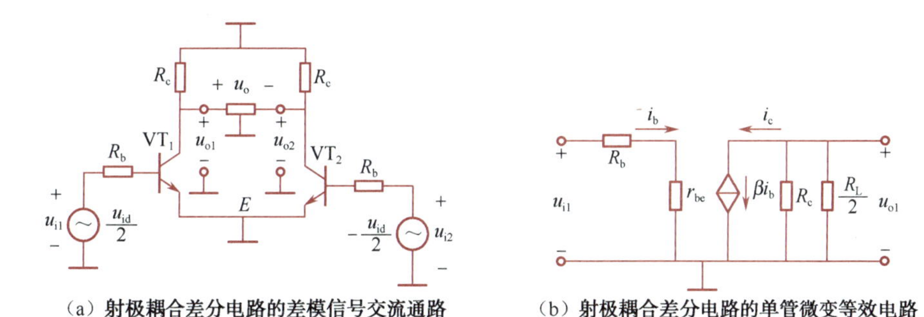

（a）射极耦合差分电路的差模信号交流通路　　（b）射极耦合差分电路的单管微变等效电路

图 3-3　差分电路的交流通路与微变等效电路

由此可知差模电压增益为

$$A_{ud}=-\beta\frac{R'_L}{R_b+r_{be}} \tag{3-13}$$

$$R'_L=R_c//(R_L/2)$$

差模输入电阻为

$$R_{id}=2(R_b+r_{be}) \tag{3-14}$$

差模输出电阻为

$$R_o=2R_c \tag{3-15}$$

② 共模输入。

共模信号输入时，若电路完全对称，则输出电压为零。所以，在电路完全对称的情况下，差分放大电路能完全抑制共模信号和零点漂移（所有零点漂移信号和因环境温度等因素引起的干扰信号都属于共模信号）。但在实际中，完全对称的差动放大电路是不存在的，所以零点漂移并不能完全抑制，只能减少。

由此可知共模电压增益为

$$A_{uc}=0 \tag{3-16}$$

③ 共模抑制比。

为了说明差分放大电路抑制共模信号的能力，常用共模抑制比作为一项技术指标来衡量，其定义为放大电路差模信号电压增益 A_{ud} 与共模信号电压增益 A_{uc} 之比的绝对值，即

$$K_{CMR}=\left|\frac{A_{ud}}{A_{uc}}\right| \tag{3-17}$$

共模抑制比越大，差分放大电路的性能越好。若 $A_{uc}=0$，则 $K_{CMR}\to\infty$，这是理想情况。共模抑制比有时也用分贝（dB）来表示，即

$$K_{CMR}=20\lg\left|\frac{A_{ud}}{A_{uc}}\right|\ (\text{dB}) \tag{3-18}$$

4. 差动放大器的输入 / 输出方式

差分放大电路有四种输入 / 输出方式：双端输入、双端输出（双入双出，见图 3-1），双端输入、单端输出（双入单出），单端输入、双端输出（单入双出），单端输入、单端输出（单入单出）。

（1）双端输入、单端输出

双端输入单端输出电路如图 3-4 所示。

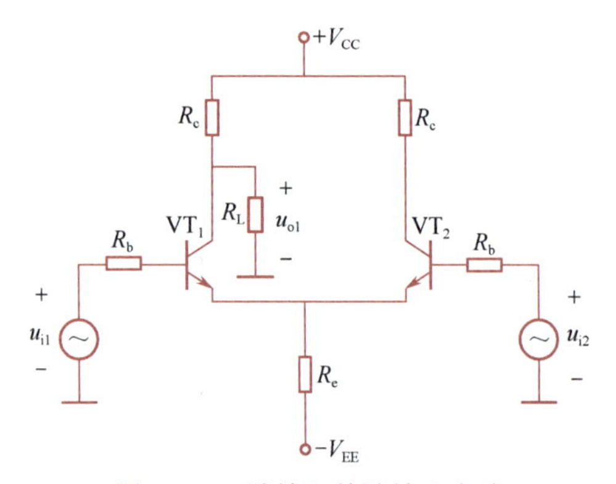

图 3-4　双端输入单端输出电路

① 差模输入。

对于差模输入信号，由于只取出一管的集电极电压变化量，电压增益只有双端输出的一半，所以差模电压增益为

$$A_{ud}=\frac{1}{2}A_{u1}=-\frac{1}{2}\frac{\beta R'_L}{r_{be}+R_b} \tag{3-19}$$

$$R'_L=R_c//R_L$$

若图 3-4 所示电路的输出从 VT_2 管的集电极输出，则式（3-19）中无负号。

差模输入电阻为

$$R_{id}=2(R_b+r_{be}) \tag{3-20}$$

差模输出电阻为

$$R_o=R_c \tag{3-21}$$

这种方式适用于将差分信号转换为单端输出的信号。

② 共模输入。

共模信号输入时，图 3-4 所示电路的交流通路和单管微变等效电路分别如图 3-5（a）和图 3-5（b）所示。

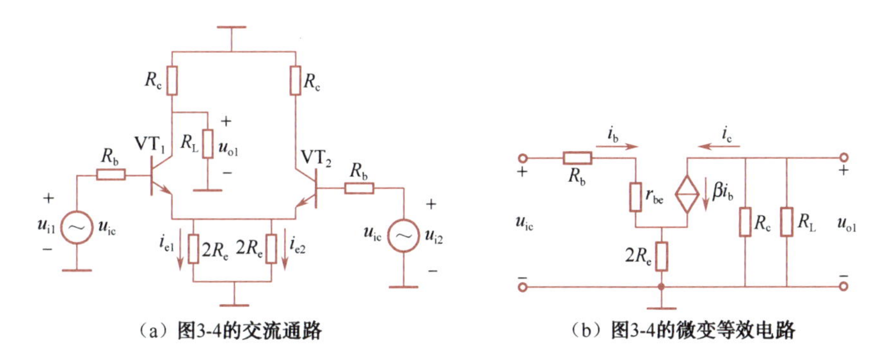

图 3-5　共模输入的交流通路和微变等效电路

共模电压增益为

$$A_{uc}=\frac{u_{oc}}{u_{ic}}=\frac{u_{o1}}{u_{ic}}=-\frac{\beta R'_L}{R_b+r_{be}+(1+\beta)2R_e}\approx-\frac{R'_L}{2R_e} \tag{3-22}$$

$$R'_L=R_c//R_L$$

共模抑制比为

$$K_{CMR}=\frac{-\beta R'_L/2(R_b+r_{be})}{-R'_L/2R_e}\approx\frac{\beta R_e}{R_b+r_{be}} \tag{3-23}$$

由式（3-23）可知，R_e 越大，差分放大电路抑制共模信号的能力越强。

（2）单端输入、双端输出

单端输入双端输出电路如图 3-6 所示，$u_{i1}=u_{i1}$，$u_{i2}=0$，此即双端输入、双端输出的特例，其差模输入信号为$\left\{\frac{1}{2}u_{i1}、-\frac{1}{2}u_{i1}\right\}$，共模输入信号为$\frac{1}{2}u_{i1}$。所以单端输入等效于双端输入，其动态参数的计算和双端输入、双端输出一样。

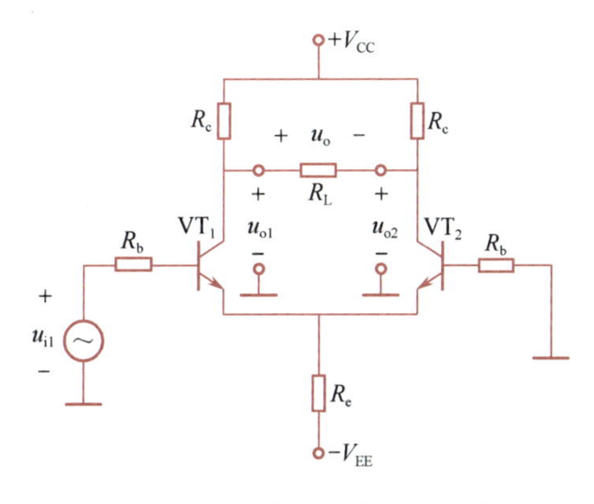

图 3-6　单端输入双端输出电路

（3）单端输入、单端输出

单端输入单端输出电路如图 3-7 所示，其动态参数的计算和双端输入、单端输出一样。

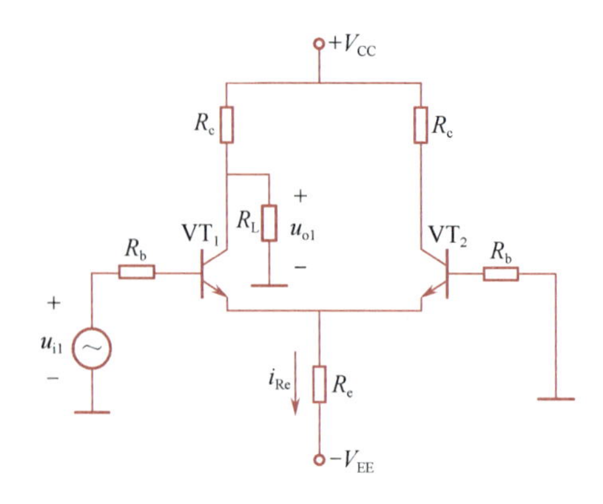

图 3-7 单端输入单端输出电路

3.1.2 带恒流源的差分放大电路

实用的恒流源差分放大电路如图 3-8 所示。

1. 调零电路

为了克服因电路元件参数不可能完全对称而造成的静态时 $u_o \neq 0$ 的现象，在实用电路中都设计了调零电路，如图 3-8 所示。调节 R_W 可产生一个适当的输入补偿电压，使 u_i=0 时，u_o=0。调零电阻的取值大约为几十欧到几百欧之间。

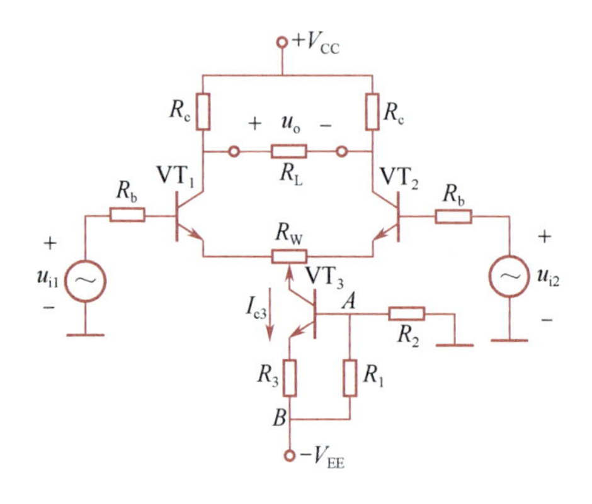

图 3-8 恒流源的差分放大电路

2. 恒流源电路

在射极耦合差分放大电路中，R_e 越大，抑制温漂的能力越强。但在电源电压一定时，R_e 越大，则 I_{CQ} 越小，静态工作点越低，最大不失真输出电压幅度减小。此外在集成电路中，不易制作高阻值电阻，所以既要抑制零漂能力强，又要使不失真输出电压幅度不要减小太多，常采用由晶体管组成的恒流源电路来代替射极电阻 R_e，此时的负载中包含有源器件晶体管 VT_3，所以称为有源负载。

如图 3-8 所示，静态时，则

$$U_{AB}=V_{EE}\frac{R_1}{R_1+R_2}\quad（定值）\tag{3-24}$$

$$I_{C3}=\frac{U_{AB}-0.7}{R_3}\quad（恒流）\tag{3-25}$$

故恒流源电路抑制零漂的能力强，又由于构成恒流源的晶体管工作在放大区，放大区的输出特性曲线近似水平，动态电阻 $r_{ce}=\Delta u_{ce}/\Delta i_c\approx\infty$，即等效交流电阻很大，而静态时恒流源的管压降只有几伏，所以其等效直流电阻较小，由此满足了差分电路的要求。

3.2　集成运算放大电路的组成和特性分析

集成运算放大电路简称集成运放，是由多级直接耦合放大电路组成的高增益模拟集成电路。其最初应用于模拟计算机对模拟信号进行加法、减法、微分、积分等数学运算，并由此而得名。现在其应用已远远超过运算的范围，是一种通用性很强的功能器件，广泛应用于信息处理、自动控制、测量仪器及其他电子设备等领域。

3.2.1　集成运算放大电路的组成及符号

1. 集成运算放大电路的组成

集成运放的应用很广泛，品种繁多，内部结构也不尽相同，但基本结构却大体相同，图 3-9 所示为典型集成运放的组成框图。

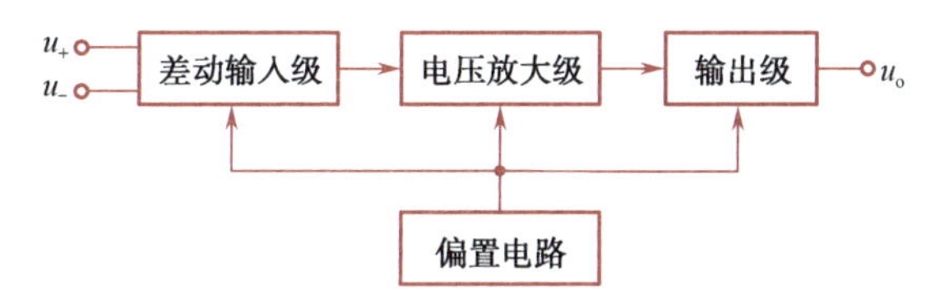

图 3-9　典型集成运放的组成

（1）输入级

输入级的功能是提供信号输入通道，一般采用差动放大电路结构，提高对零漂和电路噪声的抑制能力。另外在输入端有时还附加一些输入保护电路，防止过高的输入信号损坏放大器。

（2）中间级

中间级一般由多级放大电路及专门性补偿电路组成，其作用是提高运放的电压增益，保证其良好的线性特征。

（3）输出级

输出级采用相应的驱动电路组成，一般由射极输出器或互补射极输出器组成，其功能是提供运放负载驱动能力，同时在输出端还提供相应的输出保护电路。

（4）偏置电路

偏置电路是向各级提供稳定的静态工作电流。

图3-10所示为一个简单的运算放大电路原理图，图中VT_1、VT_2组成了带恒流源差放，信号由双端输入，单端输出，VT_3组成单级共发射极电压放大电路，输出级由VT_4、VT_5组成互补对称射极输出器构成。

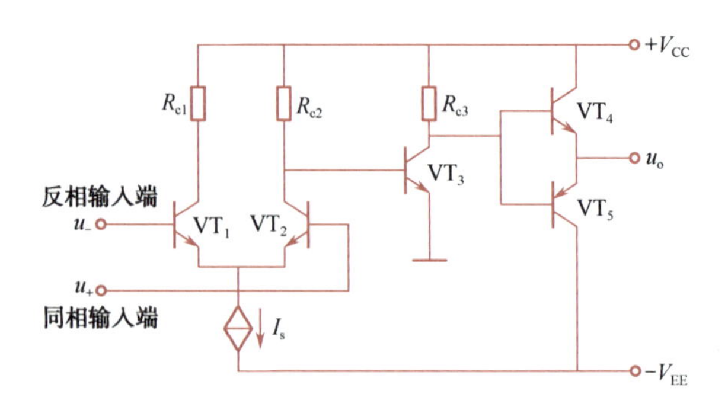

图3-10　简单运算放大电路原理图

2. 集成运算放大电路的符号

集成运放的电路符号如图3-11所示，其中u_+为同相输入端，u_-为反相输入端，u_o为输出端。

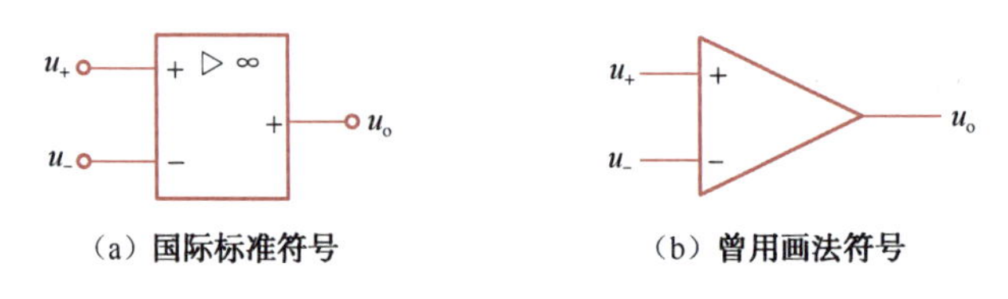

图3-11　集成运放符号图

实际的集成运放为一个多端器件。以常见的通用型μA741为例，其外壳封装有圆形和双列直插型两种，双列直插型μA741的外形图和引脚图如图3-12所示，从凹口开始，管脚按逆时针方向排列，依次为1，2，…，8，各管脚用途如下。

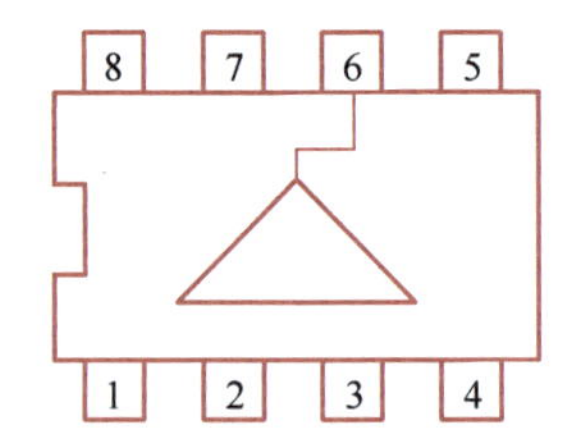

(a) μA741集成运算放大器外形图　(b) μA741集成运算放大器管脚图

图3-12　双列直插型μA741集成运放外形图和管脚图

（1）输入和输出端：管脚2为反相输入端，管脚3为同相输入端，管脚6为输出端。

（2）电源端：管脚7为正电源端，管脚4为负电源端（双电源工作时）或地（单电源工作时）。μA741的电源电压范围为±9～±18V。

（3）调零端：管脚1和5为外接调零电位器端，当需要时，要外接调零电位器，以保证在零输入时有零输出。

（4）空脚 NC 端：8 脚是空脚，其与内部没有任何连接。

不同类型的运放在外形、管脚排列上是不同的，使用时必须通过查阅手册来确定。

μA741 的调零电路如图 3-13 所示。

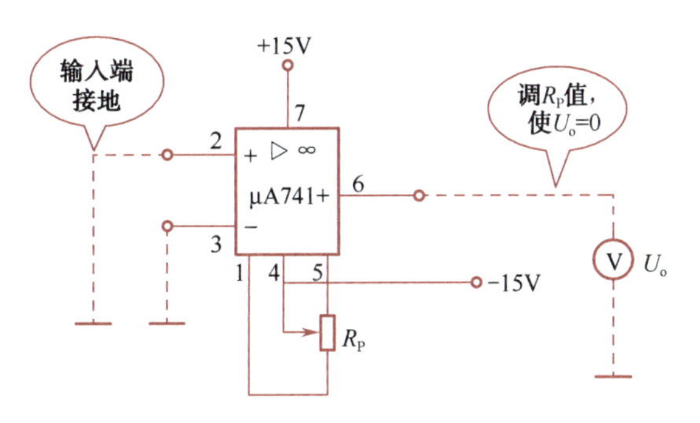

图 3-13　μA741 调零电路连接图

3.2.2　集成运算放大电路的主要参数

集成运放的参数是评价其性能优劣的主要技术指标，也是正确选择和使用它的基本依据。因此，必须熟悉这些参数的含义和数值范围。

1. 开环差模电压增益 A_{od}

A_{od} 是指集成运放在开环状态（即无外加反馈回路）下，输出空载时的直流差模电压放大倍数。A_{od} 越大，器件特性越好，运放越接近理想状态。通用型集成运放的 A_{od} 一般为 60 ～ 140dB（10^3 ～ 10^7），高质量的集成运放可高达 170dB 以上。μA741 的 A_{od} 典型值约为 100dB。

$$A_{od}=\frac{U_o}{U_+-U_-}=\frac{U_o}{U_{id}} \tag{3-26}$$

2. 最大差模输入电压 U_{idmax}

U_{idmax} 是指运放两输入端所能承受的最大差模输入电压值，超过此值时，差分管将出现反向击穿现象。通用型运放的 U_{idmax} 一般在 ±5 ～ ±30V 范围内。μA741 的 U_{idmax} 为 ±30V。

3. 最大共模输入电压 U_{icmax}

U_{icmax} 是指运放所能承受的最大共模输入电压值，超过此值时，输入差分对管会进入饱和状态，放大器则失去共模抑制能力。一般运放的 U_{icmax} 接近或高于电源电压。μA741 在电源为 ±15V 时，其 U_{idmax} 为 ±13V。

4. 最大输出电压 $U_{op\text{-}p}$

$U_{op\text{-}p}$ 是指在给定的电源电压下，运放所能达到的最大不失真输出电压的峰－峰值。该参数与电源电压、外接负载及信号源频率有关。μA741 在电源为 ±15V 时，其 $U_{op\text{-}p}$ 约为 ±13V。

5. 差模输入电阻 r_{id}

r_{id} 是指差模信号输入时，运放的开环输入电阻，其大小反映了集成运放输入端向差模信号源索取电流的大小，r_{id} 越大越好。双极型管的 r_{id} 为 10^5 ～ $10^6\Omega$，场效应管的 r_{id} 可达 $10^9\Omega$ 以上，μA741 的 r_{id} 为 2MΩ。

6. 输出电阻 r_o

r_o 是指运放开环工作时，从输出端对地看进去的等效电阻。其大小反映了集成运放在小信号输出时带负载的能力，r_o 越小，带负载的能力越强。μA741 的 r_o 为 750Ω。

7. 共模抑制比 K_{CMR}

K_{CMR} 为差模放大倍数 A_{ud} 与共模放大倍数 A_{uc} 之比，即 $K_{CMR}=\dfrac{A_{ud}}{A_{uc}}$。一般运放的 K_{CMR} 为 65 ～ 110dB，μA741 的 K_{CMR} 为 90dB。

8. 输入失调电压 U_{IO}

一个理想集成运放，当输入电压为零时，输出电压也应为零（不加调零电位器装置）。但实际上它的差动输入级很难做到完全对称，通常在输入电压为零时，存在一定的输出电压。这种输入为零而输出不为零的现象称为“失调”。为了使集成运放的输出为零，在输入端应加的补偿电压称做输入失调电压。U_{IO} 越小的运放，其质量越好，其值一般为 1 ～ 10mV。μA741 的 U_{IO} 约为 1mV。

输入失调电压在数值上等于输入为零时的输出电压除以运算放大器的开环电压放大倍数，即

$$U_{IO}=\frac{U_{oo}}{A_{od}} \tag{3-27}$$

式中　U_{IO}——输入失调电压；

U_{oo}——输入为零时的输出电压值；

A_{od}——运算放大器的开环电压放大倍数。

9. 输入偏置电流 I_{IB} 和输入失调电流 I_{IO}

I_{IB} 是指输入电压为零时，运放两个输入端偏置电流的平均值，用于衡量差分放大对管输入电流的大小，即

$$I_{IB}=\frac{1}{2}\left(I_{B1}+I_{B2}\right) \tag{3-28}$$

式中，I_{B1}、I_{B2} 为运算放大器两个输入端的输入偏置电流。

I_{IO} 是指当输入信号为零时，运放两个输入端的输入偏置电流之差，即

$$I_{IO}=|I_{B1}-I_{B2}| \tag{3-29}$$

输入失调电流的大小反映了运放内部差动输入级的两个晶体管的失配度，I_{B1}、I_{B2} 本身的数值很小（μA 或 nA 级）。

I_{IB} 和 I_{IO} 越小越好，μA741 的 I_{IB} 为 200 nA，I_{IO} 为 50 ～ 100 nA。

10. 输入失调电压温漂 dU_{IO}/dT 和输入失调电流温漂 dI_{IO}/dT

dU_{IO}/dT 是指在规定工作温度范围内，输入失调电压随温度的变化量与温度变化量之比值。dI_{IO}/dT 是指在规定工作温度范围内，输入失调电流随温度的变化量与温度变化量之比值。这两个参数可以用来衡量集成运放的温漂特性。运放通过调零的方法可以补偿 U_{IO}、I_{IB} 和 I_{IO} 的影响，使直流电压调至零，但很难补偿其温度漂移。高质量的低温漂型运放，其输入失调电压温漂可以做到 0.5μV/℃以下，输入失调电流温漂可以做到几个 pA/℃以下。μA741 约为 20μV/℃和 1nA/℃。

11. –3dB 带宽 f_H

f_H 是指运放的差模电压放大倍数 A_{od} 在高频段下降 3dB 时所定义的带宽。当输入信号频率继续增大，下降到 $A_{od}=1$ 时，此时对应的频率 f_C 称为单位增益带宽。实际上运放的 –3dB 带宽意义不大，因为其闭环增益总是比开环增益低得多。μA741 的 –3dB 带宽 f_H 为 10Hz，其单位增益带宽 f_C 为 1MHz。

12. 转换速率 S_R（压摆率）

S_R 反映运放对于快速变化的输入信号的响应能力。转换速率 S_R 的表达式为

$$S_R = \left| \frac{du_o}{dt} \right|_{max} \tag{3-30}$$

S_R 越大的运放，其输出电压的变化率越大，所以 S_R 大的集成运放才能允许在较高的频率下输出较大的电压幅度。μA741 的 S_R 为 0.5V/μs，高速运放的 S_R 可高达几百伏 /μs。

3.2.3　集成运算放大电路的电压传输特性

在电路中，运放的工作状态只有两种，即线性工作状态和非线性工作状态。线性工作状态指的是运放电路的输出信号与输入信号成线性关系；而非线性工作状态指的是运放电路的输出信号与输入信号不成线性关系。运放的工作状态取决于外围电路的设计。

1. 集成运放的电压传输特性

一个实际集成运放在开环条件下的传输特性如图 3-14（a）所示。其中 $+U_{op\text{-}p}$ 和 $-U_{op\text{-}p}$ 分别表示集成运放输出的最大正向电压和最大反向电压，它们在数值上近似等于运放的正负电源电压。由图 3-14（a）所示可见，集成运放在开环条件下，传输特性的线性范围内所对应的净输入电压（$u_+ - u_-$）的允许变化量是很小的，这是运放的开环电压增益通常都很大造成的必然结果。

为了保证运放可靠工作于线性状态，通常利用外围电路引入深度负反馈，使闭环增益远小于开环增益。这样就大大减小了传输特性线性段的斜率，使线性范围内所对应的净输入电压的允许变化量得以增加，这种情况下线性段的传输特性如图 3-14（b）所示。

若利用外围电路引入正反馈，或直接采用开环形式工作，运放则工作于非线性状态，其理想传输特性如图 3-14（c）所示。由图 3-14（c）所示可见，该传输特性没有线性段，只有非线性段，而且输出电压只有 $+U_{op\text{-}p}$（$\leq +V_{CC}$）和 $-U_{op\text{-}p}$（$\leq -V_{CC}$）两个值，与净输入电压没有线性关系。

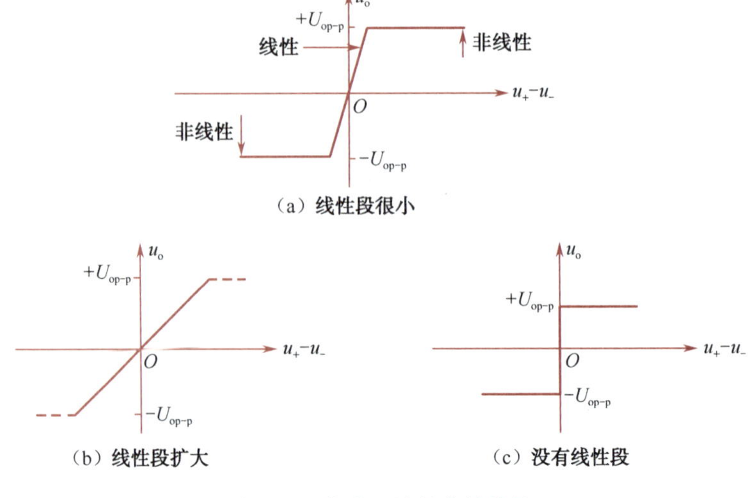

图 3-14　集成运放的传输特性

2. 理想集成运放的重要结论

在大多数情况下，可以将实际运放看成理想运放，即将运放的各项技术指标理想化。理想运放满足下列条件。

开环电压增益：　$A_{od}=\infty$

共模抑制比：　$K_{CMR}=\infty$

带宽：　$f_H=\infty$

输入电阻：　$r_{id}=\infty$

输出电阻：　$r_o=0$

（1）理想运放工作于线性状态的重要结论

因为运放工作在线性状态时，其输出电压与输入电压之间满足关系式，即

$$u_o=A_{od}(u_+-u_-) \tag{3-31}$$

根据理想化条件 $A_{od}=\infty$，而 u_o 为有限值，所以 $u_+=u_-$，即理想运放的两个输入端电位相等，称为“虚短路”（简称虚短）。

又因为理想化条件 $r_{id}=\infty$，所以 $i_+=i_-=0$，即流进理想运放两个输入端的电流等于零，称为“虚断路”（简称虚断）。

（2）理想运放工作于非线性状态的重要结论

因为运放工作在非线性状态时，其输出电压与输入电压之间的关系为

$$u_o\neq A_{od}(u_+-u_-)$$

所以理想运放两个输入端的电位不一定相等，有如下三种情况。

$$\begin{cases}\text{当 } u_+>u_- \text{ 时，} u_o=+U_{op-p}\\ \text{当 } u_+<u_- \text{ 时，} u_o=-U_{op-p}\\ \text{当 } u_+=u_- \text{ 时，} u_o \text{ 值跳变，称为临界转换点}\end{cases} \tag{3-32}$$

又由于 $r_{id}=\infty$，因此 $i_+=i_-=0$（虚断），即流进理想运放两个输入端的电流仍等于零。

3.3　集成运算放大电路的线性应用

3.3.1　比例运算电路

将输入信号按比例放大的电路，称为比例运算电路。按输入信号从不同的输入端输入可分为反相比例运算和同相比例运算两种电路，这两种电路是集成运放的基本电路。

1. 反相输入运算电路

反相输入运算电路如图3-15所示，输入信号由反相端输入，由于电路中 R_f 引入了负反馈，所以运放工作于线性状态。R_2 为平衡电阻，其作用是保证集成运放的两个输入端处于平衡工作状态，即两输入端对地的静态电阻相等，所以 $R_2=R_1//R_f$。

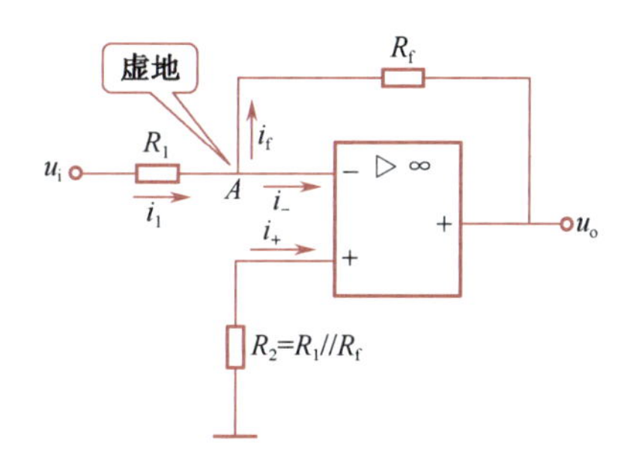

图3-15　反相比例运算电路

由“虚断”的概念，$i_+=i_-=0$，所以 $u_+=0$，又由“虚短”概念可知，$u_-=u_+=0$，此时的 A 点常称为“虚地”。

由图3-15所示可得

$$i_1=i_f$$

$$i_1=\frac{u_i-u_A}{R_1}=\frac{u_i}{R_1}$$

$$i_f=\frac{u_A-u_o}{R_f}=-\frac{u_o}{R_f}$$

$$u_o=-\frac{R_f}{R_1}u_i \tag{3-33}$$

反相输入运算电路的闭环电压增益为

$$A_{uf}=\frac{u_o}{u_i}=-\frac{R_f}{R_1} \tag{3-34}$$

式（3-34）表明，反相输入运算电路的闭环增益仅取决于比值 R_f/R_1，且输出信号电压与输入信号电压反相。

当 $R_f=R_1$ 时，则 $u_o=-u_i$，电路为一个反相器。

反相比例运算电路有以下特点：

① 由于反相比例电路存在虚地，即 $u_-=u_+=0$，所以其共模输入电压为零。因此对集成

运放的共模抑制比要求低，这是它突出的优点。

② 放大器的输入电阻低，仅为 R_1，所以对输入信号的负载能力有一定的要求。

2. 同相输入运算电路

同相输入运算电路如图 3-16 所示，输入信号由同相端输入。

由图 3-16 所示可知

$$i_1=\frac{0-u_-}{R_1}$$

$$i_f=\frac{u_--u_0}{R_f}$$

因为“虚断”，所以有 $i_1=i_f$，则

$$u_o=\left(1+\frac{R_f}{R_1}\right)u_-$$

又因为“虚短”，所以有 $u_-=u_+$，则

$$u_o=\left(1+\frac{R_f}{R_1}\right)u_+ \tag{3-35}$$

在图 3-16 中，因为 $u_i=u_+$，所以

$$u_o=\left(1+\frac{R_f}{R_1}\right)u_i$$

$$A_{uf}=\frac{u_o}{u_i}=1+\frac{R_f}{R_1} \tag{3-36}$$

式（3-36）表明，同相输入运算电路的闭环电压增益仅取决于比值 $(R_1+R_f)/R_1$，且输出信号与输入信号同相。

当电路接成图 3-17 所示时，因为 $R_f=0$，所以 $A_{uf}=1$，$u_o=u_i$，说明输出电压与输入电压大小相等，相位相同，故称为电压跟随器，它是同相输入运算电路的一个特例，通常用做阻抗变换和缓冲级。

同相比例运算电路的特点如下：

① 输入电阻很高，可达 1000MΩ 以上。

②由于 $u_-=u_+=u_i$，即同相输入电路的共模输入电压为 u_i，因此对集成运放的共模抑制比要求高。这是它的主要缺点，限制了它的适用范围。

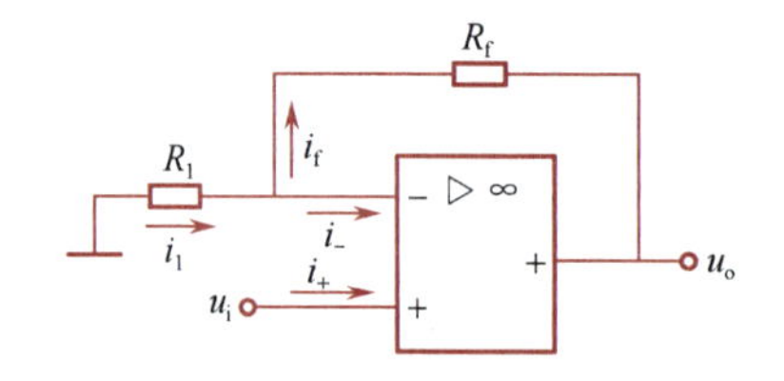

图 3-16 同相比例运算电路

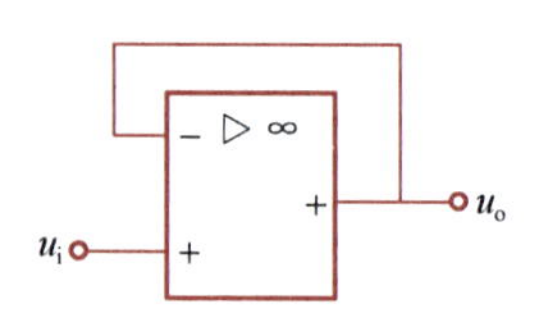

图 3-17 电压跟随器

3.3.2 差动运算电路

当集成运放的反相输入端和同相输入端都接有输入信号 u_{i1} 和 u_{i2} 时，输出电压将与这

两个输入电压之差成正比，所以称为差动输入运算电路。电路如图 3-18 所示。

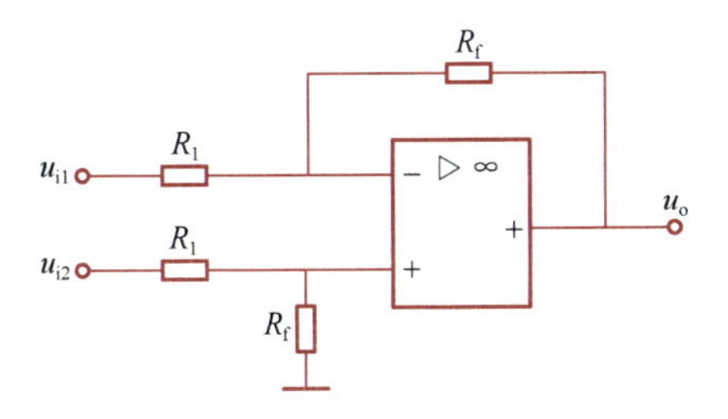

图 3-18　差动运算电路

根据叠加原理，u_{i1} 单独作用时的输出电压为

$$u_{o1}=-\frac{R_f}{R_1}\cdot u_{i1}$$

u_{i2} 单独作用的输出电压为

$$u_{o2}=\left(1+\frac{R_f}{R_1}\right)u_+=\frac{R_1+R_f}{R_1}\cdot\frac{R_f}{R_1+R_f}\cdot u_{i2}=\frac{R_f}{R_1}u_{i2}$$

在 u_{i1} 和 u_{i2} 共同作用下的输出电压为

$$u_o=u_{o1}+u_{o2}=\frac{R_f}{R_1}(u_{i2}-u_{i1}) \tag{3-37}$$

则电压增益为

$$A_{uf}=\frac{u_o}{u_{i2}-u_{i1}}=\frac{R_f}{R_1} \tag{3-38}$$

式（3-38）表明，差动输入运算电路的输出电压与输入电压的差值有关，若令 $R_f=R_1$，则 $u_o=u_{i2}-u_{i1}$（减法器），这种输入方式在测量系统中被广泛应用。

3.3.3　求和运算电路

1. 反相输入求和电路

求和运算电路的功能是实现输入信号的求和放大。图 3-19 所示电路是对两个反相输入信号求和放大的电路，多个信号的加法电路可以仿照这个电路实现，平衡电阻 $R_0=R_1//R_2//R_f$。

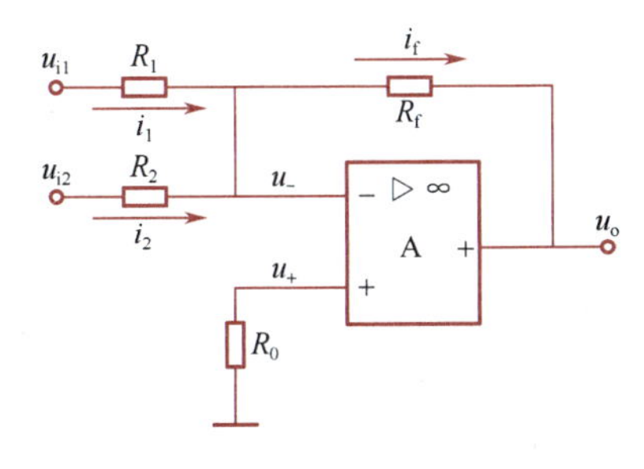

图 3-19　反相求和运算电路

根据“虚短”和“虚断”的概念，由图 3-19 所示可得

$$i_f = i_1 + i_2 = \frac{u_{i1}}{R_1} + \frac{u_{i2}}{R_2}$$

$$u_o = -i_f \cdot R_f = -\left(\frac{R_f}{R_1}u_{i1} + \frac{R_f}{R_2}u_{i2}\right) \tag{3-39}$$

若取 $R_1=R_2=R_f$，则

$$u_o = -(u_{i1}+u_{i2}) \tag{3-40}$$

式（3-40）表明，输出电压等于各输入电压之和的反相。

2. 同相输入求和电路

同相输入求和电路如图 3-20 所示。

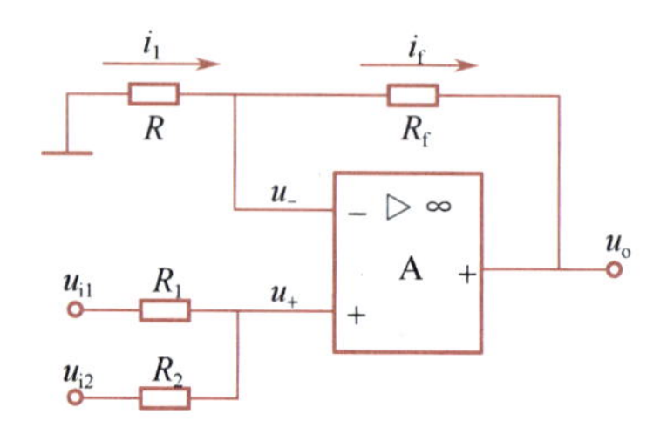

图 3-20　同相求和运算电路

由图 3-20 所示可知

$$u_+ = \left(\frac{R_2}{R_1+R_2}\right)u_{i1} + \left(\frac{R_1}{R_1+R_2}\right)u_{i2}$$

又因为

$$u_o = \left(1+\frac{R_f}{R}\right)u_+$$

所以

$$u_o = A_u \cdot u_+ = \left(1+\frac{R_f}{R}\right)\left[\left(\frac{R_2}{R_1+R_2}\right)u_{i1} + \left(\frac{R_1}{R_1+R_2}\right)u_{i2}\right]$$

当 $R_1=R_2=R_f=R$ 时，则

$$u_o = u_{i1} + u_{i2} \tag{3-41}$$

式（3-41）表明，输出电压等于各输入电压之和。

3.3.4　积分和微分运算电路

积分运算电路和微分运算电路主要用于信号处理，如对信号电压进行平滑处理或提取信号中的交流成分等。

1. 积分运算电路

积分运算电路如图 3-21 所示，它是将反相输入运算电路的反馈电阻 R_f 换成电容 C 后

形成的。

由于采用反相输入，所以 u_- 为“虚地”，即 $u_-=u_+=0$，又 $i_+=i_-=0$，则

$$i_1=i_f=\frac{u_i}{R}$$

又因为

$$i_f=C\frac{du_c}{du_t}$$

所以

$$u_o=-u_c=-\frac{1}{C}\int i_f dt=-\frac{1}{RC}\int u_i dt \tag{3-42}$$

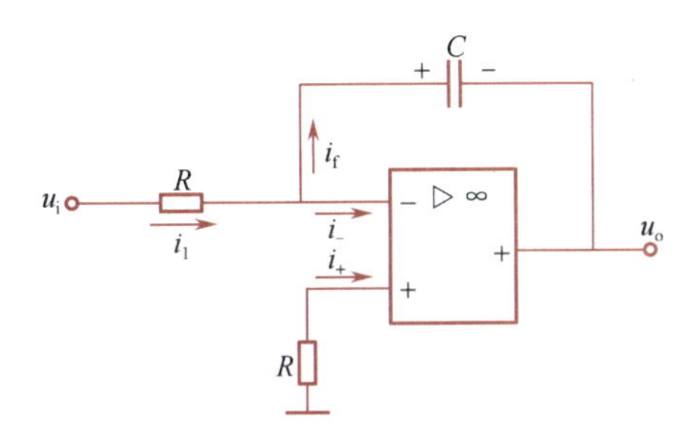

图 3-21 积分运算电路

式（3-42）表明，输出电压是输入电压对时间的积分，RC 为积分时间常数，负号表示输出电压与输入电压反相。图 3-22 所示是积分电路的单位阶跃响应波形。

积分电路在自动控制和测量系统中被广泛应用，利用它的充放电过程可以实现延时、定时及校正等功能。

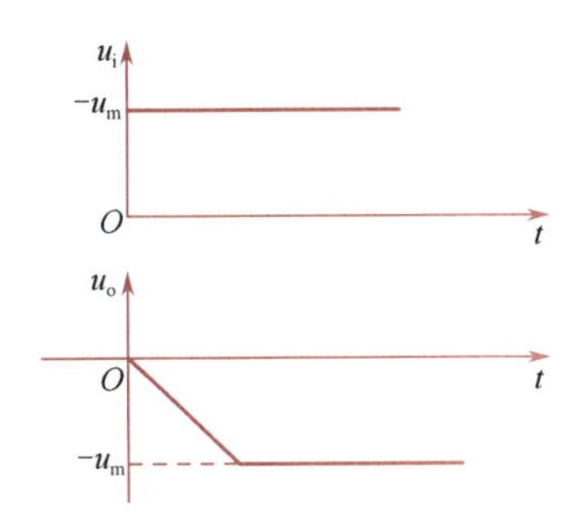

图 3-22 积分电路的单位阶跃响应波形

2. 微分运算电路

微分运算电路如图 3-23 所示，它是将积分运算电路中的 R 与 C 的位置互换后形成的。由“虚短”概念可知，$u_-=u_+=0$，u_- 为“虚地”，所以

$$i_1=C\frac{du_c}{dt}=C\frac{du_i}{dt}$$

又因为“虚断”，所以

$$i_1=i_f=-\frac{u_o}{R}$$

则

$$u_o=-RC\frac{du_i}{dt} \tag{3-43}$$

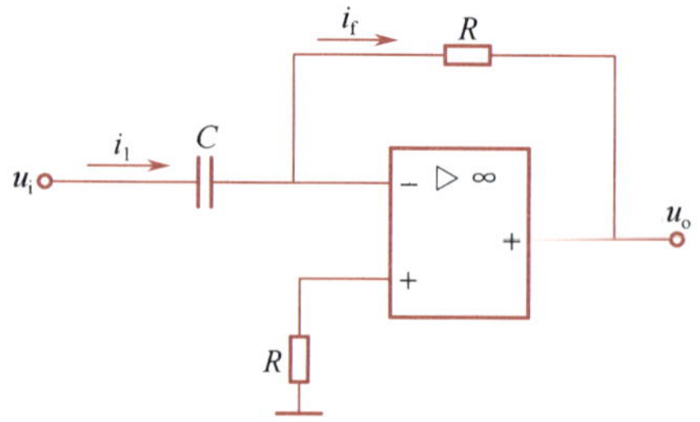

图 3-23　微分运算电路

式（3-43）表明，输出电压正比于输入电压对时间的微分，RC 为微分时间常数，负号表示输出电压与输入电压反相。图 3-24 所示是微分电路输入为方波信号时的响应。

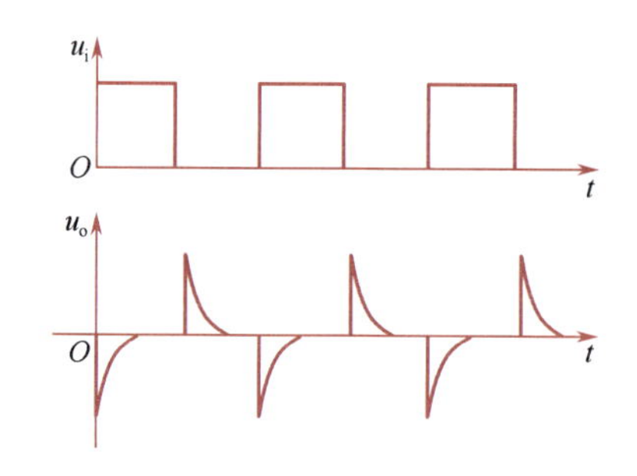

图 3-24　输入为方波时微分电路输出波形

3.4　集成运算放大电路的使用常识

3.4.1　调零

集成运放通常有零输入 – 零输出的要求。当输入信号为零，而输出不为零时，需要有调零措施。当运放有外接调零端子时，一般是将输入端对地短接，按组件要求接入调零电位器 R_W，用直流电压表测量输出电压 u_o，细心调节 R_W，使 u_o 为零（即失调电压为零）。如运放没有调零端子，可按图 3-25 所示电路进行调零。

一个运放如不能调零，大致有如下原因：

① 组件正常，接线有错误。

② 组件正常，但负反馈不够强（R_f / R_1 太大），为此可将 R_f 短路，观察是否能调零。

③ 组件正常，但由于它所允许的共模输入电压太低，可能出现自锁现象，因而不能调零。可将电源断开后，再重新接通，如能恢复正常，则属于这种情况。

④ 组件正常，但电路有自激现象，应进行消振。

⑤ 组件内部损坏，应更换好的集成块。

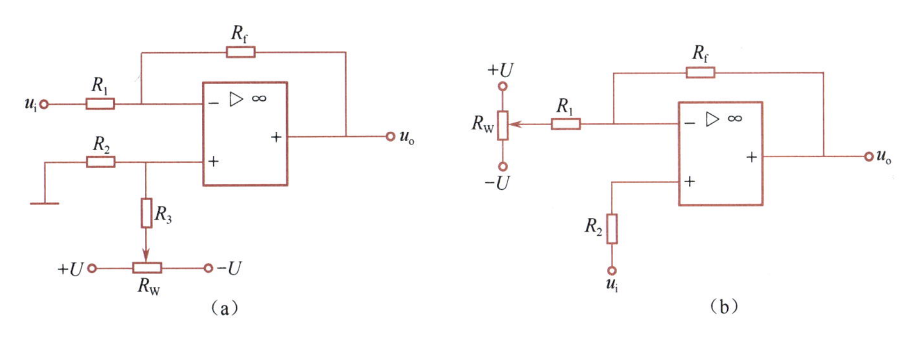

图 3-25　调零电路

3.4.2　消除自激振荡

集成运放的开环增益很大，其内部存在晶体管的极间电容及寄生电容。使用时，引入深度负反馈容易引起自激振荡，其表现为即使输入信号为零，也会有输出，使电路无法正常工作，严重时还会损坏器件，所以必须设法消除自激振荡。

消振的方法：补偿端外接 *RC* 消振电路或消振电容（补偿电容），如图 3-26 所示。具体参数和接法可查阅使用说明书，并通过实验调整来确定。

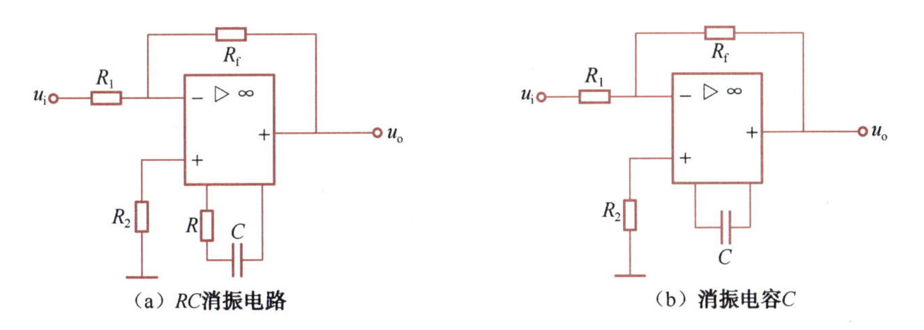

图 3-26　外接消振元件

至于是否消振，可将输入端接地，用示波器观察输出信号有无自激振荡信号。消振应在调零之前进行。

3.4.3　保护电路

集成运放在组成具体的应用电路时，为了使电路能正常安全地工作，并充分发挥组件的性能，必须对运放采取保护措施。

1. 电源极性接错和电源启动瞬间过压的保护

（1）电源极性接错的保护

为了防止电源极性接错而损坏运放，可采用图 3-27 所示电路。由图 3-27 所示电路可知，当电源极性接错（即上负下正）时，因为二极管的单向导电性，VD_1 和 VD_2 均由于反偏而截止，运放相当于未接通电源。

（2）电源启动瞬间过压的保护

性能不好的稳压电源，在接通和断开的瞬间会产生电压过冲现象，这种瞬间过冲的电压可能比正常的稳定电压高几倍，因此很容易击穿运放。为防止电源瞬间过压而损坏运放，可采用图 3-28 所示的保护电路。

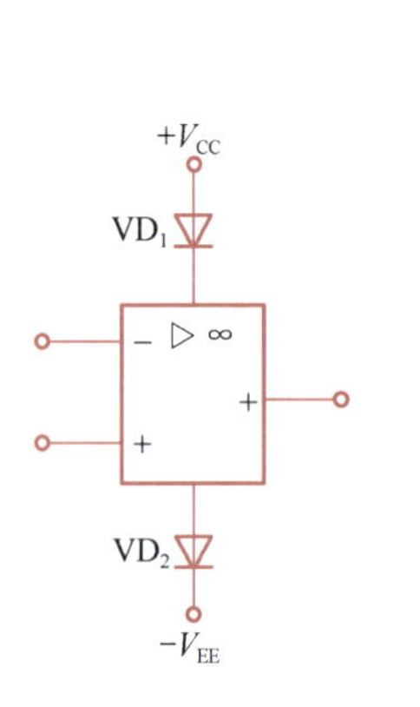

图 3-27　电源极性接错的保护

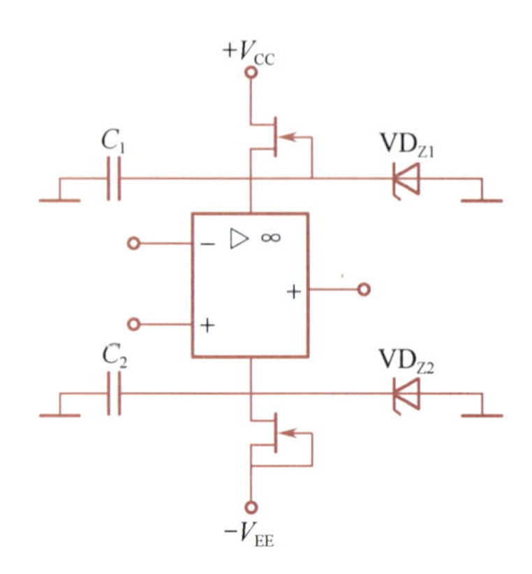

图 3-28　电源瞬间过压的保护

正常情况下，场效应管工作于可变电阻区，此时漏源电压 U_{DS} 和漏极电流 I_D 都很小，其等效直流电阻 R_{DS} 与电容组成 RC 滤波，稳压管处于截止状态（选用击穿电压略大于运放工作电压的稳压管）。当电源瞬间过压时，稳压管被击穿，U_{DS} 和 I_D 增大，而加在运放上的电压被稳压管限制，避免了运放承受电源的瞬间过压。

2．输入端的保护

若运放输入端的差模电压或共模电压过高，超过了允许的最大差模电压 U_{idmax} 和最大共模电压 U_{icmax}，则可能使输入级的某一个晶体管的发射结被反向击穿，或者使差分对管不平衡，造成运放技术指标的恶化。另外，共模电压过高可能会使差分对管进入饱和状态，造成阻塞现象。常用的输入保护措施如图 3-29 所示，其中图 3-29（a）为防止反相阻塞保护电路，图 3-29（b）为抗差模保护电路。

图 3-29（a）所示电路在反相输入端与地之间接了一个钳位二极管 VD 以限制输入电压，当 u_i 大到一定程度时 VD 导通，u_- 被限制在 0.7V 以下。

图 3-29（b）所示电路为利用两个反向并联的二极管 VD_1、VD_2 的正向压降限制两个输入端差模电压。在电压正常情况下，$u_+=u_-$，VD_1、VD_2 的偏置近似为零不导通，呈现高阻，不影响正常工作。但当差模电压过高时，VD_1 或 VD_2 导通，使 $|u_- - u_+|$ 限制在 0.7V 左右，多余的差模电压降在限流电阻 R 上，从而起到了保护作用。

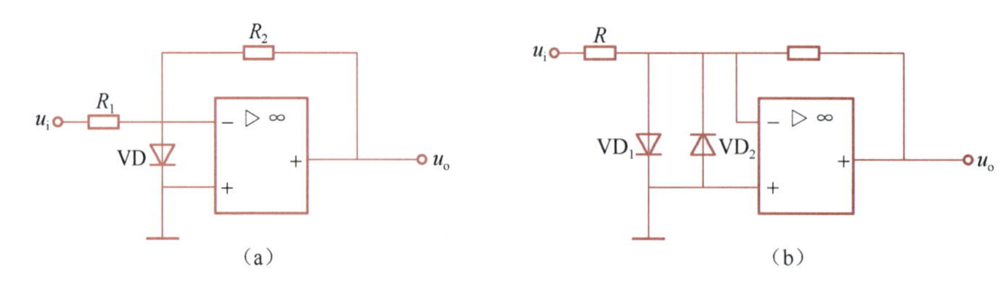

图 3-29　输入保护措施

3. 输出端的保护

（1）输出限流保护

若运放输出端的负载阻抗过小，或输出端对地短接时，运放的输出电流就会过大。另外，若运放输出端接的是过大的容性负载，由于充电初始电流很大，也会使运放输出电流过大。以上原因均可能造成运放过流而损坏，常用的限流保护电路如图 3-30 所示。

在图 3-30 所示电路中，R_S 为过流保护电阻，其值可以从几百 Ω 到 1kΩ。由于 R_S 串联在电压负反馈环内，所以，它对输出阻抗的影响很小，但加上 R_S 后，降低了负载上的最大信号幅值。

（2）输出端过压保护

若运放的输出端误接到其他高压上，或输出端接入过大的感性负载时，均有可能使输出端过压，从而击穿运放内部的输出级。其保护电路如图 3-31 所示。当负载端电压过高时，经限流电阻 R_S 使稳压管反向击穿，从而使运放输出端的最大电压限制在 $\pm U_Z$。

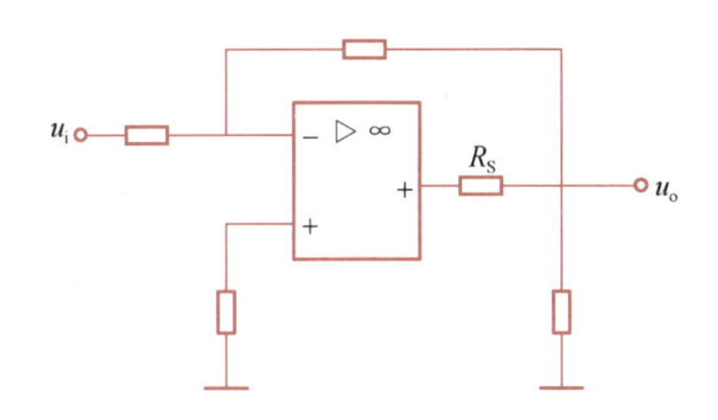

图 3-30　输出端过流保护电路

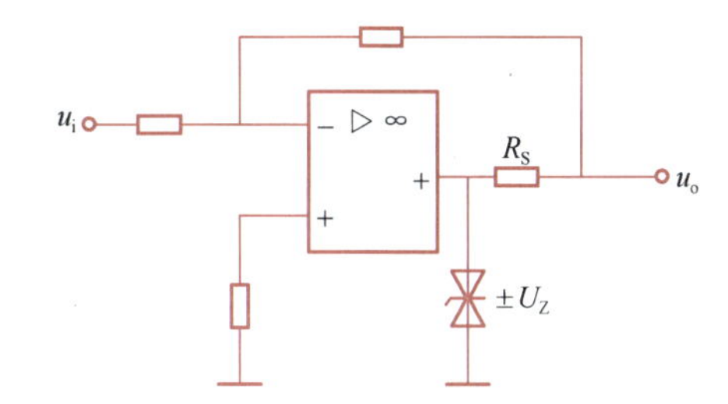

图 3-31　输出端过压保护电路

本章小结

1. 差分放大电路

差分放大电路能放大差模信号、抑制共模信号，有效遏止零点漂移。

2. 集成运算放大电路

（1）集成运放利用外围电路引入负反馈时，其工作在线性状态，有两个结论：

① $u_+=u_-$（虚短）。

② $i_+=i_-=0$（虚断）。

（2）集成运放开环或利用外围电路引入正反馈时，其工作在非线性状态，有以下结论：

① 当 $u_+ > u_-$ 时，$u_o=+U_{op\text{-}p}$。
当 $u_+ < u_-$ 时，$u_o=-U_{op\text{-}p}$。
当 $u_+ = u_-$ 时，u_o 值跳变，称为临界转换点。

② $i_+=i_-=0$（虚断）。

（3）集成运放线性应用电路

集成运放利用外围电路引入负反馈可以构成各种线性应用电路，如比例运算电路、差动运算电路、加法运算电路、积分运算电路和微分运算电路等。

习题

1．写出图3-32所示电路输出与输入的关系式。

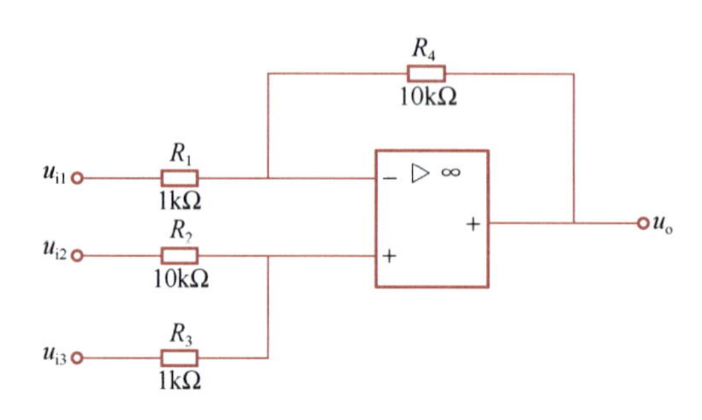

图3-32　题1图

2．设图3-33所示电路中集成运放的最大输出电压为±12V，已知u_i=10mV，试求：

① 正常情况下的输出电压；

② 反馈电阻R_f开路时的输出电压。

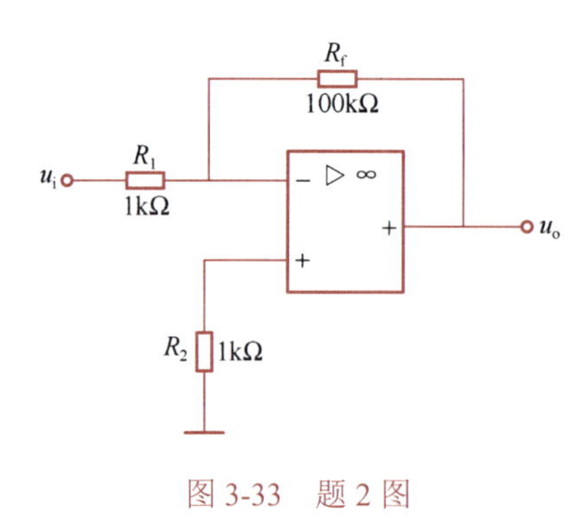

图3-33　题2图

3．图3-34所示电路是应用运放测量电阻的原理电路，输出端接有满量程5V、500μA的电压表，当电压表指示5V时，试计算被测电阻R_f的阻值。

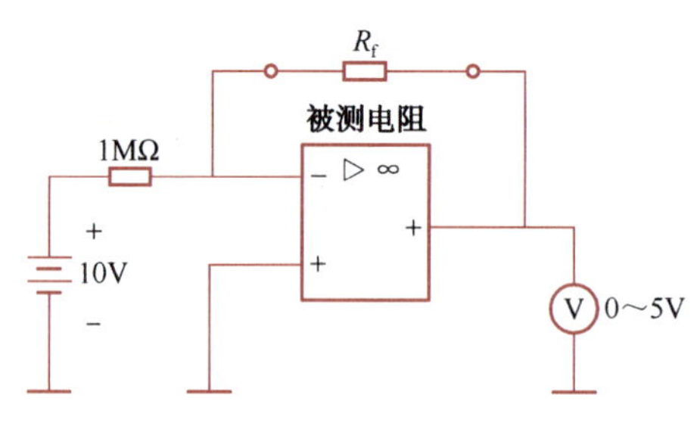

图3-34　题3图

4．由集成运放组成的晶体管β测量电路如图3-35所示。

① 估算E、B、C各点电位的数值；

② 若电压表读数为200mV，试求被测晶体管的β值（提示：$U_{BE}=U_B-U_E$=0.7V，

$\beta = I_C / I_B$）。

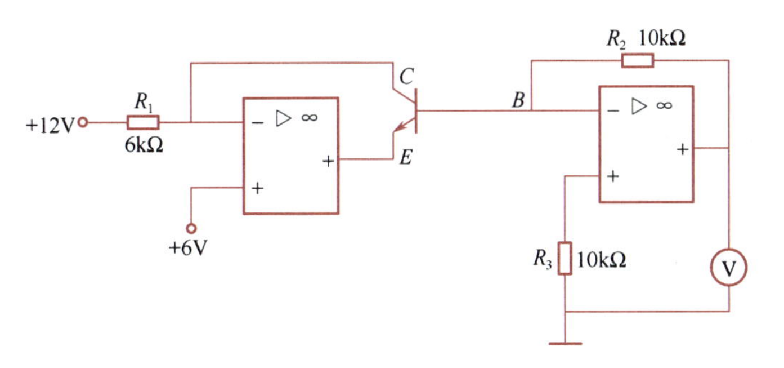

图 3-35　题 4 图

5．在图 3-36 所示电路中，设集成运放是理想运放，双向稳压管的稳压值为 ±6V。设输入电压 u_i 为正弦波，试分别画出 u_{o1} 和 u_{o2} 的波形。

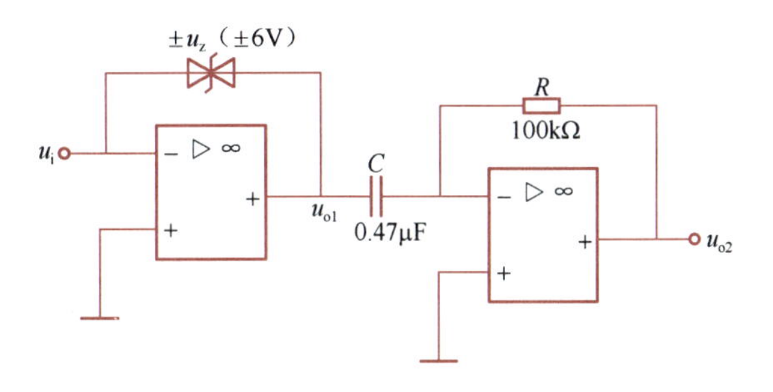

图 3-36　题 5 图

第 4 章　负反馈放大电路

知识目标

- 理解反馈的概念。
- 了解负反馈对放大电路性能的影响。

技能目标

- 会判别反馈的类别及组态。
- 会估算深度负反馈情况下电路的电压放大倍数。

将输出信号的一部分或全部通过某种电路（称为反馈网络）引回到输入端的过程称为反馈。反馈有正、负之分，在放大电路中主要引入负反馈，它可使放大电路的性能得到显著改善，所以负反馈放大电路得到广泛应用，而正反馈则主要用于振荡电路中。

本章先介绍反馈的基本概念、负反馈放大电路的基本类型及常用负反馈放大电路分析。然后介绍负反馈对放大电路性能的影响、深度负反馈放大电路的特点及性能估算。重点讨论反馈的基本概念、负反馈放大电路的基本类型及判别方法、深度负反馈放大电路的特点。

任务　音乐门铃电路

一、任务目标

通过音乐门铃的制作与调试，掌握负反馈在放大电路中的作用，熟悉负反馈多级放大电路的调试方法。

二、任务要求

通过音乐门铃电路的设计，了解负反馈的作用。

三、任务实现

在居家生活中经常使用门铃，它类似敲门，可以发出声音而提醒主人有人来访。如今各式各样的门铃比比皆是，其中电子类的占多数，最常见的是音乐门铃，它一般安放一节或两节 5 号电池在内，门外的触发按钮被来人按动后，门内的门铃就由音乐集成 IC 片播放一段电子音乐。音乐门铃电路的设计框图如图 4-1 所示，门铃电路如图 4-2 所示。

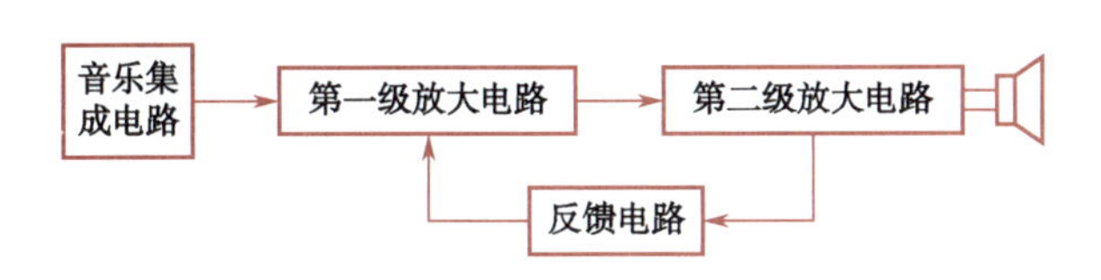

图 4-1　音乐门铃电路框图

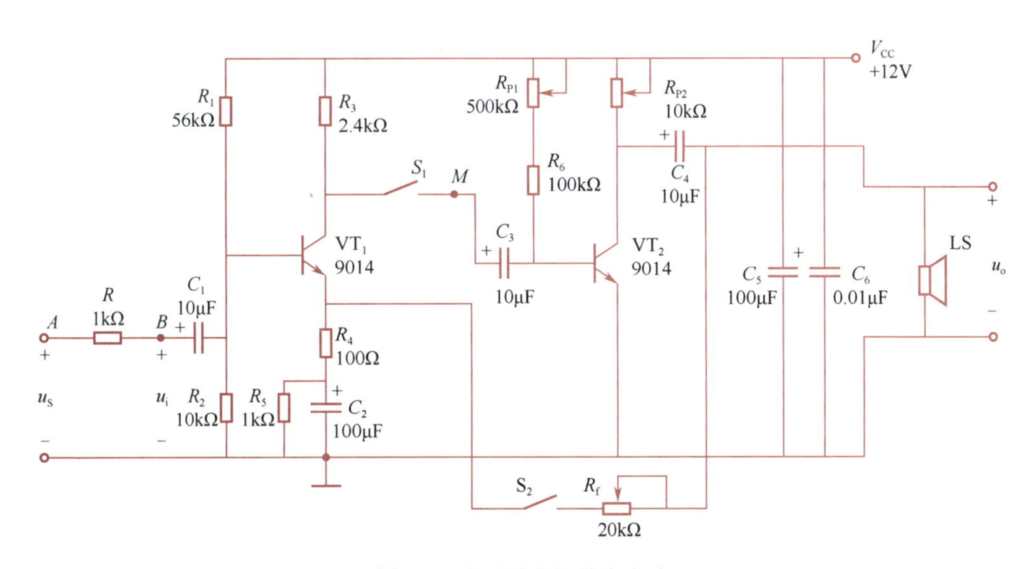

图 4-2　负反馈多级放大电路

电路的调试过程：始终断开开关 S_2，MP3 音乐播放器提供的门铃音频信号由输入端 B 点与“地”之间输入，调节 MP3 门铃音乐播放器的音量，同时调节电位器 R_{P1} 和 R_{P2}，仔细聆听扬声器播放的门铃音乐，直到声音清晰、音量适中且无失真为止。

负反馈在电路中的作用：

（1）对放大倍数的影响。断开开关 S_2，门铃音频信号由 C_1 的正极 B 点与“地”之间输入，那么门铃音频信号将经过两级放大后推动扬声器，此时多级放大电路无负反馈，仔细聆听扬声器播放的门铃音乐，然后合上开关 S_2，R_f 引入了负反馈，再仔细聆听扬声器播放的门铃音乐，比较前后音量的变化，会发现后者音量小于前者，说明引入负反馈后，电压放大倍数减少了。

（2）对非线性失真的影响。断开开关 S_2，逐渐调大 MP3 音乐播放器的音量，直至扬声器播放的门铃音乐出现失真，然后合上开关 S_2，比较前后门铃音乐的保真度，会发现音乐失真改善了。

结论：引入负反馈后，放大电路的放大倍数有所下降，但稳定度有所提高；非线性失真减小，音乐的保真度提高了。

元件清单：

- $R_{P1} \sim R_{P2}$　可变电位器
- $R_1 \sim R_6$、R_f　(1/8)W 碳膜电阻器
- $C_1 \sim C_5$　电耐压值为 25V 的铝电解电容
- C_6　电耐压值为 25V 的涤纶或独立电容
- $VT_1 \sim VT_2$　晶体管 9014
- $S_1 \sim S_2$　单刀单掷开关
- LS　8Ω 扬声器

4.1 反馈的概念及组成

4.1.1 反馈的概念

在电子电路中，将放大电路中的输出量（可以是电压也可以是电流）的一部分或全部按一定的方式并通过一定的电路（即反馈网络或反馈支路）送回输入回路来影响输入量（电压或电流），这种电量的反送过程就称为反馈。要实现反馈，必须有一个连接输出回路与输入回路的中间环节。

图 4-3 所示为分压偏置式放大电路，该电路能够稳定静态工作点，其稳定过程如下。

$$T(℃)\uparrow \rightarrow I_{CQ}\uparrow \rightarrow I_{EQ}\uparrow \rightarrow V_{EQ}\uparrow \ (=I_{EQ}R_e\uparrow) \xrightarrow{V_{BQ}\text{固定}} U_{BEQ}\downarrow \rightarrow I_{EQ}\downarrow \rightarrow I_{CQ}\downarrow$$

其中 I_{CQ}（或 I_{EQ}）是输出量。输出量 I_{EQ} 通过电路元件 R_e 反送到输入回路中，从而使 I_{BQ} 减少，以此来达到稳定输出量 I_{EQ}（或 I_{CQ}）的目的。

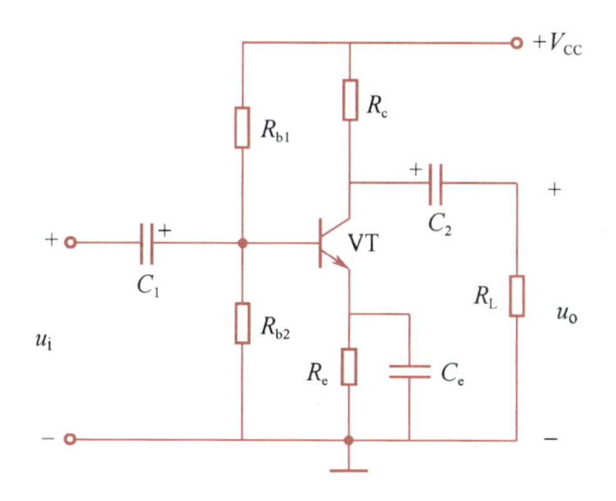

图 4-3　分压偏置式放大电路

4.1.2　反馈放大电路的组成及基本关系式

1. 反馈放大电路的组成

带有反馈环节的放大电路称为反馈放大器，反馈放大器可用如图 4-4 所示的方框图来描述。图中箭头表示信号的传输方向，A 表示基本放大器，F 表示反馈网络，这是一个闭环系统，X 可以表示电压，也可以表示电流。其中 x_i，x_o，x_f 和 x_i' 分别表示输入信号、输出信号、反馈信号和净输入信号，符号 ⊗ 表示信号相比较（叠加）。

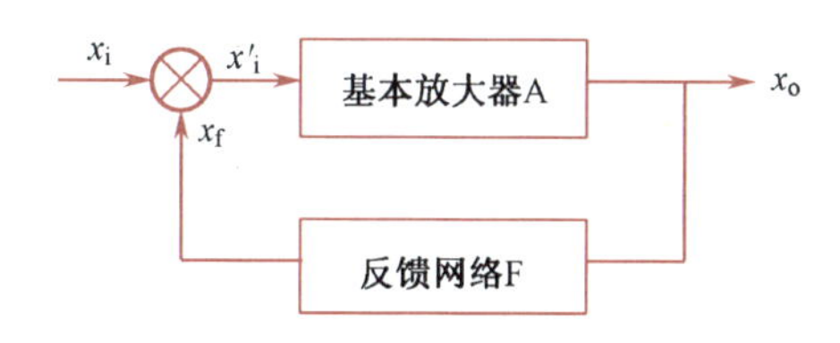

图 4-4　反馈放大器方框图

反馈有正反馈和负反馈。输入信号 x_i 与反馈信号 x_f 都作用在基本放大电路的输入端，相比较后，获得净输入量 x_i'。如果反馈信号 x_f 与输入信号 x_i 比较后，使净输入量 x_i' 增加，输出量 x_o 也增加，这种反馈称为正反馈；相反，如果反馈信号 x_f 与输入信号 x_i 比较后使净输入量 x_i' 减小，输出量 x_o 也减小，这种反馈称为负反馈。本章只讨论负反馈。

2. 反馈放大电路的基本关系式

负反馈所确定的基本关系式有如下几项。

（1）输入端各量的关系式

$$x_i' = x_i - x_f \tag{4-1}$$

（2）开环增益

$$A = \frac{x_o}{x_i'} \tag{4-2}$$

（3）反馈系数

$$F = \frac{x_f}{x_o} \tag{4-3}$$

（4）闭环增益

$$A_f = \frac{x_0}{x_i} = \frac{x_0}{x_i' + x_f} = \frac{A}{1+AF} \tag{4-4}$$

由式（4-4）可知，加了负反馈后的闭环增益A_f，是开环增益A的$\frac{A}{1+AF}$倍，其中（$1+AF$）称为反馈深度。（$1+AF$）越大，反馈越深，A_f就越小。（$1+AF$）是衡量反馈强弱程度的一个重要指标，反馈放大器性能的改善与反馈深度有着密切的关系。

4.2 负反馈放大电路的类型

4.2.1 反馈的分类与判别

1. 正反馈与负反馈

在电路中，为了判断引入的是正反馈还是负反馈，可以采用瞬时极性法。所谓瞬时极性法，就是先假定输入信号处于某一瞬时极性（用“+”、“−”符号表示瞬时极性的正、负），然后按放大电路的基本组态逐级判断电路中各相关点的瞬时极性，直至输出信号的极性。由输出信号的极性再确定反馈信号的极性，最后比较反馈信号与输入信号的极性，确定对净输入信号的影响。若使净输入信号减小，则为负反馈；反之，若使净输入信号增大，则为正反馈。

应当注意，在共射放大电路中，基极与集电极信号的极性相反，基极与发射极信号的极性相同。共集与共基电路输入与输出信号的极性是相同的。

在图4-5（a）所示电路中，先假设VT_1基极的瞬时极性为正，则VT_1集电极的瞬时极性为负，VT_2管的发射极瞬时极性为负，且反馈到VT_1发射极的瞬时极性为负，则$u_{BE1} = u_i' = u_i-(-u_f) = u_i+u_f > u_i$，反馈信号使净输入量增加，故为正反馈。

在图4-5（b）所示电路中，假设在VT_1基极输入一个瞬时极性为正的信号，则VT_1的集电极的瞬时极性为负，VT_2管的发射极瞬时极性也为负，反馈电流i_f的方向如图4-3（b）所示，可见反馈信号对原输入信号有削弱作用，$i_i' = i_i-i_f$，故为负反馈。

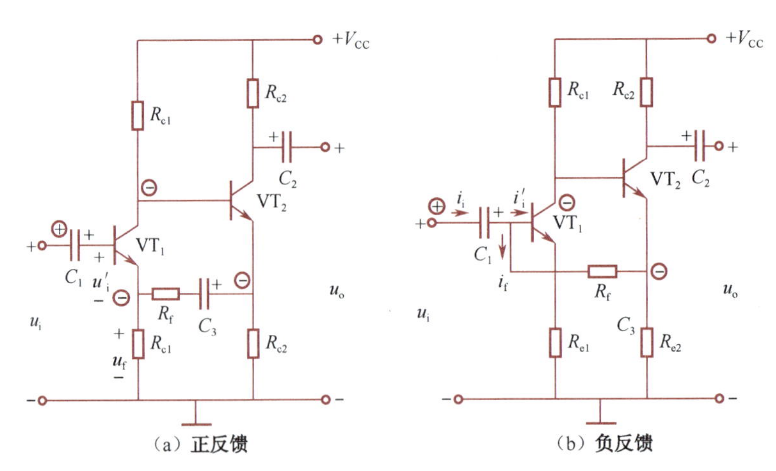

图4-5 分立元件放大电路反馈极性的判断

2. 直流反馈和交流反馈

在放大电路中既有直流分量又有交流分量，如果电路引入的反馈量仅包含直流成分，称为直流反馈；如果电路引入的反馈量仅包含交流成分，称为交流反馈；如果电路引入的反馈量既有交流成分又有直流成分，称为交直流反馈。一般情况下，直流负反馈的作用是稳定放大电路的静态工作点，交流负反馈的作用是改善放大电路的性能指标。本章只讨论交流反馈。

在图4-3所示电路中，电容 C_e 与电阻 R_e 并联，只要 C_e 的容量足够大，就可认为其两端的交流压降近似为零，电路中引入了直流负反馈。在图4-5（a）所示电路中，电容 C_3 与 R_f 串联，C_3 起到了隔直作用，故可认为引入的是交流负反馈，在图4-5（b）所示电路中，R_f 无电容连接，故为交直流反馈。

3. 电压反馈和电流反馈

若在电路的输出端对输出电压取样，通过反馈网络得到反馈信号，然后送回到输入端与输出端信号进行比较，这种反馈方式称为电压反馈，电压反馈中反馈量与放大电路的输出电压成正比。若电路中输出端的取样对象为输出电流，反馈量与输出电流成正比，这种反馈方式称为电流反馈。

判断是电压反馈还是电流反馈时，可假设负反馈放大电路的输出电压为零，若反馈量变为零，则表明电路中引入的是电压反馈。若令输出电压为零后，其反馈量依然存在，则表明电路中引入的是电流反馈。这种方法也称为输出短路法。

根据上述方法可知，在图4-6（a）所示电路中，假设 $u_o=0$ 时，反馈支路 R_{e1} 上的电压 $u_f=\dfrac{R_{e1}}{R_{e1}+R_f}u_o=0$，则为电压反馈。在图4-6（b）所示电路中，当令 $u_o=0$ 时，发射极电路 i_{e2} 仍然存在，反馈支路 R_f 上的电流 $i_f=-\dfrac{R_{e2}}{R_f+R_{e2}}$存在，所以为电流负反馈。

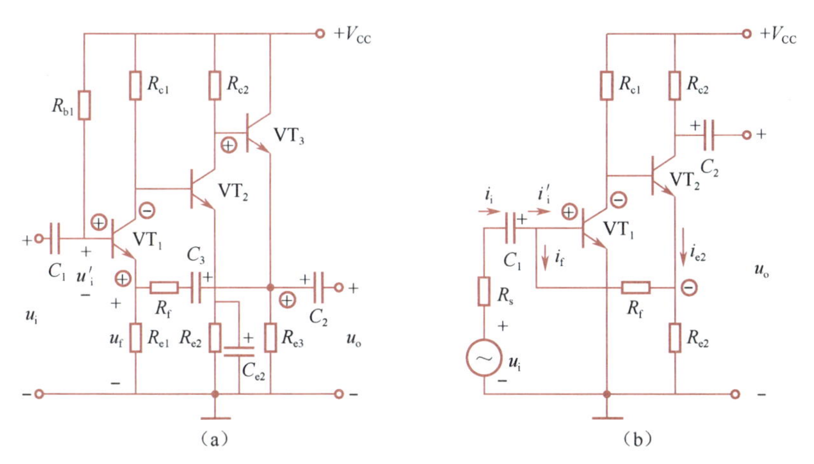

图4-6　电压反馈和电流反馈

4. 串联反馈和并联反馈

串、并联反馈主要看放大电路的输入回路和反馈网络的连接方式。在输入端，若反馈

信号与输入信号以电流形式相加减（或者说反馈信号与净输入信号是分流关系），则称为并联反馈；如果反馈信号与输入信号以电压形式相加减（或者说反馈信号与净输入信号是分压关系），则称为串联反馈。

在图 4-6（a）所示电路中，放大电路中的净输入信号为 $u_i' = u_{be} = u_i - u_f$，输入信号与反馈信号以电压形式相加减，故为串联反馈。在图 4-6（b）所示电路中，放大电路的净输入信号为 $i_i' = i_i - i_f$，以电流形式相加减，故为并联反馈。

4.2.2 负反馈放大电路的基本类型

反馈性质和反馈类型是确定放大电路性能的前提。综合考虑反馈从输出端的取样（电压、电流）及输入端的连接方式（并联、串联），负反馈放大有四种类型：电压串联负反馈、电流串联负反馈、电压并联负反馈、电流并联负反馈。

1. 电压串联负反馈

在图4-7所示的电路中，R_f和R_{e1}是联系输入和输出的支路，为反馈支路。由瞬时极性法，从图 4-7 中所标瞬时极性可知 $u_i' = u_i - u_f$，该反馈为负反馈。

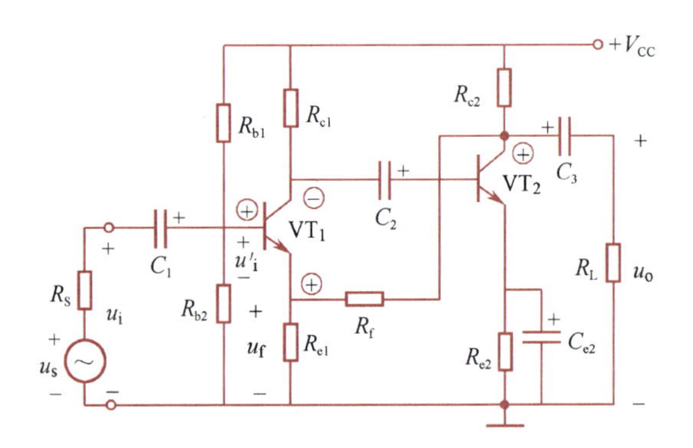

图 4-7　电压串联负反馈电路

在输入端，放大电路的净输入信号 $u_i' = u_i - u_f$，输入信号与反馈信号以电压形式相加减，故为串联反馈。在输出端，由输出短路法可知，假设 u_o 对地短路后，即 u_o=0 时，$u_f = \frac{R_{e1}}{R_{e1}+R_f} u_o = 0$，故为电压反馈。综上所述，该反馈为电压串联负反馈。

【例 4-1】 分析图 4-8（a）所示的反馈放大电路。

解： 图 4-8（a）所示为集成运放构成的反馈放大电路，将它改画成图 4-8（b）形式，可见集成运放 A 为基本放大电路，电阻 R_f 跨接在输出回路与输入回路之间，输出电压 u_o 通过 R_f 与 R_1 的分压反馈到输入回路，因此 R_f、R_1 构成反馈网络。

在输入端，反馈网络与基本放大电路相串联，故为串联反馈。在输出端，反馈网络与基本放大电路、负载电阻 R_L 并联连接，由图可得反馈电压 $u_f = \frac{R_1}{R_1+R_f} u_o$，即反馈电压 u_f 取样于输出电压 u_o，故为电压反馈。

假设输入电压 u_i 的瞬时极性对地为⊕，如图 4-8（b）所示，根据运放电路同相输

入时输出电压与输入电压同相的原则，可确定输出电压 u_o 的瞬时极性对地为⊕，u_o 经 R_f、R_1 分压后得 u_f，u_f 的瞬时极性也为⊕。由图 4-8（b）可见，放大电路的净输入信号 $u_{id}=u_i-u_f$，显然 u_f 消弱了净输入信号 u_{id}，故为负反馈。

综上所述，图 4-8（a）所示电路为电压串联负反馈放大电路。

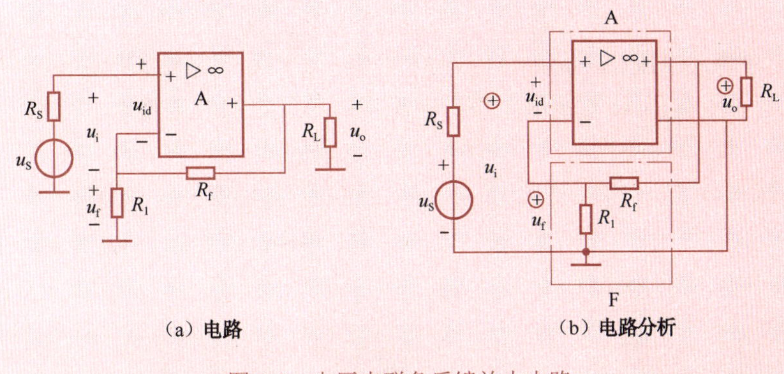

图 4-8　电压串联负反馈放大电路

2. 电流串联负反馈

在图 4-9 所示电路中，R_{e1} 是联系输入和输出交流信号的公共支路，为反馈支路。根据瞬时极性法，$u_i' = u_i-u_f$，可以判断该反馈为负反馈。

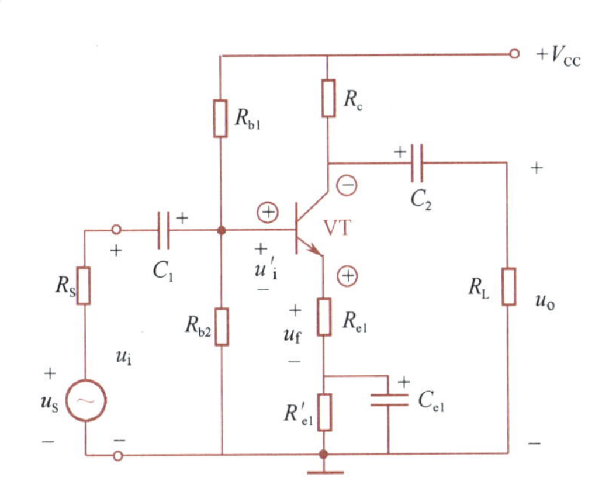

图 4-9　电流串联负反馈

在输入端，放大电路的净输入信号 $u_i' = u_{be}= u_i-u_f$，输入信号与反馈信号以电压形式相加减，故为串联反馈。在输出端，当 $u_o= 0$ 时，反馈电压 $u_f = i_{e1}R_{e1}$ 仍然存在，故为电流反馈。综上所述，该反馈为电流串联负反馈。

【例 4–2】分析图 4-10（a）所示的反馈放大电路。

解: 图 4-10（a）所示为集成运放构成的反馈放大电路，R_L 为放大电路输出负载电阻。将该图改画成图 4-10（b）形式，可见，集成运放 A 为基本放大电路，R_f 为输入回路和输出回路的公共电阻，故 R_f 构成反馈网络。

在输入端，反馈网络与基本放大电路相串联，故为串联反馈。在输出端，反馈网络与基本放大电路、负载电阻 R_L 相串联，反馈信号 $u_f=i_oR_f$，因此反馈取样于输出电流 i_o，为电流反馈。

假设输入电压 u_i 的瞬时极性对地为⊕，根据运放电路同相输入时输出电压与输入电压同相的原则，可确定运放输出电压 u_o' 的瞬时极性对地为⊕，故输出电流 i_o 的瞬时流向如图 4-10（b）所示，它流过电阻 R_f 产生反馈电压 u_f，u_f 的瞬时极性也为⊕。由图 4-10（b）可见，净输入电压 $u_{id}=u_i-u_f$，因此反馈电压 u_f 消弱了净输入电压 u_{id}，为负反馈。

综上所述，图 4-10（a）所示电路为电流串联负反馈放大电路。

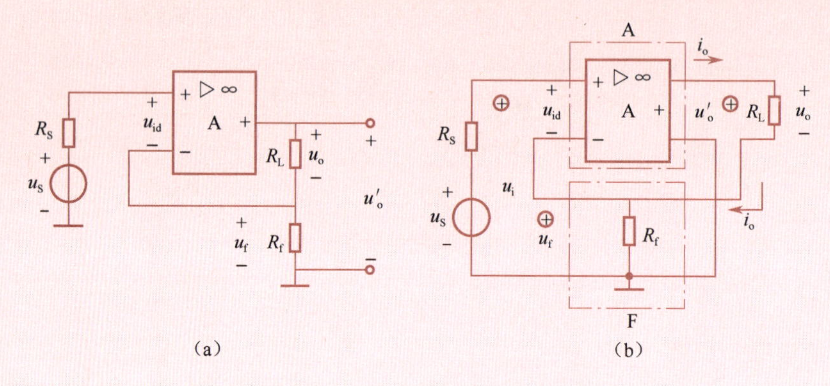

图 4-10　电流串联负反馈放大电路

3. 电压并联负反馈

如图 4-11 所示，R_f 为联系输入与输出的公共支路，为反馈支路，根据瞬时极性法，$i_i'=i_i-i_f$，该反馈为负反馈。

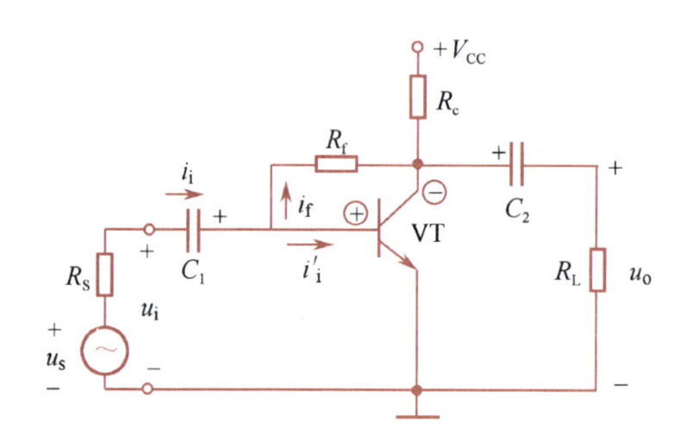

图 4-11　电压并联负反馈

在输入端，放大电路的净输入信号 $i_i'=i_i-i_f$，输入信号与反馈信号以电流形式相减，故为并联反馈。在输出端，当 $u_o=0$ 时，$i_f=\dfrac{u_{be}-u_o}{R_f}=-\dfrac{u_o}{R_f}=0$，故为电压反馈，综上所述，该反馈为电压并联负反馈。

【例 4-3】分析图 4-12（a）所示的反馈放大电路。

解： 图 4-12（a）所示为集成运放构成的反相输入反馈放大电路，将它改画成图 4-12（b）形式，可见，集成运放 A 为基本放大电路，R_f 跨接在输入回路与输出回路之间构成反馈网络。

在输入端，反馈网络与基本放大电路相并联，故为并联反馈。在输出端，反馈网络与基本放大电路、负载电阻 R_L 相并联，反馈信号 i_f 取样于输出电压 u_o，故为电压反馈。

假定输入电压 u_i 的瞬时极性对地为⊕，则输入电流 i_i 的瞬时流向如图 4-12（b）所示；根据运放反相输入时输出电压与输入电压反相，可确定运放输出电压 u_o 的瞬时极性对地为⊖，故反馈电流 i_f 的瞬时流向如图 4-12（b）所示。可见，净输入电流 $i_{id}=i_i-i_f$，反馈电流 i_f 消弱了净输入电流 i_{id}，为负反馈。

综上所述，图 4-12（a）所示电路为电压并联负反馈放大电路。

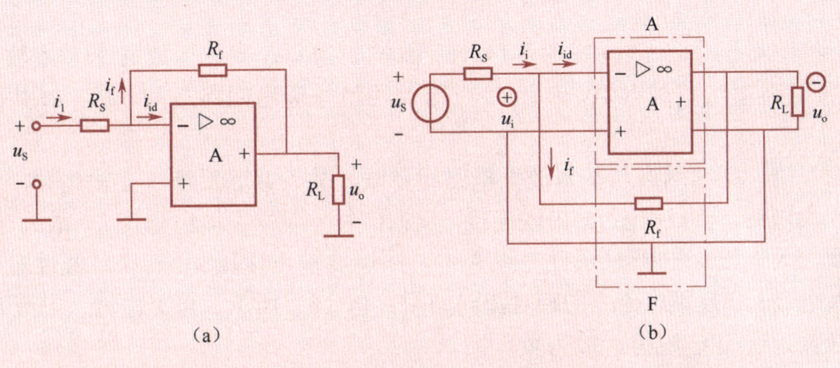

图 4-12　电压并联负反馈放大电路

4. 电流并联负反馈

如图 4-13 所示电路，R_f 和 R_{e2} 为反馈支路，由瞬时极性法判断可知，$i_i'=i_i-i_f$，故该反馈为负反馈。在输入端，放大电路的净输入信号 $i_i'=i_i-i_f$，输入信号与反馈信号以电流形式相加减，故为并联反馈。在输出端，由输出短路法可知，若假设 u_o 对地短路后，VT_2 发射极 i_{e2} 仍然存在，故为电流反馈。综上所述，该反馈为电流并联负反馈。

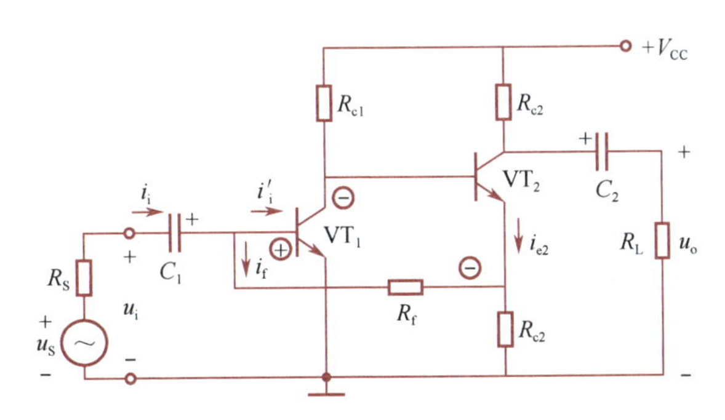

图 4-13　电流并联负反馈

【例 4–4】分析图 4-14（a）所示的反馈放大电路。

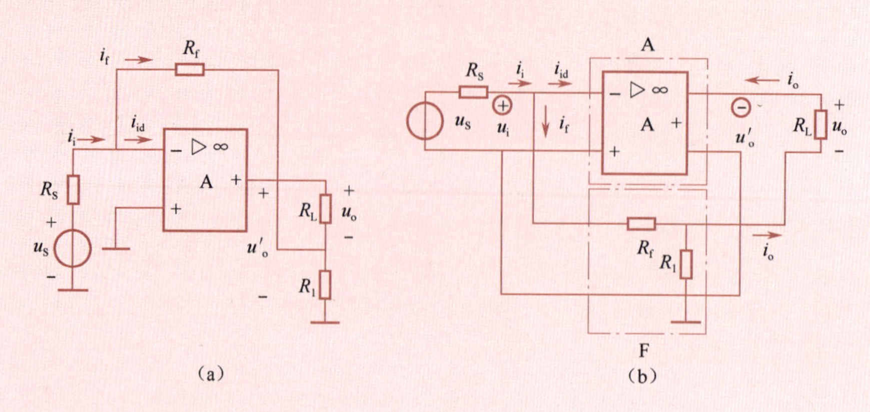

图 4-14　电流并联负反馈放大电路

解： 将图 4-14（a）改画成图 4-14（b）形式，可见，集成运放 A 为基本放大电路，R_L 为放大电路输出负载电阻，R_f 跨接在输入回路与输出回路之间，R_f、R_1 共同构成反馈网络。

在输入端，反馈网络与基本放大电路相并联，故为并联反馈。在输出端，反馈网络与基本放大电路、负载电阻 R_L 串联连接，反馈信号 i_f 取样于输出电流 i_o，故为电流反馈。

假设输入电压 u_i 的瞬时极性对地为⊕，则运放输出电压 u_o' 的瞬时极性对地为⊕，所以输入电流 i_i 和反馈电流 i_f 的瞬时流向如图 4-14（b）所示，可见净输入电流 $i_{id}=i_i-i_f$，反馈使净输入电流 i_{id} 减少，故为负反馈。

综上所述，图 4-14（a）所示电路为电流并联负反馈放大电路。

4.3　负反馈对放大电路性能的影响

在放大电路中引入负反馈，主要目的是使放大电路的工作稳定，在输入量不变的条件下使输出量保持不变。放大电路工作的稳定是通过牺牲增益换来的。根据式（4-4）可知，加了负反馈后的闭环增益 A_f 减小到了基本放大电路开环增益 A 的$\dfrac{1}{|1+AF|}$，其中 $|1+AF|$ 就是反馈深度。所以，引入负反馈后，对放大器性能的影响程度都与反馈深度 $|1+AF|$ 有关。

4.3.1　改善放大电路的性能

1. 提高增益的稳定性

通常放大电路的开环增益 A 是不稳定的，它会受许多干扰因素的影响而发生变化。引入负反馈后，在输入量不变时，输出量得到了稳定，因此闭环增益 A_f 也得到了稳定。但是，正因为引入了负反馈，A_f 本身也减小到了 A 的$\dfrac{1}{|1+AF|}$。所以，要衡量负反馈对放大电路增益稳定性的影响，更合理的做法是比较增益的相对变化量$\dfrac{\mathrm{d}A_f}{A_f}$与$\dfrac{\mathrm{d}A}{A}$。

为了简化，这里只讨论信号频率处于中频范围的情况，此时 A 为实数，F 一般也是实数。由式（4-4）可知

$$A_{\mathrm{f}}=\frac{A}{1+AF}$$

上式中 A 是变量，求 A_{f} 对 A 的导数，得 $\frac{\mathrm{d}A_{\mathrm{f}}}{A_{\mathrm{f}}}$。

$$\frac{\mathrm{d}A_{\mathrm{f}}}{\mathrm{d}A}=\frac{1}{(1+AF)^2} \quad 或 \quad \mathrm{d}A_{\mathrm{f}}=\frac{\mathrm{d}A}{(1+AF)^2}$$

所以

$$\frac{\mathrm{d}A_{\mathrm{f}}}{A_{\mathrm{f}}}=\frac{\mathrm{d}A}{(1+AF)^2A_{\mathrm{f}}}=\frac{1}{1+AF}\cdot\frac{\mathrm{d}A}{A} \qquad (4\text{-}5)$$

因为负反馈的反馈深度 $(1+AF)>1$，所以

$$\frac{\mathrm{d}A_{\mathrm{f}}}{A_{\mathrm{f}}}<\frac{\mathrm{d}A}{A}$$

由式（4-5）可知，负反馈可使闭环增益的相对变化量减小到开环增益相对变化量的 $\frac{1}{1+AF}$，这说明负反馈提高了闭环增益 A_{f} 的稳定性，其稳定程度比开环增益 A 提高了（$1+AF$）倍。

例如，当 $\frac{\mathrm{d}A}{A}=\pm10\%$ 时，设反馈深度 $1+AF=100$（深度负反馈），则 $\frac{\mathrm{d}A_{\mathrm{f}}}{A_{\mathrm{f}}}=\pm0.1\%$，即减小到 $\frac{\mathrm{d}A}{A}$ 的 1/100。反之，如果要求 $\frac{\mathrm{d}A_{\mathrm{f}}}{A_{\mathrm{f}}}$ 减小到 $\frac{\mathrm{d}A}{A}$ 的 1%，则反馈深度 $1+AF=100$。由此可见，在 A 变化 ±10% 的情况下，A_{f} 只变化了 ±0.1%。这说明闭环增益 A_{f} 的稳定性提高了。

2. 减小非线性失真

由于晶体管输入和输出特性曲线的非线性，放大电路的输出波形不可避免地存在一些非线性失真，这种现象称做放大电路的非线性失真。

引入负反馈后，如何减小非线性失真呢？假设在一个开环放大电路中输入一正弦信号，因电路中元件的非线性，输出信号产生了失真，且失真的波形是正半周幅值大，负半周幅值小，如图 4-15（a）所示。

引入负反馈后，如图 4-15（b）所示，反馈信号来自输出回路，其波形也是正半周幅值大，负半周幅值小，将它送到输入回路，经过比较环节（信号相减）后，使净输入信（$x_{\mathrm{i}}'=x_{\mathrm{i}}-x_{\mathrm{f}}$）变成正半周幅值小，负半周幅值大。这样，经过放大电路以后，输出信号的正半周幅值就会减小，而负半周幅值会增大；输出信号在前半周与后半周的幅值差也就相应减小，输出波形的失真程度得到一定的改善。可以证明，引入负反馈后，其非线性失真将减小到原来的 $\frac{1}{1+AF}$。从本质上讲，负反馈只能减小失真，不能完全消除失真，并且对输入信号本身的失真不能减少。

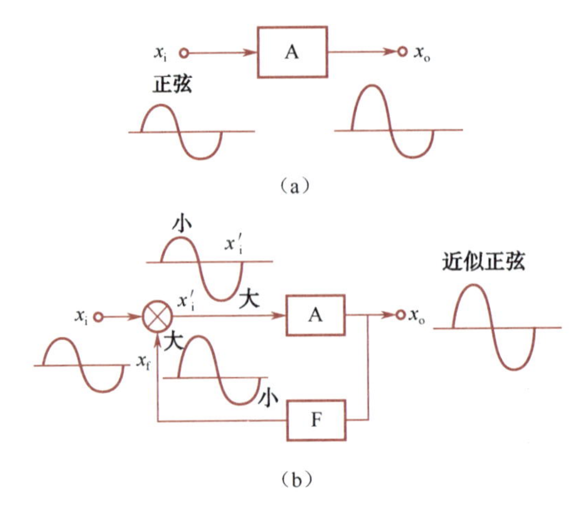

图 4-15 减小非线性失真

3. 扩展通频带

对于阻容耦合的交流放大电路，在低频段，因耦合电容随频率降低而容抗增大，使信号受到衰减，放大倍数减小；在高频段，因频率增大而使晶体管的极间容抗减小，使放大倍数减小。如图 4-16 所示为阻容耦合放大电路的开环与闭环的幅频特性。其中无反馈放大电路中频电压放大倍数为 A_{um}，对应$\frac{A_{um}}{\sqrt{2}}$的下限截止频率为 f_L，上限截止频率为 f_H，则无反馈时的通频带宽 $f_{BW}=f_H-f_L$。引入负反馈后，闭环电压放大倍数下降，中频电压放大倍数 A_{umf} 比无反馈时的 A_{um} 下降了很多，而闭环增益趋于稳定，因此闭环幅频特性的下降速率减慢。对应$\frac{A_{umf}}{\sqrt{2}}$的下限截止频率为 f_{Lf}，上限截止频率为 f_{Hf}，则引入负反馈后的通频带宽 $f_{BWf}=f_{Hf}-f_{Lf}$。

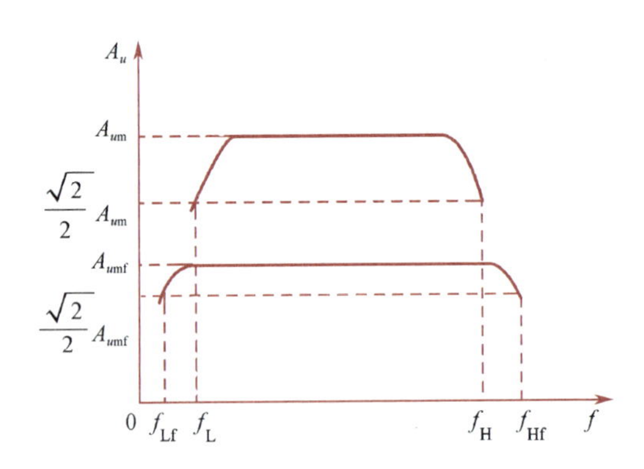

图 4-16 开环与闭环的幅频特性

可以证明，引入负反馈后，有如下关系式：

$$f_{Hf}=(1+AF)f_H \tag{4-6}$$

$$f_{Lf}=\frac{1}{1+AF}f_L \tag{4-7}$$

通常在放大电路中，$f_H >> f_L$，则 $f_{Hf} >> f_{Lf}$，所以，可近似认为通频带只取决于上限截止频率。因此，对开环 $f_{BW} \approx f_H$，对闭环 $f_{BWf} \approx f_{Hf}$，而式（4-6）变为

$$f_{BWf} = (1+AF) f_{BW} \tag{4-8}$$

可见，引入负反馈后，放大电路的通频带扩大到了开环时的（1+AF）倍。

4.3.2 改变放大电路的输入电阻和输出电阻

1. 对输入电阻的影响

放大电路的输入电阻就是从放大电路的输入端看进去的交流等效电阻。负反馈对放大电路输入电阻的影响必然与反馈在输入端的接法有关。

（1）串联负反馈使输入电阻增大

对于串联负反馈，反馈信号 u_f 和输入信号 u_i 串联于输入回路，u_f 削弱了放大电路的输入电压 u_i，使真正加到放大电路输入端的净输入电压下降。因此，在同样的输入电压下，串联负反馈的输入电流比无反馈时的要小，也就是说，串联负反馈使输入电阻增大。经分析可得如下结论：

$$R_{if} = (1+AF) R_i \tag{4-9}$$

（2）并联负反馈使输入电阻减小

对于并联负反馈，反馈信号 i_f 和输入信号并联于输入回路。i_f 削弱了放大电路的输入电流，使真正流入放大电路输入端的净输入电流下降。因此，在同样的输入电压下，与无反馈时相比，为了保持同样的净输入电流，总的输入电流将增大，也就是说，并联负反馈使输入电阻减小，经分析可得如下结论：

$$R_{if} = \frac{1}{1+AF} R_i \tag{4-10}$$

2. 对输出电阻的影响

放大电路的输出电阻，就是从放大电路的输出端看进去的交流等效电阻。引入负反馈的主要目的是在输入量不变的条件下，使某一输出量得到稳定。因此，负反馈必然影响放大电路的输出电阻。

（1）电压负反馈使输出电阻减小

放大电路的输出端对负载而言，可以看成一个具有内阻的电压源，这个内阻就是放大电路的输出电阻，很显然，输出电阻越小，输出电压就越稳定。而电压负反馈可以稳定输出电压，这说明采用电压负反馈后，输出电阻减小了，经分析可以得出如下结论：

$$R_{of} = \frac{1}{1+AF} R_o \tag{4-11}$$

（2）电流负反馈使输出电阻增大

放大电路的输出端对负载而言，也可以看成一个具有内阻的电流源，这个内阻就是放大电路的输出电阻，很显然，输出电阻越大，输出电流就越稳定。而电流负反馈可以稳定输出电流，说明采用电流负反馈后输出电阻增大了，经分析可以得出如下结论：

$$R_{of} = (1+AF) R_o \tag{4-12}$$

4.4　深度负反馈条件下闭环增益的估算

4.4.1　深度负反馈放大电路的特点

$(1+AF)>>1$ 时的负反馈放大电路称为深度负反馈放大电路。由于 $(1+AF)>>1$，所以可得

$$A_f=\frac{A}{1+AF}\approx\frac{A}{AF}=\frac{1}{F} \tag{4-13}$$

由于

$$A_f=x_o/x_i,\quad F=x_f/x_o$$

所以，深度负反馈放大电路中有

$$x_f\approx x_i \tag{4-14}$$

即

$$x_{id}\approx 0 \tag{4-15}$$

式（4-13）～式（4-15）说明：在深度负反馈放大电路中，闭环放大倍数由反馈网络决定；反馈信号 x_f 近似等于输入信号 x_i；净输入信号 x_{id} 近似为零。这是深度负反馈放大电路的重要特点。此外，由于负反馈对输入、输出电阻的影响，深度负反馈放大电路还有以下特点：串联反馈输入电阻 R_{if} 非常大，并联反馈 R_{if} 非常小；电压反馈输出电阻 R_{of} 非常小，电流反馈 R_{of} 非常大。工程估算时，常把深度负反馈放大电路的输入电阻和输出电阻理想化，即认为：深度串联负反馈的输入电阻 $R_{if}\to\infty$；深度并联负反馈的 $R_{if}\to 0$；深度电压负反馈的输出电阻 $R_{of}\to 0$；深度电流负反馈的 $R_{of}\to\infty$。

根据深度负反馈放大电路的上述特点，对深度串联负反馈，由图 4-17（a）可得：

① 净输入信号 u_{id} 近似为零，即基本放大电路两输入端 P、N 电位近似相等，两输入端间近乎短路但并没有真的短路，称为“虚短”。

② 闭环输入电阻 $R_{if}\to\infty$，即闭环放大电路的输入电流近似为零，即流过基本放大电路两输入端 P、N 的电流 $i_p\approx i_n\approx 0$，两输入端似乎开路但并没有真的开路，称为“虚断”。

对深度并联负反馈，由图 4-17（b）可得：

① 净输入信号 i_{id} 近似为零，即基本放大电路两输入端“虚断”。

② 闭环输入电阻 $R_{if}\to 0$，即基本放大电路两输入端“虚短”。

因此，对深度负反馈放大电路可得出一个重要结论：基本放大电路的两输入端满足“虚短”和“虚断”。

4.4.2　深度负反馈放大电路性能的估算

利用上述“虚短”和“虚断”的概念可以方便地估算深度负反馈放大电路的性能，下面通过例题来说明估算方法。

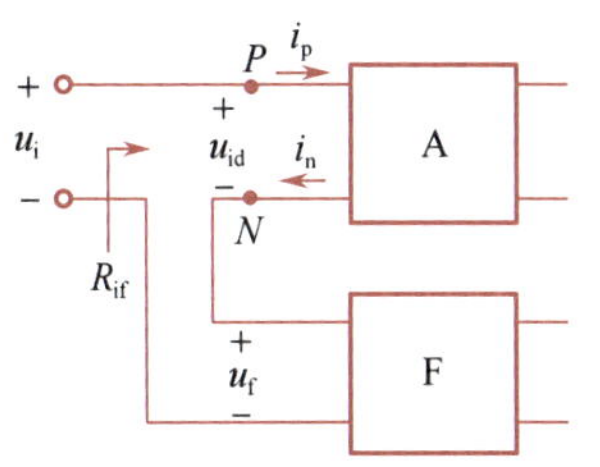

（a）深度串联负反馈放大电路简化框图

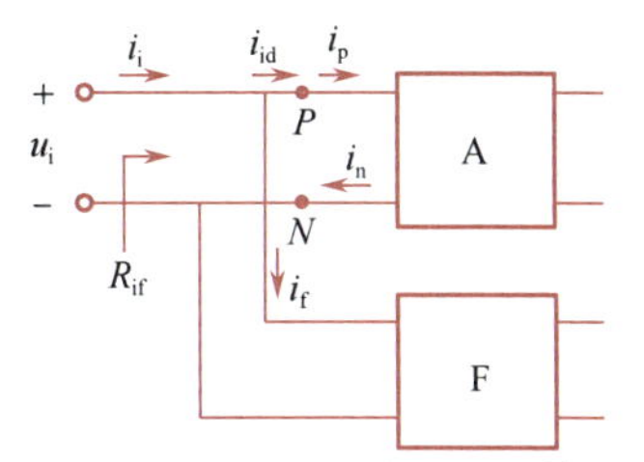

（b）深度并联负反馈放大电路简化框图

图 4-17　深度负反馈放大电路的“虚短”与“虚断”

【例 4–5】 估算图 4-18 所示负反馈放大电路的电压放大倍数 A_{uf}。

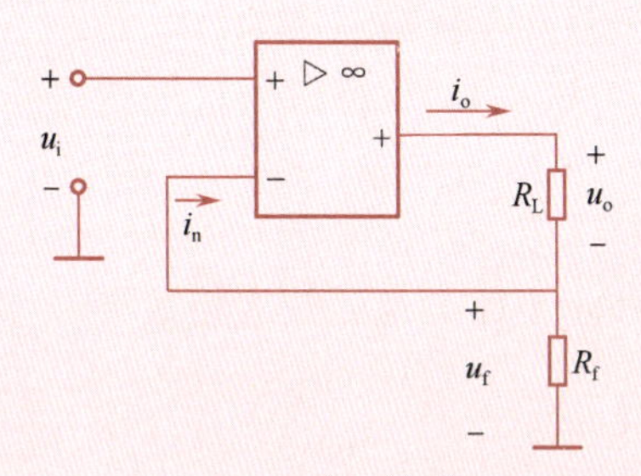

图 4-18　电流串联负反馈放大电路增益的估算

解： 这是一个电流串联负反馈放大电路，反馈元件为 R_f，基本放大电路为集成运放，由于集成运放开环增益很大，故为深度负反馈。因此有 u_f=u_i，$i_n \approx 0$，所以可得

$$u_f \approx i_o R_f \qquad \frac{u_o}{u_f} = \frac{R_L}{R_f}$$

因此，可求得该放大电路的闭环电压放大倍数为

$$A_{uf} = \frac{u_o}{u_i} \approx \frac{u_o}{u_f} = \frac{R_L}{R_f}$$

【例 4–6】 估算图 4-19 所示电路的电压放大倍数 A_{uf}。

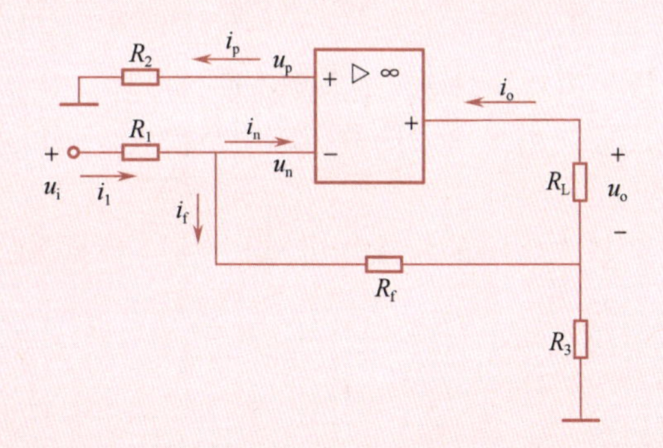

图 4-19　电流并联负反馈放大电路增益的估算

解： 这是一个电流并联负反馈放大电路，反馈元件为 R_3、R_f，基本放大电路为集成运放，由于集成运放开环增益很大，故为深度负反馈。

根据深度负反馈时基本放大电路输入端“虚断”，可得 $i_n \approx i_p \approx 0$，故同相端电位为

$u_p \approx 0$。根据深度负反馈时基本放大电路输入端“虚短”，可得 $u_n \approx u_p$，故反相端电位 $u_n \approx 0$。因此，由图 4-19 可得

$$i_i = \frac{u_i - u_n}{R_1} \approx \frac{u_i}{R_1}$$

$$i_f = \frac{R_3}{R_f + R_3} i_o = \frac{R_3}{R_f + R_3} \cdot \frac{-u_o}{R_L}$$

在深度并联负反馈放大电路中有 $i_i \approx i_f$，所以可得

$$\frac{u_i}{R_1} \approx \frac{R_3}{R_f + R_3} \cdot \frac{-u_o}{R_L}$$

故该放大电路的闭环电压放大倍数为

$$A_{uf} = \frac{u_o}{u_i} \approx -\frac{R_L}{R_1} \cdot \frac{R_f + R_3}{R_3}$$

【例 4–7】估算图 4-20 所示电路的电压放大倍数 A_{uf}。

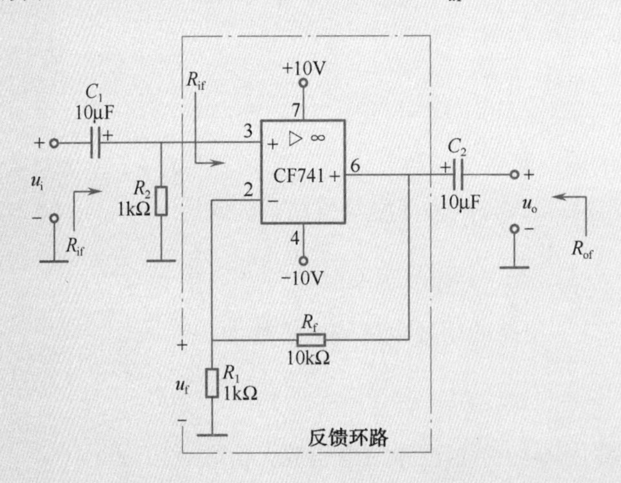

图 4-20 电压串联负反馈放大电路实例

解： 这是一个交流放大电路，C_1 和 C_2 为交流耦合电容，其对交流的容抗可以略去。R_1、R_f 构成电压串联负反馈，由于集成运放开环增益很大，所以电路构成深度电压串联负反馈。

根据深度串联负反馈放大电路的特点，可知 $u_i \approx u_f$，根据深度负反馈时基本放大电路输入端“虚断”，可知 $i_n \approx 0$。因此，由图 4-20 可得

$$u_i \approx u_f = \frac{u_o R_1}{R_1 + R_f}$$

所以，该放大电路的闭环电压放大倍数 A_{uf} 为

$$A_{uf} = \frac{u_o}{u_i} \approx \frac{R_1 + R_f}{R_1} = \frac{1+10}{1} = 11$$

【例 4–8】若图 4-21 所示电路为深度负反馈放大电路，试估算其电压放大倍数 A_{uf}。

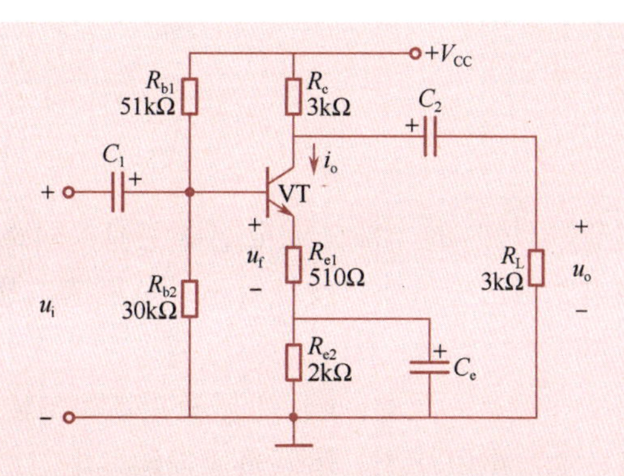

图 4-21　晶体管共发射极放大电路实例

解： 图 4-21 所示为一个实用的晶体管共发射极放大电路，R_{e1} 构成电流串联负反馈，由于 R_{e1} 值较大，故为深度负反馈。

由图 4-23 可得

$$u_i \approx u_f = i_o R_{e1}$$

$$u_o = -i_o (R_c // R_L)$$

因此，该放大电路的闭环电压放大倍数为

$$A_{uf} = \frac{u_o}{u_i} \approx -\frac{R_c // R_L}{R_{e1}} = -\frac{\frac{3 \times 3}{3+3}\text{k}\Omega}{0.51\text{k}\Omega} = -2.94$$

4.4.3　深度负反馈条件下的自激振荡现象

放大电路性能的改善程度与反馈深度有关，反馈越深，改善程度越显著。但反馈深度太大时，可能产生自激振荡（即放大电路在无外加输入信号时也能输出一定频率和幅度信号的现象），使放大电路工作不稳定。其原因如下：在负反馈放大电路中，基本放大电路在高频段要产生附加相移，若在某些频率上附加相移达到 180°，则在这些频率上的反馈信号将与中频时反相而变成正反馈，当正反馈量足够大时就会产生自激振荡。另外，电路中的分布参数也会形成正反馈而自激。因此在高频段很容易因附加相移变成正反馈而产生高频自激。消除高频自激的基本方法：在基本放大电路中插入相位补偿网络（也称消振电路），以改变基本放大电路高频段的频率特性，从而破坏自激振荡条件，使其不能振荡。

负反馈放大电路在低频段增益较高、反馈深度较大、布线不合理时也很容易产生自激振荡。如有时会发现在正常输出波形上叠加了一些奇特的、频率较高的波形；有时会发现输出波形不稳定，有低频调制现象；有时会发现无外加输入信号时也能输出一定频率和幅度的信号。这些都说明电路可能产生了自激振荡。自激振荡的出现会对放大电路正常工作产生不良影响，甚至使放大电路无法正常工作。此时可通过适当调整电路布线，减小寄生耦合，适当降低开环增益和反馈量来消除自激，目前不少集成运放已在内部接有补偿网络，使用中不需要外接补偿网络，而有些集成运放留有外接补偿网络端，应根据需要接入 C 或 RC 补偿网络。若电路中产生了低频自激振荡，可在公共电源电路接入去耦合滤波电路来消除。

本章小结

1. 在放大电路中，把输出信号的一部分或全部送到输入回路的过程称为反馈。它主要由基本放大电路和反馈电路两部分组成。反馈有正、负反馈之分。为了改善放大电路的性能，通常引入负反馈。

2. 负反馈对放大电路的性能有广泛的影响：电压负反馈稳定输出电压，减小输出电阻；电流负反馈稳定输出电流，输出电阻增大。串联负反馈输入电阻增大；并联负反馈输入电阻减小。实际应用中可根据需要引入不同方式的反馈。

3. 负反馈放大电路有四种组态。对其分析可分为两步，即首先判断反馈的组态，其次根据反馈组态分析该放大电路的主要特性。

4. 直流负反馈可以稳定静态工作点，交流负反馈能提高闭环电压增益的稳定性，展宽通频带，减小非线性失真，改变放大电路的输入、输出电阻。负反馈改善放大器性能是以牺牲增益为代价的。

5. 深度负反馈放大电路的特点及性能估算

负反馈放大电路性能的改善与反馈深度 (1+AF) 的大小有关，其值越大，性能改善越显著。当 (1+AF) >>1 时，称为深度负反馈。深度串联负反馈的输入电阻很大，深度并联负反馈的输入电阻很小，深度电压负反馈的输出电阻很小，深度电流负反馈的输出电阻很大。在深度负反馈放大电路中，由此可引出两个重要概念，即深度负反馈放大电路中基本放大电路的两输入端可以近似看成短路和断路，称为“虚短”和“虚断”。利用“虚短”和“虚断”可以很方便地求得深度负反馈放大电路的闭环电压放大倍数。

习题

1. 引入负反馈后输出信号的幅度会减小。若为了提高电路增益，放大器能否采用正反馈呢？

2. 既然负反馈可以减小非线性失真，那么放大器工作点是不是就可以随意设置了？

3. 一个电压串联负反馈放大电路的开环电压放大倍数 $A_u=10^3$，开环电压反馈系数 $F_u=0.01$。

（1）求闭环电压放大倍数 A_{uf}；

（2）若 $|A_u|$ 下降了 20%，此时的闭环电压放大倍数 A_{uf} 是多少？

4. 试判断图 4-22 所示电路是否存在反馈；若存在，请指出是正反馈还是负反馈？是直流反馈还是交流反馈？是电压反馈还是电流反馈？是串联反馈还是并联反馈（设图中所有电容对交流信号均可视为短路）？

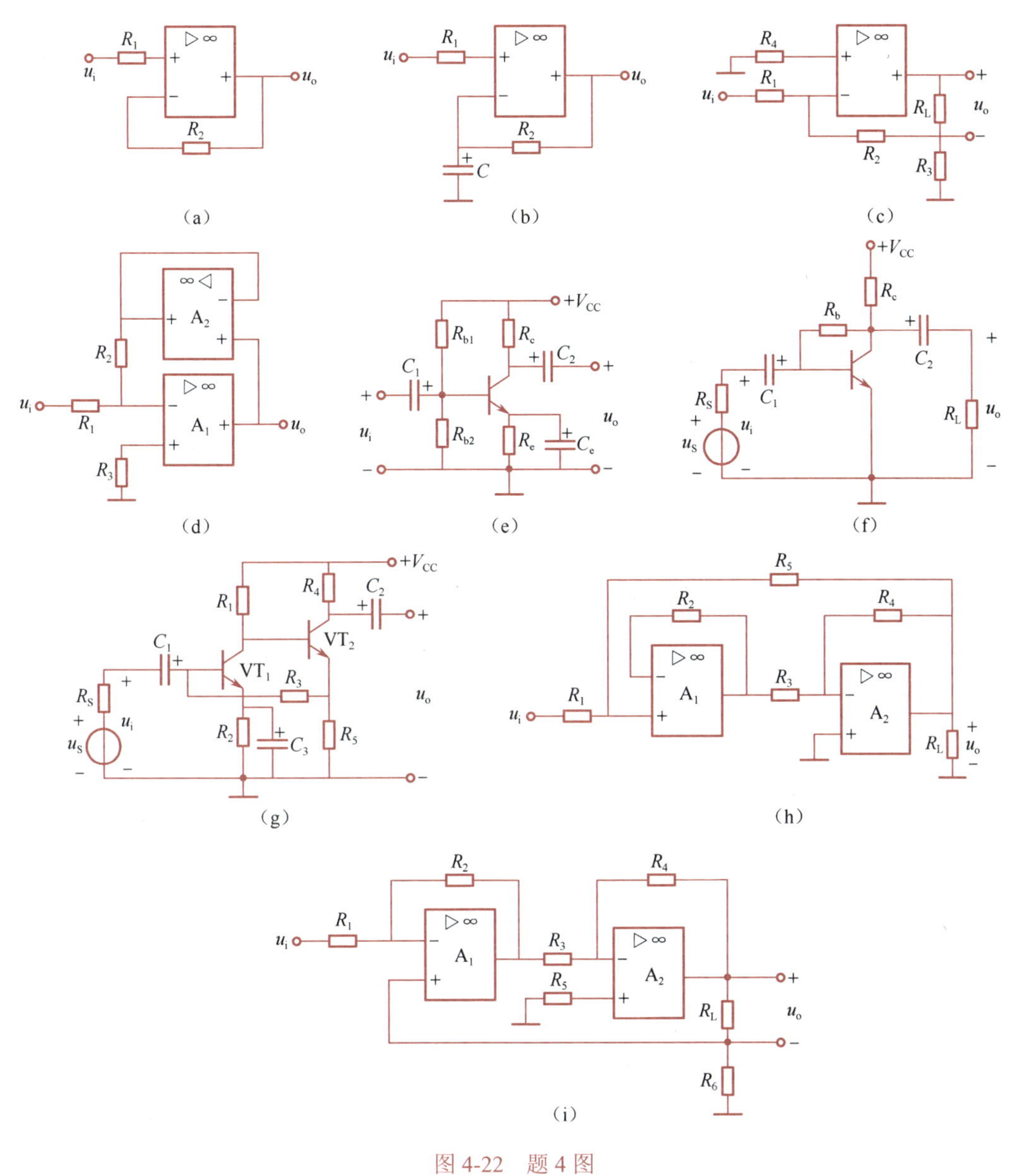

图 4-22　题 4 图

5．在图 4-23 所示电路中，要求：（1）使电路带负载能力增强；（2）信号源向放大电路提供的电流要小。试问应在电路中引入何种类型的负反馈？请在图上画出反馈网络的连接。

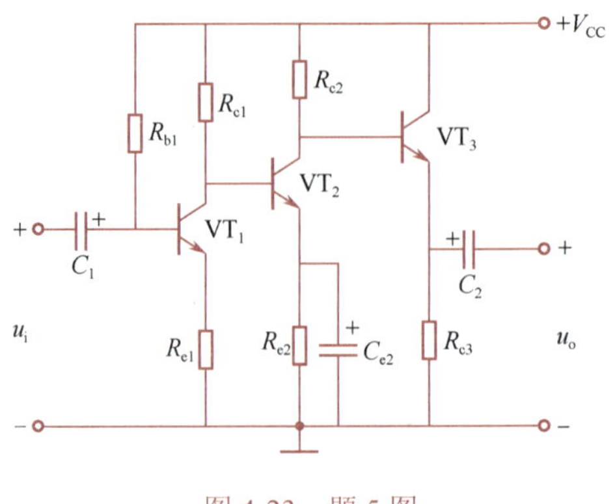

图 4-23　题 5 图

6．反馈放大电路如图 4-24 所示，试判断各图中反馈的极性、组态，并求出深度负反馈下的闭环电压放大倍数。

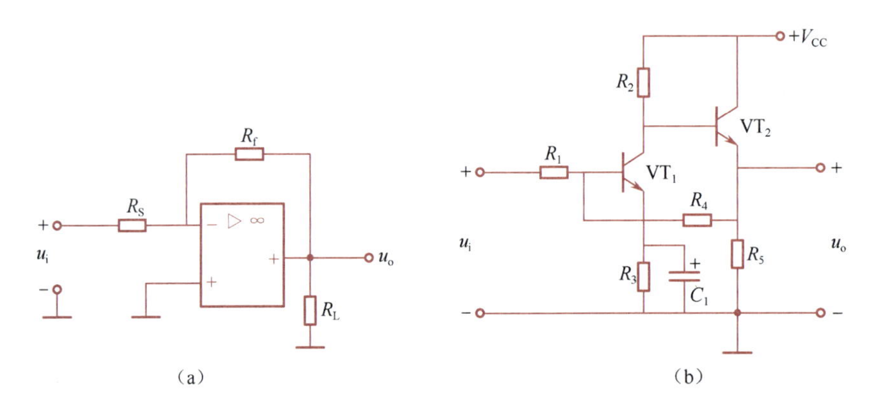

图 4-24　题 6 图

第 5 章　功率放大电路

知识目标

- 了解甲类、乙类和甲乙类功率放大电路的特点。
- 理解乙类双电源互补功率放大电路（OCL 电路）的组成、工作原理及存在的问题。
- 理解采用甲乙类单电源、互补对称功率放大电路（OTL 电路）的工作原理。
- 理解平衡式推挽功率放大电路（BTL 电路）的工作原理。
- 了解集成功率放大电路的特点和应用。

技能目标

- 能根据电路要求合理选择功放管。
- 会估算功率放大电路的输出功率、效率等性能指标。
- 能对实用功率放大电路进行装配、调试和检测。

功率放大电路属于大信号放大电路，目的是向负载提供足够大的功率。按照静态工作点 Q 的设置不同，可分为甲类、乙类、甲乙类和丙类功率放大器。互补功率放大器有OCL、OTL 和 BTL 三种类型。本章首先讨论功率放大器的分类，然后讨论互补功率放大器的组成、工作原理及应用，最后简要介绍集成功率放大器。

任务　语音倒车报警器电路

一、任务目标

通过语音倒车报警器的装配与调试，了解集成功率放大电路的特点和应用。

二、任务要求

将语音信号压缩储存在集成电路中，设计语音倒车报警器，当汽车倒车时，能重复发出声音，以此提醒过往行人或车辆避让而确保车辆安全倒车。

三、任务实现

当汽车倒行时，为了警告车后的行人和其他车辆，除了尾部装备倒车灯之外，部分汽车还有倒车蜂鸣器或语音倒车报警器。

倒车蜂鸣器或语音倒车报警器及倒车灯的电源电路均受安装在变速器盖上的倒车灯开关控制。当变速器换挡杆拨入“倒挡”位置时，倒车蜂鸣器或语音倒车报警器及倒车灯才能接通电源工作。

随着集成电路技术的发展，将语音信号压缩储存在集成电路中已成为可能，从而出现了会说话的倒车报警器，即语音倒车报警器。当汽车倒车时，能重复发出“倒车，请注意！”的声音，以此提醒过往行人或车辆避让而确保车辆安全倒车。

语音倒车报警器电路如图 5-1 所示，HFC5209 是存储语音信号的集成电路，LM386N 是功率放大集成电路，稳压管 VD_Z 用于稳定 HFC5209 的工作电压。为了防止电源电压接反，在电源的输入端使用了四只整流二极管组成的桥式整流电路，这样无论 12V 电源怎样接入，均可保证整个电路正常工作。

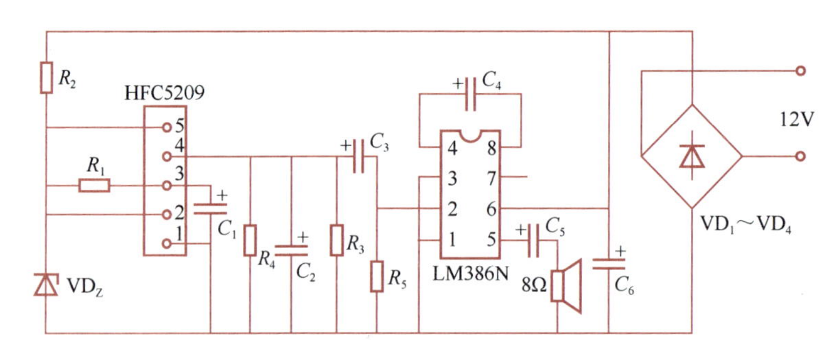

图 5-1　语音倒车报警器电路

当汽车换挡杆拨入“倒挡”时，倒车灯开关接通电源，电源由四只二极管（VD_1 ～ VD_4）组成的桥式整流电路提供，语音信号集成电路 HFC5209 的输出端（4 端）输出一定幅度的语音信号电压，C_2、C_3 及 R_3、R_4、R_5 组成的阻容电路消除语音信号电压的杂音，改善音质，

同时将此信号耦合到集成放大电路 LM386N 的输入端（2 端），LM386N 对信号进行功率放大，通过喇叭输出，即可发出清晰的“倒车，请注意！”的声音。

语音倒车报警器具有体积小、成本低、声音清晰的优点，因此特别适合于车身较长、倒车视野不便观察的大客车和载货汽车采用。

元件清单：

- R_1　330kΩ　（1/8）W 碳膜电阻器
- R_2　330Ω　（1/8）W 碳膜电阻器
- R_3　200Ω　（1/8）W 碳膜电阻器
- $R_4 \sim R_5$　10kΩ　（1/8）W 碳膜电阻器
- C_1　50pf/25V　涤纶或独立电容
- C_2　4.7μF/25V　铝电解电容
- C_3　0.22μF/25V　涤纶或独立电容
- C_4　10μF/25V　铝电解电容
- $C_5 \sim C_6$　100μF/25V　铝电解电容
- $VD_1 \sim VD_4$　1N4001　整流二极管
- VD_Z　2DW52　稳压二极管
- LM386N　功率放大集成电路
- HFC5209　语音集成电路

5.1　功率放大电路的作用及基本要求

5.1.1　功率放大电路的作用

在实际工程中，往往要利用放大后的信号去控制某种执行机构，例如，使扬声器发音，使电动机转动，使仪表指针偏转，使继电器闭合或断开等。为了控制这些负载，要求放大电路既要有足够大的电压输出，又要有足够大的电流输出，也就是有足够的功率输出。因此，多级放大电路的末级通常为功率放大电路。

功率放大电路和电压放大电路在本质上没有什么区别，它们都是在控制能量转换，即通过输入信号控制晶体管，把直流电源的能量按照输入信号的变化传递给负载，使其按一定的要求工作。它们的不同之处，电压放大器注重能把微弱的输入信号幅度稳定地放大到负载工作需要的幅度，而功率放大器则注重将电源提供的能量尽可能多地传递给负载。由于侧重点不同，所以电路工作状态也就不同，电压放大器通常工作于小信号条件下，而功率放大器则工作于大信号条件下。对电压放大器的要求是在电路工作稳定的前提下尽可能使电压放大倍数最大，而对功率放大器的要求则是输出功率尽量大、效率最高。

5.1.2　功率放大电路的基本要求

1. 电路有较低的输出阻抗

当电源的电动势一定时，电源的内阻越小，电路的输出阻抗越低，提供给负载的输出功率就越大，消耗在内阻上的功率就越少。

2. 电路有足够大的输出功率

功率放大电路的主要任务是在允许的非线性失真范围内，尽可能大地输出交流功率，以推动负载工作。为了得到足够大的输出功率，晶体管工作时的电压和电流应尽可能接近极限参数。

3. 电路的效率要高

功率放大电路的输出功率是由直流电源功率转换而来的。在转换过程中，一部分转换成负载的有用功率，即输出功率；另一部分则为晶体管、电阻的损耗。功率放大电路的效率是指负载上得到的信号功率与电源供给的直流功率之比，用 η 表示，则

$$\eta=\frac{P_o}{P_E}\times 100\% \tag{5-1}$$

式（5-1）中，P_o 为放大电路的交流输出功率；P_E 为直流电源提供的直流功率。η 值越大，放大电路的转换效率越高。

4. 电路的非线性失真要小

功率放大电路是在大信号下工作的，信号的作用范围接近晶体管的截止区和饱和区，使功率放大器产生较大的非线性失真。因此，把非线性失真限制在允许的范围内，是设计功率放大电路时必须考虑的问题。在实际应用中，要采取措施减小失真，使之满足负载的要求。

5. 电路的散热性能要好

在功率放大电路中，晶体管的集电结因消耗功率使结温和管壳温度升高。当温度超过晶体管规定的允许结温时，管子会因受热而不能正常工作，甚至损坏。因此要对管子进行散热保护，最常用的方法就是加装散热片，还可以在电路中加上电流保护环节。

5.1.3 功率放大电路的分类

功率放大电路根据功率放大管工作点的不同分为甲类、乙类和甲乙类功率放大电路，如图 5-2 所示。

甲类功率放大电路的工作点设置在放大区的中间，如图 5-2（a）所示。这种电路的优点是在输入信号的整个周期内，晶体管都处于导通状态，输出信号失真较小；缺点是晶体管静态电流 I_{CQ} 较大，管耗 P_C 大，电路能量转换效率低。

乙类功率放大电路的工作点设置在截止区，如图 5-2（b）所示。由于晶体管的静态电流 I_{CQ}=0，只能对半个周期的输入信号进行放大，具有转换效率高但失真大等特点。实际应用时，需要使用两个功放管组合起来交替工作，合成出一个完整的信号。

甲乙类功率放大电路的工作点设在放大区，但接近截止区，如图 5-2（c）所示，即晶体管处于微导通状态。它可以有效克服乙类功率放大电路的交越失真问题，能量转换效率较高，是应用非常广泛的一种功率放大器。

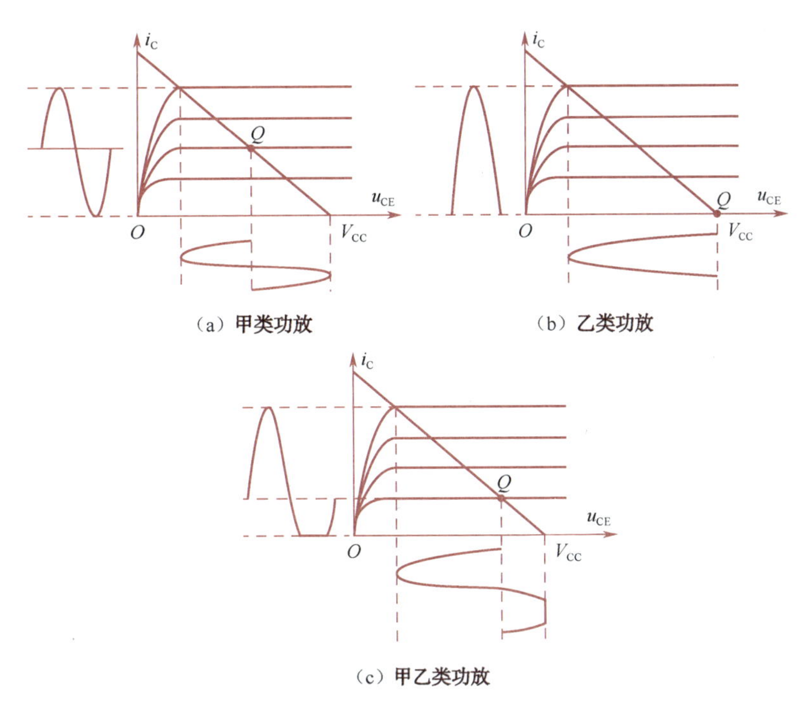

图 5-2　功率放大电路的分类

5.1.4　功率放大电路的组成

1. 功率放大电路的组成框图

图 5-3 所示是音频功率放大器组成框图。这是一个多级放大器，由最前面的电压放大级、中间的推动级和最后的功放输出级共三部分电路组成。

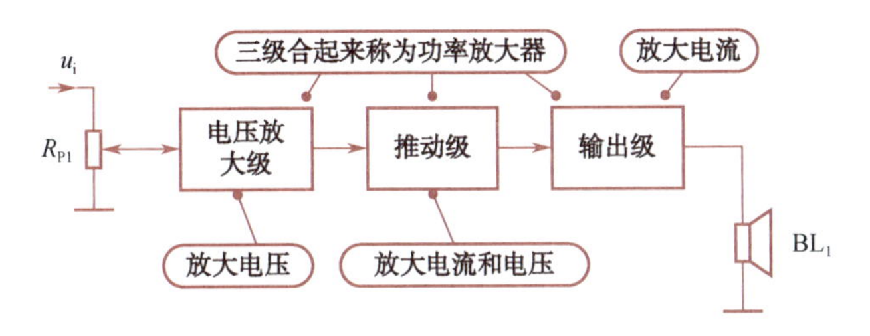

图 5-3　功率放大器电路组成方框图

2. 功率放大电路各单元的作用

（1）音量控制器。音响控制器 R_{P1} 用来控制输入功率放大器的信号大小，从而可以控制功率放大器输出到扬声器中的信号功率大小，达到控制声音大小（音量）的目的。

（2）电压放大级。该级对输入信号进行电压放大，使加到推动级的信号电压达到一定的程度。根据负载对输出功率要求的不同，电压放大器的级数不等，可以只有一级电压放大器，也可以采用多级电压放大器。

（3）推动级。该级用来推动功放输出级，对信号电压和电流进行进一步放大，有的推动级还要完成输出两个大小相等、方向相反的推动信号。推动放大器也是一级电压、电流放大器，它工作在大信号放大状态下。

（4）输出级。该级用来对信号进行电流放大。电压放大级和推动级对信号电压已进行了足够的电压放大，输出级再进行电流放大，以达到对信号功率放大的目的，这是因为输出信号功率等于输出信号电流与电压之积。

（5）扬声器。扬声器是功率放大器的负载，功率放大器输出信号用来激励扬声器（或音箱）发出声音。

5.2 互补对称功率放大电路

5.2.1 乙类双电源互补对称功率放大电路（OCL 电路）

1. OCL 电路的组成

互补对称功率放大电路有多种类型，最常见的是图 5-4（c）所示的乙类互补对称功率放大电路（OCL 电路），图 5-4（a）、（b）所示分别为 NPN 型晶体管和 PNP 型晶体管构成的射极输出器的工作波形，由前面的章节可知射极输出器无电压放大作用，但有电流和功率放大作用。

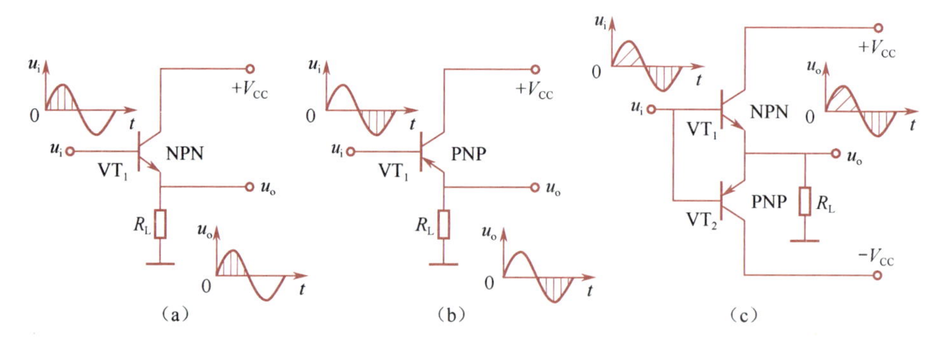

图 5-4　由两个射极输出器组成的互补对称功率放大电路

2. 工作原理

如图 5-4（c）所示，VT_1、VT_2 两管特性相同，静态时，即 $u_i=0$ 时，VT_1、VT_2 均处于零偏置，两管的 I_{BQ}、I_{CQ} 均为零，因此，输出电压 $u_o=0$，此时电路不消耗功率。因为每个管子都工作在乙类放大状态，且管子类型互补，需要正、负两组电源供电，故该电路称为乙类双电源互补对称功率放大电路（Output Capacitor Less，即无输出电容器）。

动态时，即当放大电路有正弦信号 u_i 输入时，在 u_i 的正半周，VT_1 因发射结正偏而导通，VT_2 因反射结反偏而截止，V_{CC} 通过 VT_1 向负载 R_L 提供 i_{c1}，产生输出电压 u_o 的正半周；在 u_i 的负半周，VT_1 因发射结反偏而截止，VT_2 因反射结正偏而导通，$-V_{CC}$ 通过 VT_2 向负载 R_L 提供 i_{c2}，产生输出电压 u_o 的负半周，如图 5-4（c）所示。这种类型的电路在一个周期内两个管子轮流导通半个周期，分别控制两个电源在正、负半周相关的时间段内向负载提供能量。可见，静态时没有能量消耗，所以有较高的效率。在忽略管子饱和压降的条件

下，其理论效率可达 78.5%，实际应用中，由于管子的饱和压降和电路元件的损耗等因素，其实际效率一般不超过 60%。

3. 功率和效率的估算

（1）输出功率 P_o

当输入正弦信号 u_i，忽略电路失真时，输出电流 i_o 和输出电压 u_o 有效值的乘积，就是功率放大器的输出功率。即

$$P_o=I_o U_o=\frac{I_{om}}{\sqrt{2}}\frac{U_{om}}{\sqrt{2}}=\frac{1}{2}\times\frac{U^2_{om}}{R_L} \tag{5-2}$$

式（5-2）中，$I_{om}=\frac{U_{om}}{R_L}$。

当晶体管进入临界饱和时，输出电压 U_{om} 最大，其大小为

$$U_{omax}=V_{CC}-u_{CES}$$

若忽略 u_{CES}，则

$$U_{omax}=V_{CC}$$

所以乙类互补对称功率放大电路最大不失真输出功率为

$$P_{omax}=\frac{U^2_{omax}}{2R_L}=\frac{(V_{CC}-u_{CES})^2}{2R_L}\approx\frac{1}{2}\times\frac{V^2_{CC}}{R_L} \tag{5-3}$$

（2）直流电源提供的功率 P_{DC}

两个电源各提供半个周期的电流，故每个电源提供的平均电流为

$$I_{DC}=\frac{1}{2\pi}\int_0^{\pi} I_{om}\sin(wt)\mathrm{d}(wt)=\frac{I_{OM}}{\pi}=\frac{U_{om}}{\pi R_L} \tag{5-4}$$

两个电源提供的功率为

$$P_{DC}=2I_{DC}V_{CC}=\frac{2}{\pi R_L}U_{om}V_{CC} \tag{5-5}$$

输出功率最大时，电源提供的功率也最大，在忽略 u_{CES} 时，则

$$P_{DCmax}=\frac{2V^2_{CC}}{\pi R_L} \tag{5-6}$$

（3）效率 η

输出功率与电源提供的功率之比称为电路的效率。在理想情况下，电路的最大效率为

$$\eta_{max}=\frac{P_{omax}}{P_{DCmax}}\times 100\%=\frac{\pi}{4}\times 100\%\approx 78.5\% \tag{5-7}$$

（4）最大管耗 P_{CM}

通过分析推导，可知每个管子的最大功耗为

$$P_{cm1}=P_{cm2}\approx 0.2\,P_{omax} \tag{5-8}$$

4. 交越失真

在 OCL 电路中，由于电路的静态工作点 Q 选择在晶体管的截止区，所以 VT_1、VT_2 管没有基极偏流，静态时 $U_{BEQ1}=U_{BEQ2}=0$，当输入电压 u_i 小于晶体管的死区电压时，管子

仍处于截止状态。因此，在输入信号的一个周期内，VT_1、VT_2 轮流导通时形成的基极电流在过零点附近区域时出现失真，从而使输出电流和输出电压的波形出现同样的失真，这种失真称为交越失真，如图 5-5 所示。

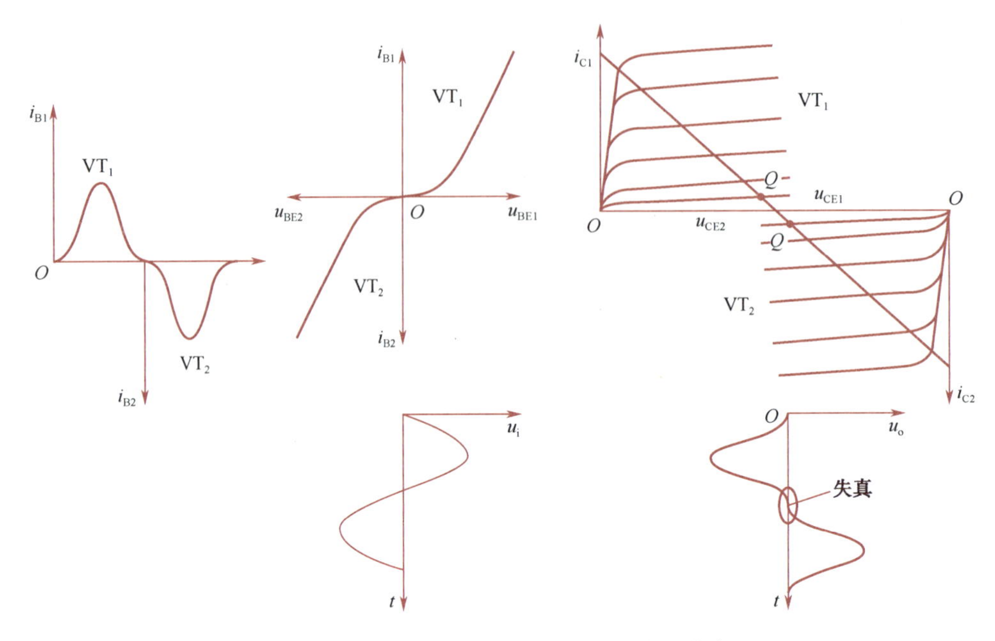

图 5-5　乙类互补对称功率放大器的交越失真

5. 甲乙类双电源互补对称功率放大电路

为了消除交越失真，可分别给两只晶体管的发射结加很小的正偏压，即使两管在静态时处于微导通状态，两管在轮流导通时，在交替处就比较平滑，从而减少了交越失真，但此时管子已工作在甲乙类放大状态。在实际电路中，静态电流通常取得很小，所以这种电路仍可用乙类互补对称电路的有关公式近似估算输出功率和效率等指标。

图 5-6 所示是利用二极管提供偏置电压的甲乙类互补对称功率放大电路，图中，在 VT_1、VT_2 基极间串入了两个二极管 VD_1、VD_2 和小电阻 R_2，加入了偏置电阻 R_1 和 R_3，适当选择 R_2 使 VT_1、VT_2 之间的电压值略大于 VT_1 和 VT_2 死区电压之和，利用两个二极管的正向直流电压降和小电阻 R_2 的偏压给两个晶体管 VT_1、VT_2 提供静态偏置电压。把两个二极管用一个固定电阻代替也可以达到同样的目的，但对交流信号有一定影响，原因是电阻对直流和交流均有电压降；而二极管直流电压降固定，动态电阻很小，交流信号在其上的电压降很小，由此保证两个晶体管基极的交流信号大小仍近似相等，使两管交替对称导通。R_1 和 R_3 两个偏置电阻在这里起限流的作用。

6. 复合管

在互补对称功率放大电路中，当输出功率要求较大时，功放管需要大功率管，要求功放管输出较大电流。如果功放管的电流放大系数 β 值不大，则需要较大的基极推动电流，这个电流靠前置小功率电压放大电路提供很困难；同时，为保证信号正、负半周的对称放大，要求两只推挽功放管的参数完全匹配，但两管类型不同，要做到这一要求也比较困难，

在实际电路中常采用复合管来实现以上要求。

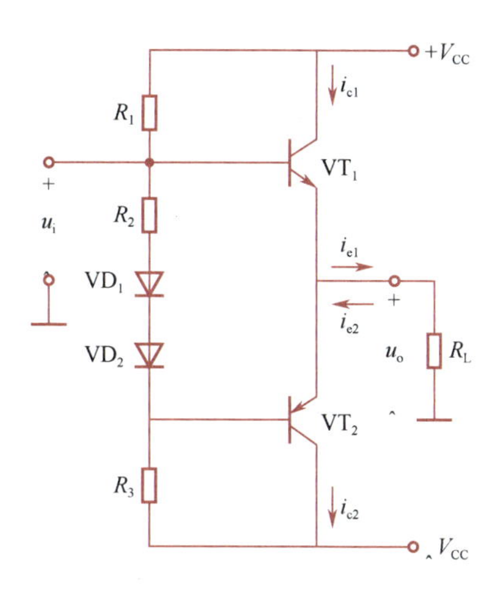

图 5-6　甲乙类互补对称功率放大电路

复合管是由两只或两只以上的晶体管按照一定的连接方式组成的一只等效晶体管，又称为达林顿管。复合管的类型与组成该复合管的第一只管子相同。表 5-1 所示为常见的四种复合管。复合管的电流放大系数 β 近似为组成该复合管各晶体管 β 值的乘积，即 $\beta=\beta_1\times\beta_2$。

表 5–1　复合管的常见类型

复合管电流	等效电路	说明
VT_1 VT_2	PNP型	两只同极性 PNP 型晶体管构成的复合管，等效成一只 PNP 型晶体管
VT_1 VT_2	NPN型	两只 NPN 型晶体管构成的复合管，等效成一只 NPN 型晶体管
VT_1 VT_2	PNP型	VT_1 是 PNP 型晶体管，VT_2 为 NPN 型晶体管，是不同极性晶体管构成的复合管，等效成一只 PNP 型晶体管
VT_1 VT_2	NPN型	不同极性构成的复合管，VT_1 是 NPN 型晶体管，VT_2 为 PNP 型晶体管，等效成一只 NPN 型晶体管

复合管虽有电流放大倍数高的优点，但复合管的集电极 – 发射极反向截止电流（俗称穿透电流）I_{CEO} 较大，且高频特性变差。这是因为 VT_1 的 I_{CEO1} 全部流入了 VT_2 基极，经 VT_2 放大后从其发射极输出后的值很大。晶体管 I_{CEO} 越大，对晶体管的稳定工作越不利。为了减小复合管的穿透电流，常采用图 5-7 所示电路，通过 R_1、R_2 的作用抑制穿透电流。

R_1 作用：接入分流电阻 R_1 后，使 VT_1 输出的部分 I_{CEO} 经 R_1 分流到地，减少了流入 VT_2 基极的电流量，达到减小复合管 I_{CEO} 的目的。当然，R_1 对 VT_1 输出信号也同样存在分

流衰减作用。

R_2 作用：电阻 R_2 构成 VT_2 发射极电流串联负反馈电路，用来减小复合管的 I_{CEO}，因为加入电流负反馈能够稳定复合管的输出电流，从而抑制复合管的 I_{CEO}。

另外，串联负反馈有利于提高 VT_2 的输入电阻，这样 VT_1 管的 I_{CEO} 流入管 VT_2 基极的量更少，流过 R_1 的量更多，进一步减小了复合管的穿透电流 I_{CEO}。

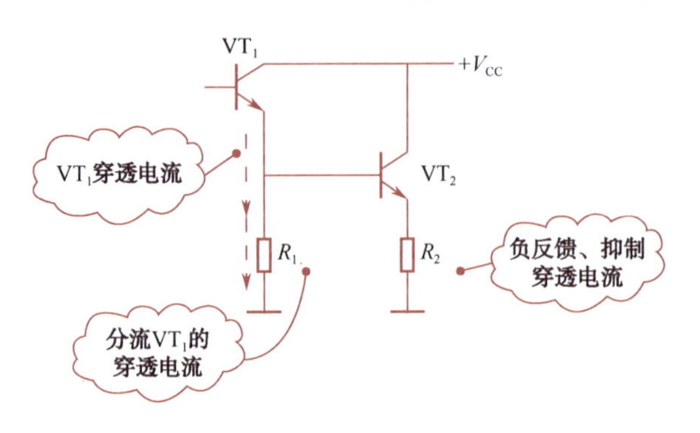

图 5-7　减小复合管 I_{CEO} 的电路措施

图 5-8 所示为集成功率放大器 LM386 的内部电路，该电路由输入级、中间级和输出级等组成。输入级由 VT_2、VT_4 组成双端输入单端输出差分电路；VT_3、VT_5 组成镜像电流源，作为 VT_2、VT_4 的有源负载；VT_1、VT_6 是射极跟随器，VT_7 ～ VT_{10}、VD_1 ～ VD_2 为功率放大电路；VT_7 为驱动级（I_C 为恒流源负载）；VD_1、VD_2 用于消除交越失真；VT_8、VT_{10} 构成 PNP 型复合管，与 VT_9 组成准互补对称功率放大器；1、8 端开路时，负反馈最强，整个电路的电压放大倍数 A_u=20，若在 1、8 端间外接旁路电容，以短路 R_5 两端的交流压降，可使电压放大倍数提高到 200。

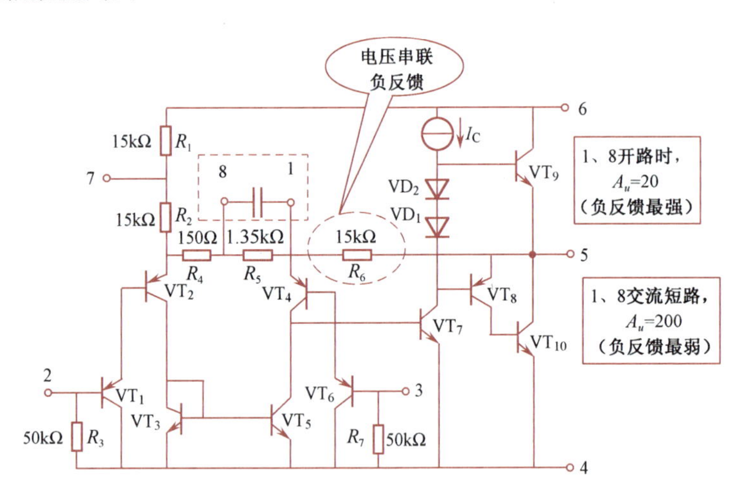

图 5-8　LM386 内部电路

7. 互补对称功放电路中的功率管配对及选用

互补对称放大电路要求推挽或互补电路左右（或上下）结构对称，两只功放管的性能参数应尽量一致，以确保放大后的信号波形失真小。

乙类互补对称功放（OCL）的功放管的选择原则如下：

（1）互补对管一般应采用不同导电类型的对管，即一只用 NPN 型管，另一只用 PNP 型管。

（2）两管的额定性能参数，包括额定功率 P_o、额定工作电压 V_{CC}、额定工作电流 I_C、特征频率 f_T、电流放大系数 β 应尽量一致。

（3）功放管的极限参数 P_{CM}、I_{CM}、$U_{BR(CEO)}$ 应满足以下条件。

① 功放管集电极的最大允许功耗 P_{CM} 应满足：

$$P_{CM} \geqslant 0.2P_{om} \tag{5-9}$$

其中，P_{om} 是单管最大输出输出功率，$P_{om}=\dfrac{V_{CC}^2}{2R_L}$。

② 功放管的集电极 – 发射极间反向击穿电压应满足：

$$U_{BR(CEO)} \geqslant 2V_{CC} \tag{5-10}$$

③ 功放管最大集电极电流 I_{CM} 应满足：

$$I_{CM} \geqslant \frac{V_{CC}}{R_L} \tag{5-11}$$

（4）互补对管在使用前应仔细挑选、配对，有条件的话，应进行测试。

5.2.2　单电源互补对称功率放大电路（OTL 电路）

图 5-6 所示互补对称功率放大电路需要正、负两个电源。但在实际电路中，如收音机、扩音机等，为了简便，常采用单电源供电。为此，可采用图 5-9 所示单电源供电的互补对称功率放大电路。这种形式的电路无输出变压器，而有输出耦合电容，简称为 OTL 电路（Output Transformer Less，即无输出变压器）。

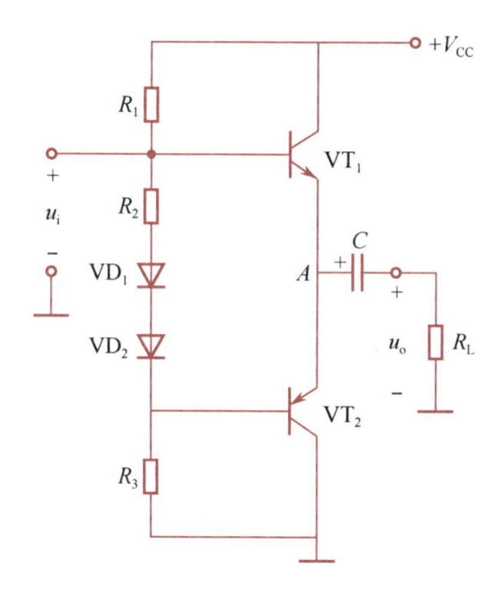

图 5-9　单电源互补对称功率放大电路

在图 5-9 所示电路中，VT_1、VT_2 两管特性相同，电路上、下对称。静态时，两管发射极电位为电源电压的一半，即 $u_A=\dfrac{V_{CC}}{2}$，电容 C 上的充电电压 $u_C=\dfrac{V_{CC}}{2}$，负载中没有电流。当输入正弦信号 u_i 时，在 u_i 的正半周，VT_1 导通，VT_2 截止，VT_1 以射极输出的方式向负

载提供电流 $i_o=i_{c1}$，使负载 R_L 上得到正半周输出电压，同时对电容 C 充电。在 u_i 的负半周，VT_1 截止，VT_2 导通，电容 C 通过 VT_2、R_L 放电，VT_2 也以射极输出的方式向 R_L 提供电流 $i_o=i_{c2}$，在负载 R_L 上得到负半周输出电压，由此在负载 R_L 上得到完整的输出波形。电容 C 为电解电容，有隔直耦合作用，电容 C 的容量要足够大，其电压基本不变，在负半周起着负电源$\left(-\dfrac{V_{CC}}{2}\right)$的作用，$C$ 和 R_L 不能短路，否则很容易损坏功率管。

因为晶体管的工作电压实际上为$\dfrac{V_{CC}}{2}$，可以推导出 OTL 电路输出的最大功率为

$$P_{omax} \approx \frac{1}{8} \times \frac{V_{CC}^2}{R_L} \tag{5-12}$$

5.2.3　平衡式推挽功率放大电路（BTL 电路）

OCL 和 OTL 电路的效率都很高，但是电源的利用率都不高，其主要原因是在输入正弦信号时，每半个周期中电路只有一个晶体管和一半电源在工作。为了提高电源的利用率，也就是在较低的电源电压作用下，使负载获得较大的输出功率，可采用平衡式推挽功率放大电路，又称为 BTL 电路（Balanced Transformer Less，BTL）。BTL 电路如图 5-10 所示，该电路单电源供电，四只管子特性对称。

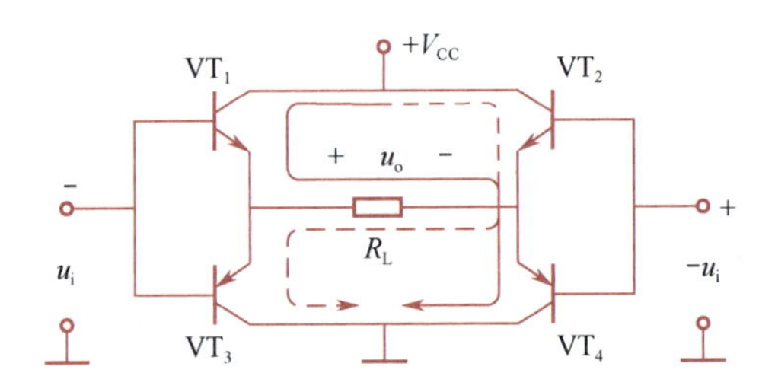

图 5-10　平衡式推挽功率放大电路

静态时，电桥平衡，四只晶体管均截止，输出电压为零，负载 R_L 中无直流电流。动态时，桥臂对管轮流导通。在 u_i 正半周，VT_1、VT_4 导通，VT_2、VT_3 截止，流过负载 R_L 的电流如图中实线所示；在 u_i 负半周，VT_1、VT_4 截止，VT_2、VT_3 导通，流过负载 R_L 的电流如图中虚线所示。忽略饱和压降，两个半周合成，在负载上即可得到幅度为 V_{CC} 的输出信号电压，负载上获得的最大交流功率 $P_{omax}=\dfrac{V_{CC}^2}{2R_L}$，所以在同等电源条件下，BTL 电路输出的最大功率是 OCL（OTL）电路的 4 倍。

5.3　集成功率放大电路

5.3.1　集成功率放大电路简介

集成功率放大电路品种繁多，它除了具有一般集成电路的共同特点，如轻便小巧、成本低廉、外部接线少、使用方便和可靠性高外，还具有温度稳定性好、电源利用率高、功

耗较低、非线性失真较小等特点，另外还可以将各种保护电路，如过流保护、过热保护及过压保护等也集成在芯片内部，使用更加安全。

集成功放的种类很多，从用途划分，有通用型功放和专用型功放，前者适用于各种不同的场合，用途比较广泛；后者专为某种特定的需要而设计，如专用于收音机、录音机或电视机的功率放大电路等。从芯片内部的构成划分，有单通道功放和双通道功放，后者可用于立体声音响设备中。从输出功率划分，有小功率功放和大功率功放等，有的集成功放输出功率在 1W 以下，而有的集成功放输出功率可高达几十 W。

5.3.2 集成功率放大器 LM386

集成功率放大器 LM386 具有体积小、工作稳定、易于安装和调试的优点，其内部电路如图 5-8 所示，了解其外特性和外线路的连接方法，就能组成实用电路，应用十分广泛。

1. 引脚及参数

LM386 是小功率音频集成功放，其外形如图 5-11（a）所示，采用 8 脚双列直插式塑料封装，管脚如图 5-11（b）所示，4 脚为接地端，6 脚为电源端，2 脚为反相输入端，3 脚为同相输入端，5 脚为输出端，7 脚为去耦端，1、8 脚为增益调节端。外特性：额定工作电压为 4 ～ 16V，当电源电压为 6V 时，静态工作电流为 4mA，适合用电池供电。频响范围可达数百千赫。最大允许功耗为 660mW（25℃），不需散热片。工作电压为 4V，负载电阻为 4Ω 时，输出功率（失真为 10%）为 300mW。工作电压为 6V，负载电阻为 4Ω、8Ω、16Ω 时，输出功率分别为 340mW、325mW、180mW。

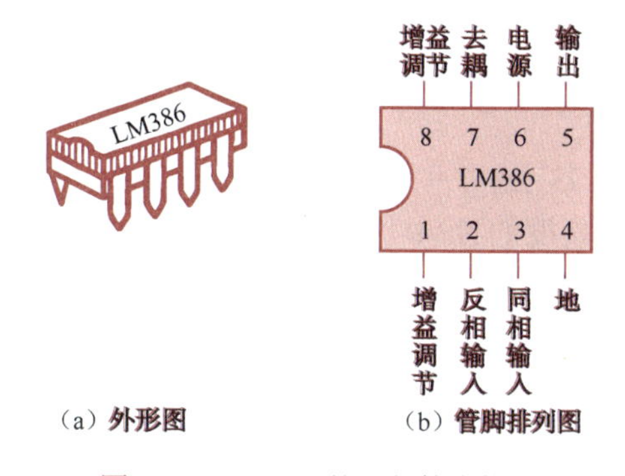

图 5-11 LM386 外形与管脚排列

2. 用 LM386 组成 OTL 应用电路

用 LM386 组成的 OTL 电路如图 5-12 所示，4 脚接地，6 脚接电源（6 ～ 9V），2 脚接地，信号从同相输入端 3 脚输入，5 脚通过 220μF 电容向扬声器 R_L 提供信号功率，7 脚接 20μF 去耦电容。1、8 脚之间接 10μF 电容和 20kΩ 电位器，用来调节增益。

3. 用 LM386 组成 BTL 电路

用 LM386 组成的 BTL 电路如图 5-13 所示，两集成功放 LM386 的 4 脚接地，6 脚接电源，3 脚与 2 脚互为短接，其中输入信号从一组（3 脚和 2 脚）输入，5 脚输出分别接扬声器 R_L，驱动扬声器发出声音。BTL 电路的输出功率一般为 OTL、OCL 的 4 倍，是目前大功率音响电路中较为流行的音频放大器。图中电路最大输出功率可达 3W 以上。其中，500kΩ 电位器用来调整两集成功放输出直流电位的平衡。

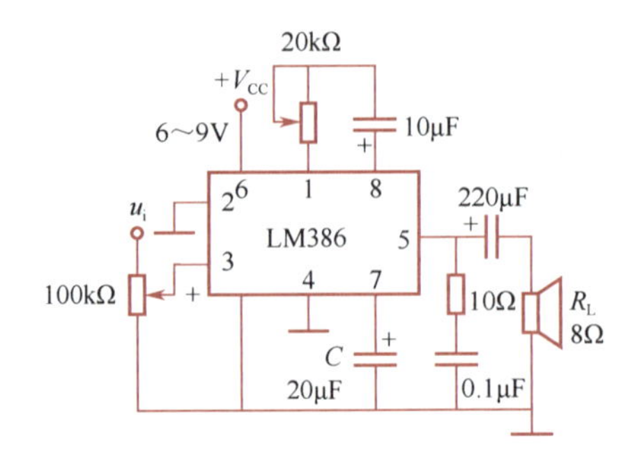

图 5-12　用 LM386 组成 OTL 电路

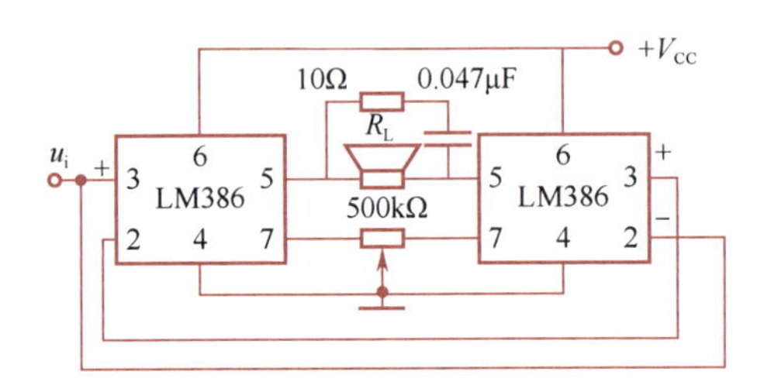

图 5-13　用 LM386 组成 BTL 电路

5.3.3　音频功率放大器 TDA2030

1. TDA2030 简介

TDA2030 是意大利 SGS 公司生产的单片式集成功率放大器（国产型号为 8FG2030），它能提供高保真度的音频功率信号，很适合在双声道收录机和高保真立体声音响设备中作为音频功率放大器使用，在供电源 ±14V 下，输出 P_o=14W（R_L=4Ω），谐波失真为 0.2%。

TDA2030（8FG2030）与其他性能类似的集成功率放大器相比，它的外引脚少（只有 5 个脚），外围元件少，电气性能稳定、可靠，可长时间地连续工作，具有过载保护的热切断保护电路，在发生过载或短路时能很好地进行保护，不会损坏器件。该器件的另一突出优点：在单电源电压下使用时，集成块的散热片可直接固定在金属板上与地线（金属机箱）相连，无须绝缘，安装、使用十分方便。

TTDA2030 外形和引脚排列如图 5-14 所示。1 脚为同相输入端，2 脚为反相输入端，4 脚为输出端，3 脚接负电源，5 脚接正电源。其中 3 脚（$-V_{CC}$ 端）与顶端的散热片相连。在单电源应用时，3 脚接地，即散热片接“地”（金属机箱或壳体）；若为双电源（$+V_{CC}$、$-V_{CC}$）应用，勿将散热片与“地”连接，以免将 $-V_{CC}$ 短路到地。

2. TDA2030 的典型应用电路

（1）双电源（OCL）应用电路

图 5-15 所示电路是双电源时 TDA2030 的典型应用电路。选择 R_3=R_1 的目的是保持两

个输入端的直流电阻平衡，使输入级偏置电流相等。R_1、R_2 为电压串联负反馈电阻，与 C_2 构成交流电压串联负反馈电路；VD_1、VD_2 起保护作用，用来泄放 R_1 产生的感生电压，将输出端的最大电压和最小电压分别钳位在（$+V_{CC}+0.7V$）和（$-V_{CC}-0.7V$）上。C_3、C_4 为去耦电容，用于减少电源内阻对交流信号的影响。C_1 为耦合电容，通交流隔直流。

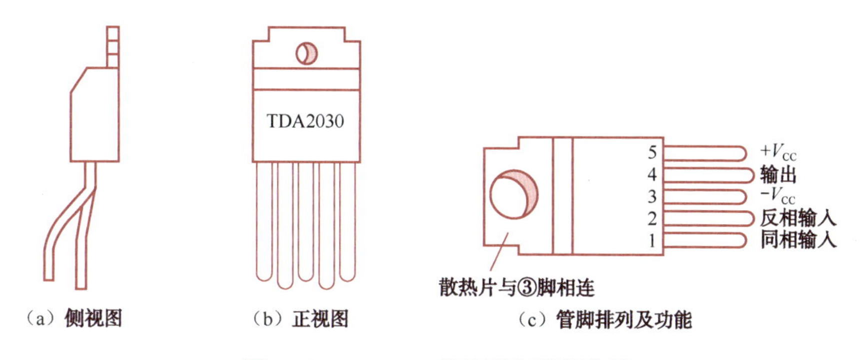

图 5-14　TDA2030 的外形和管脚排列

由集成运放知识可知，图 5-15 所示电路的闭环电压放大倍数为

$$A_{uf}=1+\frac{R_1}{R_2}=1+\frac{22}{0.68}=33$$

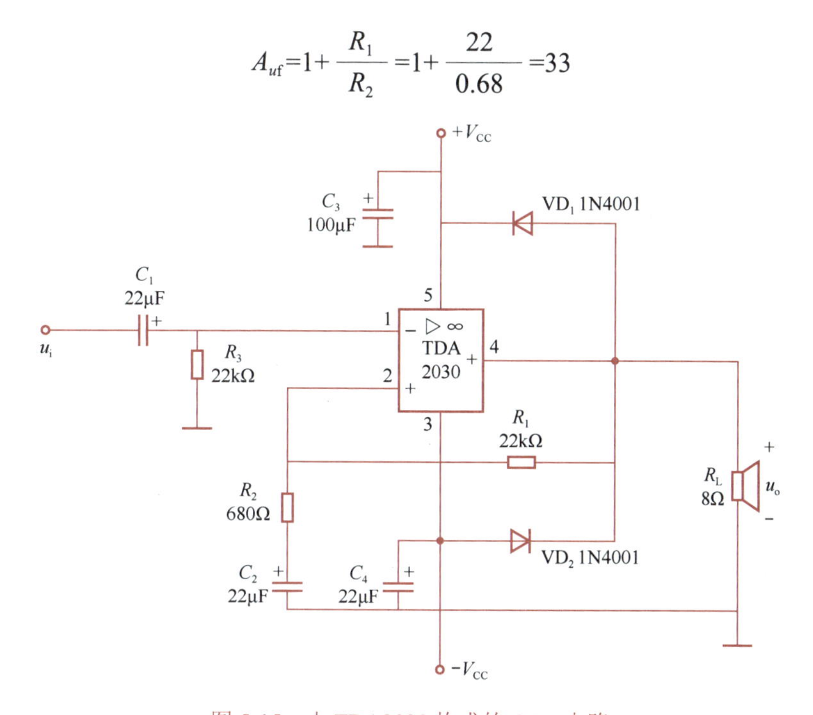

图 5-15　由 TDA2030 构成的 OCL 电路

（2）单电源（OTL）应用电路

图 5-16 所示为单电源 OTL 的应用电路，常用在仅有一组电源的中、小型音响系统中。由于采用单电源供电，故同相输入端用阻值相同的 R_1、R_2 组成分压电路，使 R_2 上的电压为$\frac{V_{CC}}{2}$，经 R_3 加至同相输入端。在静态时，同相输入端、反相输入端和输出端的电压皆为

$\frac{V_{CC}}{2}$。其他元件的作用与双电源电路相同。C_6 是耦合电容，有两个作用：一是把放大后的信号输送给负载；二是在放大负半周信号时起到负电源的作用，静态时其上的电压为$\frac{V_{CC}}{2}$。

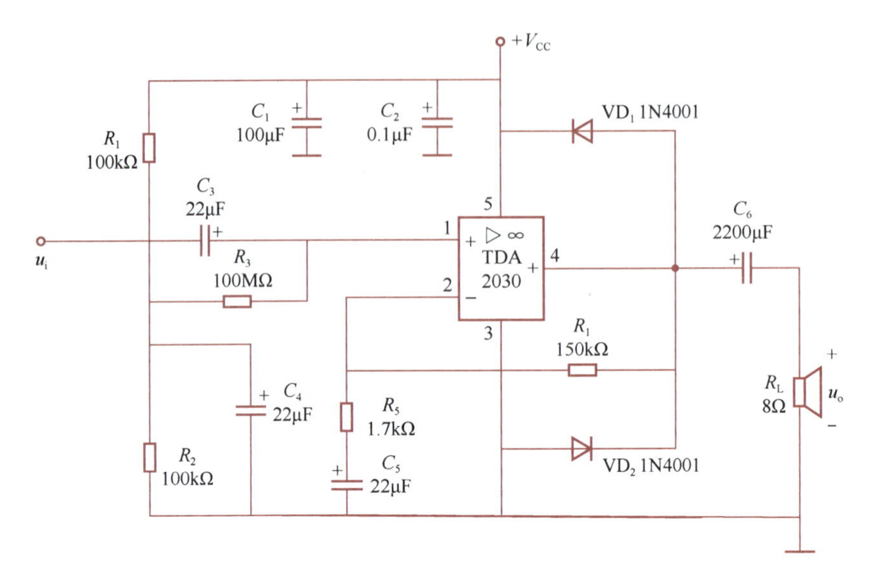

图 5-16　由 TDA2030 构成的 OTL 电路

本章小结

功率放大电路是向负载提供功率的放大电路，放大电路要求输出功率尽可能大，效率尽可能高，非线性失真要小。

根据晶体管在一个信号周期内导通时间的不同，功率放大电路主要分为甲类、乙类和甲乙类三种。甲类功率放大电路具有输出信号失真较小、管耗大、电路能量转换效率低等特点；乙类功率放大电路管耗小，有利于提高效率，但存在严重的失真。甲乙类功率放大电路因其电路简单、输出功率大、效率高、频率特性好、易于集成化等优点，而被广泛应用。

甲乙类互补对称功率放大电路有 OCL、OTL、BTL 三种类型，在同等电源条件下，OCL 电路和 OTL 电路的输出功率相等，而 BTL 电路是 OCL 和 OTL 的 4 倍。

集成功率放大电路除具有轻便小巧、成本低廉、外部接线少、使用方便及可靠性高等特点，同时具有温度稳定性好、电源利用率高、功耗较低、非线性失真较小、内含各种保护电路和使用安全可靠等优点。

习题

1. 说明电压放大电路和功率放大电路的异同点，两种电路的主要任务及主要指标各是什么？

2. 什么是交越失真？减小或消除交越失真的措施是什么？

3．与甲类功放电路相比，乙类互补对称功放电路的主要优点是什么？它的效率在理想情况下可达到多少？

4．电路如图 5-17 所示，已知 V_{CC}=6V，R_L=8Ω，输入电压 u_i 为正弦信号，设 VT_1、VT_2 的饱和压降可忽略。

（1）试求最大不失真输出功率 P_{om}、电源供给总功率 P_{DC}、两管的总管耗 P_c 及放大电路效率 η。

（2）试选择合适的功率管。

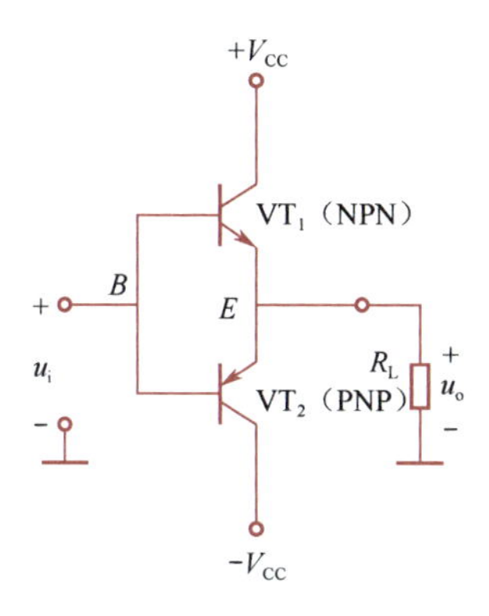

图 5-17　题 4 图

5．电路如题图 5-18 所示，晶体管的饱和压降可忽略，试回答下列问题：

（1）u_i=0 时，流过 R_L 的电流有多大？

（2）R_1、R_2、VD_1、VD_2 所构成的电路起什么作用？

（3）为保证输出波形不失真，输入信号 u_i 的最大振幅为多少？

（4）最大不失真输出时的功率 P_{om} 和效率 η 各为多少？

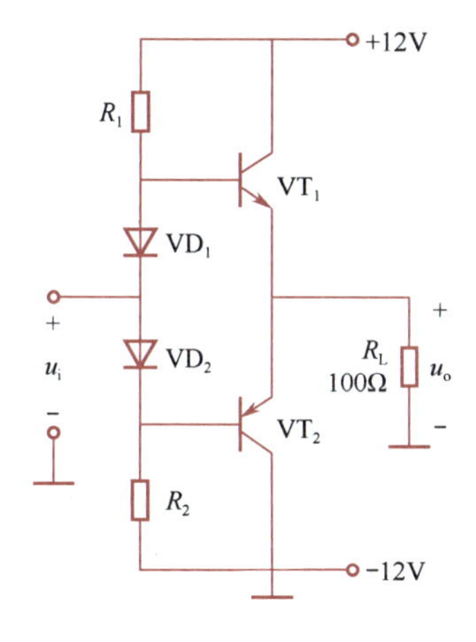

图 5-18　题 5 图

6．功放电路如图 5-19 所示，为使电路正常工作，试回答下列问题：

（1）静态时电容 C 上的电压应为多大？如果偏离此值应首先调节 R_{P1} 还是 R_{P2}？

（2）欲微调静态工作电流，主要应调节 R_{P1} 还是 R_{P2}？

（3）设 R_{P2}=R=1.2kΩ，晶体管 VT_1、VT_2 参数相同，U_{BE}=0.7V，β=50，P_{CM}=200mW，

若 R_{P2} 或二极管断开是否安全？为什么？

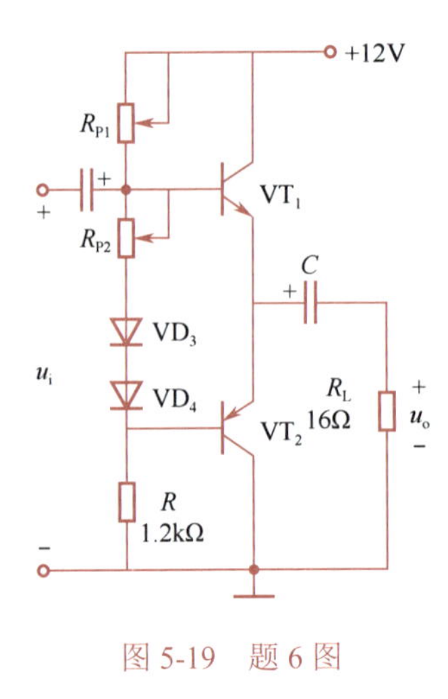

图 5-19　题 6 图

第 6 章　波形产生电路

知识目标

- 了解正弦波振荡电路的组成和产生正弦波振荡的条件。
- 理解 *RC*、*LC* 和石英晶体正弦波振荡电路的工作原理和选频特性。
- 掌握电压比较电路的电路组成、工作原理和性能特点。
- 理解矩形波产生电路的工作原理。
- 理解三角波产生电路的工作原理。

技能目标

- 能够识别正弦波振荡电路的类型并能用瞬时极性法判断电路的相位平衡条件是否满足。
- 知道各种正弦波振荡电路的振荡频率。
- 会分析电压比较器应用电路的功能，并画出其工作波形。
- 会画出矩形波和三角波产生电路的工作波形。

波形产生电路是指正弦波、矩形波和三角波等周期波形产生电路，通常实验室使用的函数发生器是可以同时产生对称方波、占空比可调方波、三角波和正弦波的综合电路。实际应用中常需要只产生某一种单一波形的振荡器，本章主要介绍正弦波产生电路和非正弦波产生电路。

任务　无线卡拉 OK 话筒电路

一、任务目的

通过简易无线卡拉 OK 话筒的制作，掌握振荡电路的应用。

二、任务要求

无线话筒利用调频收音机接收并放大信号，使用方便、经济，可用于教学场合。本任务设计的无线卡拉 OK 话筒将人的声音经过话筒的调制发射电路发射出去，利用调频收音机接收信号。要求其发射频率在 88 ～ 108MHz 之间，发射距离不小于 80m，同时采用调频方式进行发射。

三、任务实现

根据任务要求，无线话筒电路方框图如图 6-1 所示，其电路原理图如图 6-2 所示。

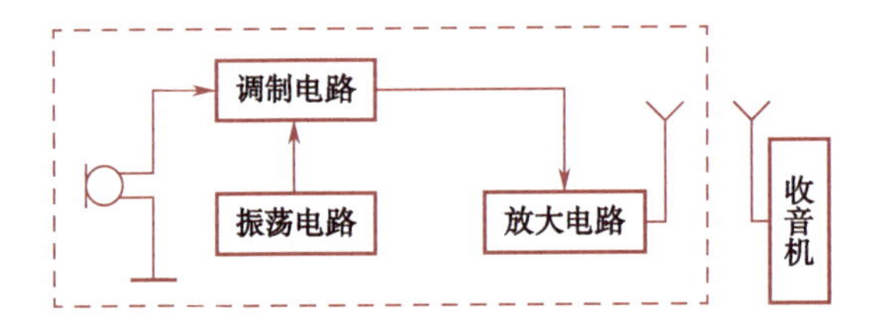

图 6-1　无线话筒电路方框图

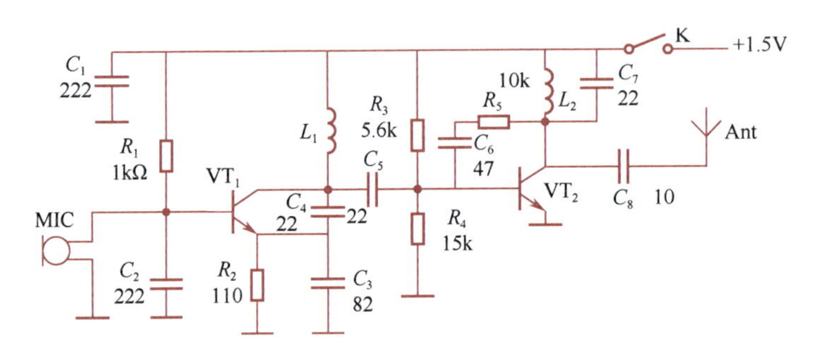

图 6-2　无线话筒电路原理图

由图 6-2 所示可知，VT_1 及其外围元件构成调频振荡器，调节 L_1 线圈的匝数，可使振荡器的振荡频率在 88 ～ 108MHz 之间变化，VT_2 及其外围元件组成放大电路，其作用是对前级调频信号进行放大，使发射距离更远，并使发射状态对振荡器频率的影响得以减少；声音经拾音器进入，由天线发射出去。

元件清单：

- $VT_1 \sim VT_2$　9018　晶体管
- $C_1 \sim C_8$　单位：pF　CCX 系列瓷片电容
- $R_1 \sim R_5$　（1/8）W 碳膜电阻
- $L_1 \sim L_2$　电感　用直径 0.51mm 漆包线在 D=4mm 圆衬上密绕 11 匝脱胎而成
- 天线　一根长约 60cm 的导线

6.1　正弦波产生电路

正弦波产生电路即正弦波振荡器，振荡器是在没有外加输入信号的情况下，接通直流电源后能自动产生不同频率、不同波形的交流信号，能把电源的直流电能转换为交流电能的电子线路，亦称自激振荡电路。正弦波振荡电路是一种基本模拟电子线路，是常用的一种信号源，在测量、自动控制通信和热处理等许多领域都有着广泛的应用。

6.1.1　正弦波振荡电路的振荡条件

1. 产生正弦波振荡的条件

正弦波振荡电路的方案框图如图 6-3 所示，从结构上来看，正弦波振荡电路就是一个没有输入信号的带选频网络的正反馈放大电路。图 6-3（a）表示接成正反馈时，放大电路在输入信号 $\dot{X}_i$=0 时的方框图，改画一下得到图 6-3（b）。由图可知，若放大电路的输入端（1 端）外接一定频率、一定幅度的正弦波信号 $\dot{X}_a$，经过基本放大电路和反馈网络所构成的环路传输后，在反馈网络的输出端（2 端）得到反馈信号 $\dot{X}_f$，如果 $\dot{X}_f$ 和 $\dot{X}_a$ 在大小和相位上都一致，那么就可以除去外接信号 $\dot{X}_i$，而将 1、2 端连接在一起形成闭环系统，如图 6-3（b）中的虚线所示，其输出端可能继续维持与开环时一样的输出信号。

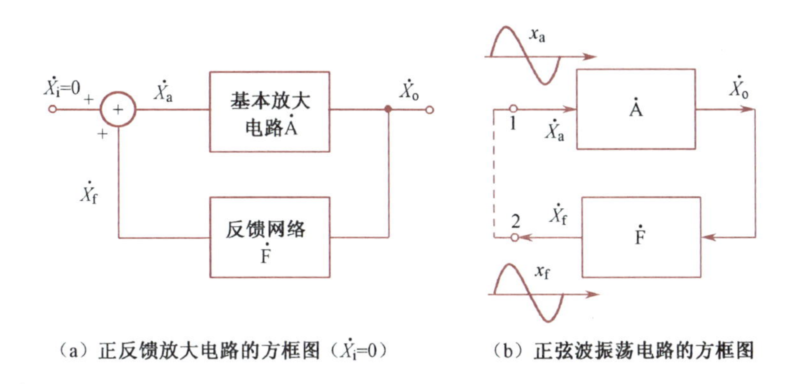

（a）正反馈放大电路的方框图（$\dot{X}_i$=0）　（b）正弦波振荡电路的方框图

图 6-3　正弦波振荡电路的方案框图

在正反馈过程中，由于电扰动（如接通电源时），电路会产生一个幅值很小的输出量，它含有丰富的频率，而如果电路只对频率为 f_0 的正弦波产生反馈，则输出信号 X_o 将越来越大，由于晶体管的非线性特性，当 X_o 的幅值增大到一定程度时，放大倍数的数值将减小。因此，X_o 不会无限制地增大，当 X_o 增大到一定数值时，电路达到动态平衡。这时，输出量通过反馈网络产生反馈量作为放大电路的输入量，而输入量又通过放大电路维持着输出

量，写成表达式为

$$\dot{X}_o = \dot{A}\dot{X}_f = \dot{A}\dot{F}\dot{X}_o$$

也就是说正弦波振荡的平衡条件为

$$\dot{A}\dot{F} = 1 \tag{6-1}$$

写成模与相角的形式为

$$\begin{cases} |\dot{A}\dot{F}| = 1 & (6\text{-}2) \\ \varphi_a + \varphi_f = 2n\pi\ (n\ 为整数) & (6\text{-}3) \end{cases}$$

式（6-2）称为幅值平衡条件，式（6-3）称为相位平衡条件，这是正弦波振荡电路产生持续振荡的两个条件。值得注意的是，无论负反馈放大电路的自激条件（$-\dot{A}\dot{F}=1$）或振荡电路的振荡条件（$\dot{A}\dot{F}=1$），都要求环路增益 $\dot{A}\dot{F}$ 等于 1，不过由于反馈信号送到比较环节输入端的正负号不同，所以环路增益各异，从而导致相位条件不一致。

振荡电路的振荡频率 f_0 是由式（6-3）的相位平衡条件决定的。一个正弦波振荡电路只在一个频率下满足相位平衡条件，这个频率就是 f_0。这就要求在 $\dot{\mathrm{A}}\dot{\mathrm{F}}$ 环路中包含一个具有选频特性的网络（称为选频网络）。它可以设置在放大电路 $\dot{\mathrm{A}}$ 中，也可以设置在反馈网络 $\dot{\mathrm{F}}$ 中，它可以由 *R*、*C* 元件组成，也可以由 *L*、*C* 元件组成。用 *R*、*C* 元件组成选频网络的振荡电路称为 *RC* 振荡电路，一般用来产生 1Hz ～ 1MHz 范围内的低频信号；用 *L*、*C* 元件组成选频网络的振荡电路称为 *LC* 振荡电路，一般用来产生 1MHz 以上的高频信号。

为了使振荡电路能自行建立振荡，必须使输出量 X_o 在接通电源后能够有一个从小到大直至平衡在一定幅值的过程，在电路满足相位平衡的条件下（x_i 与 x_f 极性相同），电路的起振条件为

$$|\dot{A}\dot{F}| > 1 \tag{6-4}$$

这样，在接通电源后，振荡电路就有可能自行振荡起来，或者说能够自激，满足起振条件后，电路把除频率 $f = f_0$ 以外的输出量都逐渐衰减为零，最终趋于稳态平衡，输出频率为 f_0 的正弦波。

2. 正弦波振荡电路的组成

从以上分析可知，正弦波振荡电路由以下 4 个部分组成：

① 放大电路。保证电路能够有从起振到动态平衡的过程，使电路获得一定幅值的输出量，实现能量的控制。

② 选频网络。确定电路的振荡频率，使电路产生单一频率的振荡，即保证电路产生正弦波振荡。

③ 正反馈网络。引入正反馈，使放大电路的输入信号等于反馈信号。

④ 稳幅环节。即非线性环节，其作用是使输出信号的幅值稳定。

在不少实用电路中，常将选频网络和正反馈网络“合二为一”，并且对分立元件放大电路，也不再加入稳幅环节，而是依靠晶体管的非线性特性来起到稳幅作用。

3. 判断电路是否可能产生正弦波振荡的方法和步骤

第一步，观察电路是否包含了放大电路、选频网络、正反馈网络和稳幅环节 4 个组成部分。

第二步，判断放大电路是否能够正常工作，即是否有合适的静态工作点且动态信号是否能够输入、输出和放大。

第三步，利用瞬时极性法判断电路是否满足正弦波振荡的相位条件。具体做法：断开反馈，在断开处给放大电路加一个频率为 f_0 的输入电压 $\dot{U}_i$，并给定其瞬时极性，如图 6-4 所示；然后以 $\dot{U}_i$ 极性为依据判断输出电压 $\dot{U}_o$ 的极性，从而得到反馈电压 $\dot{U}_f$ 的极性；若 $\dot{U}_f$ 与 $\dot{U}_i$ 极性相同，则说明满足相位条件，电路有可能产生振荡，否则表明不满足相位条件，电路不可能产生正弦波振荡。

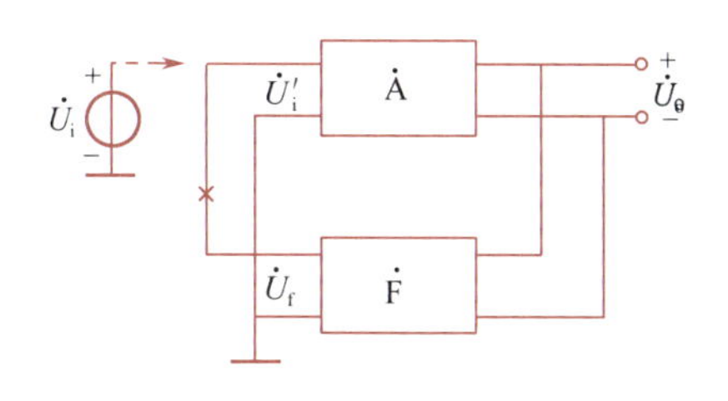

图 6-4　利用瞬时极性法判断相位条件

第四步，判断电路是否满足正弦波振荡的幅值条件，即是否满足起振条件。具体做法：分别求解电路的 $\dot{A}$ 和 $\dot{F}$，然后判断 $|\dot{A}\dot{F}|$ 是否大于 1。只有在电路满足相位条件的情况下，判断是否满足幅值条件才有意义。换句话说，若电路不满足相位条件，则电路不可能振荡，也就无须判断幅值条件了。

6.1.2　*RC* 正弦波振荡电路

常见的 *RC* 正弦波振荡电路是 *RC* 串 / 并联式振荡电路，又称文氏桥振荡电路。其特点是串 / 并联网络在此作为选频和反馈网络。所以首先要了解串 / 并联网络的选频特性，才能分析其振荡原理。

1.　*RC* 串 / 并联网络的选频特性

RC 桥式振荡电路如图 6-5 所示，这个电路由放大电路 $\dot{A}_u$ 和选频网络 $\dot{F}_u$ 两部分组成。其中 $\dot{A}_u$ 是由集成运放组成的电压串联负反馈放大电路，其具有输入阻抗高和输出阻抗低的特点。$\dot{F}_u$ 则由 *RC* 串（Z_1）/ 并（Z_2）联组成，同时兼做正反馈网络。由图 6-5 所示可知，Z_1、Z_2 和 R_1、R_f 正好形成一个四臂电桥，电桥的对角线顶点接到放大电路的两个输入端，桥式振荡电路的名称即由此得来。

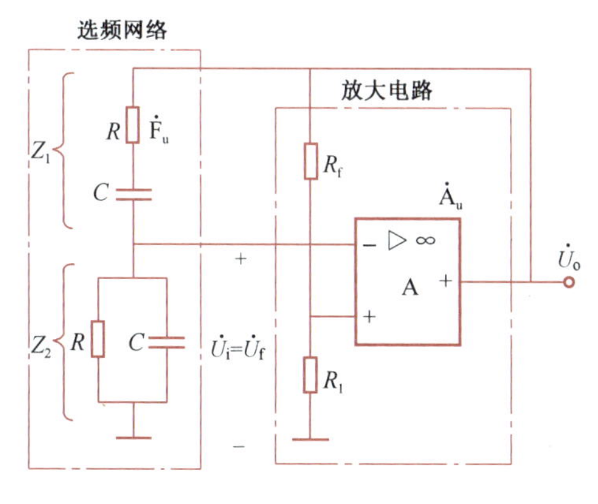

图 6-5　*RC* 桥式振荡电路

由图 6-5 有

$$Z_1=R+\frac{1}{\mathrm{j}\omega C}$$

$$Z_1=\frac{R\cdot\dfrac{1}{\mathrm{j}\omega C}}{R+\dfrac{1}{\mathrm{j}\omega C}}$$

反馈网络的反馈系数为

$$\dot{F}_u=\frac{\dot{U}_\mathrm{f}}{\dot{U}_\mathrm{o}}=\frac{Z_2}{Z_1+Z_2}=\frac{\mathrm{j}\omega RC}{(1-\omega^2R^2C^2)+\mathrm{j}3\omega RC} \tag{6-5}$$

如令 $\omega_0=\dfrac{1}{RC}$，则上式变为

$$\dot{F}_u=\frac{1}{3+\mathrm{j}\left(\dfrac{\omega}{\omega_0}-\dfrac{\omega_0}{\omega}\right)} \tag{6-6}$$

由此可得 RC 串 / 并联选频网络的幅频响应和相频响应分别为

$$F_u=\frac{1}{\sqrt{3^2+\left(\dfrac{\omega}{\omega_0}-\dfrac{\omega_0}{\omega}\right)^2}} \tag{6-7}$$

$$\varphi_\mathrm{f}=-\arctan\frac{\left(\dfrac{\omega}{\omega_0}-\dfrac{\omega_0}{\omega}\right)}{3} \tag{6-8}$$

由式（6-7）和式（6-8）可知，当 $\omega=\omega_0=\dfrac{1}{RC}$ 或 $f=f_0=\dfrac{1}{2\pi RC}$ 时，幅频响应的幅值为最大，即 $F_{u\max}=\dfrac{1}{3}$；而相频响应的相位角为零，即 $\varphi_\mathrm{f}=0$。换言之，当 $\omega=\omega_0=\dfrac{1}{RC}$ 时，输出电压的幅值最大（当输入电压的幅值一定，而频率可调时），并且输出电压的幅值为输入电压幅值的 $\dfrac{1}{3}$，同时输出电压与输入电压同相。根据式（6-7）和式（6-8）可画出串 / 并联选频网络的幅频响应和相频响应，如图 6-6 所示。

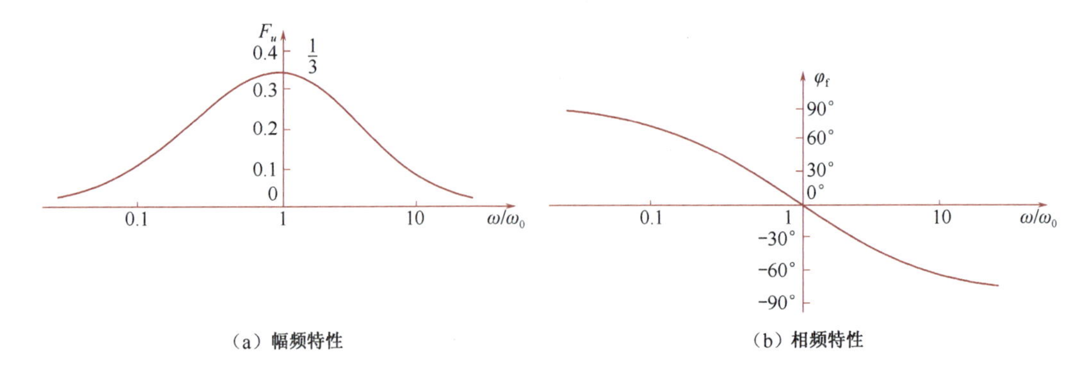

图 6-6　RC 串 / 并联选频网络的频率响应

2. 振荡的建立与稳定

如图 6-5 所示，在 $\omega=\omega_0=\dfrac{1}{RC}$ 时，经 RC 选频网络传输到运放同相端的电压 $\dot{U}_\mathrm{f}$ 与 $\dot{U}_\mathrm{o}$ 同相，即有 $\varphi_\mathrm{f}=0°$ 和 $\varphi_\mathrm{a}+\varphi_\mathrm{f}=0°$，这样放大电路和由 Z_1、Z_2 组成的反馈网络刚好形成正反馈系统，可以满足式（6-3）的相位平衡条件，因而有可能振荡。

所谓建立振荡，就是要使电路自激，从而产生持续的振荡，将直流电源的能量变为交流信号输出。对于 RC 振荡电路来说，直流电源就是能源。那么如何产生自激呢？由于电路中存在噪声，它所包含的频谱范围很广，其中包括 $\omega=\omega_0=\dfrac{1}{RC}$ 这样一个频率成分。这种微弱的信号，经过放大通过正反馈的选频网络，使输出的幅度越来越大，最后受电路中元件的非线性特性限制，使振荡幅度自动地稳定下来，输出振荡频率为 $f_0=\dfrac{1}{2\pi RC}$ 的正弦波。

由图 6-5 所示可知，基本放大电路为同相比例运算电路，其电压增益为

$$A_u=1+\frac{R_\mathrm{f}}{R_1}$$

当 $\omega=\omega_0=\dfrac{1}{RC}$ 时，$F_u=\dfrac{1}{3}$，为满足起振条件 $|\dot{A}\dot{F}|>1$，开始时 $A_u=1+\dfrac{R_\mathrm{f}}{R_1}$ 应略大于 3，达到稳定平衡状态时，$A_u=3$，$F_u=\dfrac{1}{3}$。

3. 稳幅措施

为进一步改善输出电压幅度的稳定问题，可以在放大电路的负反馈回路中采用非线性元件来自动调整负反馈的强弱以达到维持输出电压恒定。图 6-7 所示电路为自动稳幅 RC 振荡电路。在图 6-7（a）所示电路中，反馈支路串接了一负温度系数的热敏电阻 R_t，起振时 R_t 较大，使 $A>3$，电路容易起振。当 u_o 幅度自激增长时，通过负反馈回路的电流增加，使 R_t 阻值减小，A 随之减小。当 u_o 幅度达某一值时，$A=3$，使得 u_o 幅度自动稳定于某一幅值。反之，当 u_o 下降时，由于热敏电阻的自动调整作用，将使 u_o 上升，因此可以维持输出电压基本恒定。

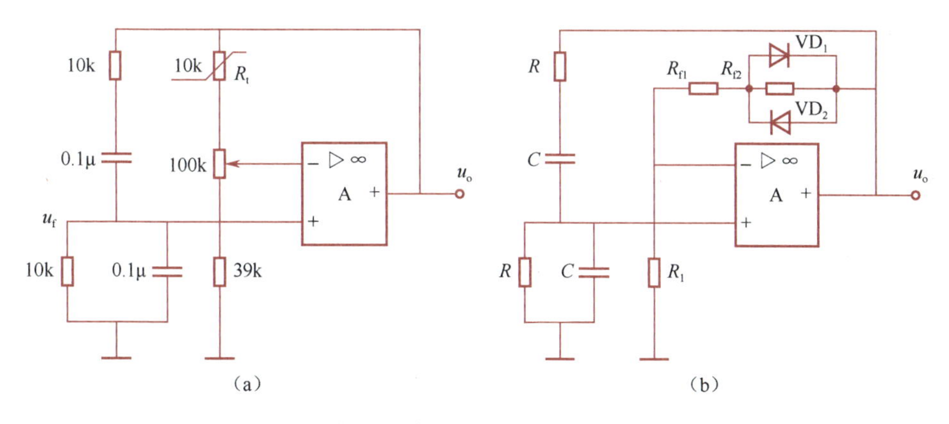

图 6-7　自动稳幅 RC 振荡电路

图 6-7（b）所示电路则将 R_f 分为 R_{f1} 和 R_{f2}，R_{f2} 并联二极管 VD_1 和 VD_2，起振时 VD_1、VD_2 不导通，（$R_{f1}+R_{f2}$）略大于 $2R_1$，满足 $A>3$ 的起振条件。随着 u_o 的增加，VD_1、VD_2 逐渐导通，R_{f2} 被短接，A 自动下降，u_o 自动稳定于某一幅值，达到了稳幅效果。

4. 振荡频率可调的 *RC* 振荡电路

RC 桥式振荡电路以 *RC* 串 / 并联网络作为选频网络和正反馈网络，以电压串联负反馈放大电路作为放大环节，具有振荡频率稳定、带负载能力强、输出电压失真小等优点，由此得到广泛应用。为了使其振荡频率可调，*RC* 桥式振荡电路通常在 *RC* 串 / 并联网络中采用双层波段开关接不同的电容，作为振荡频率 f_0 的粗调；采用同轴电位器实现 f_0 的微调，电路如图 6-6 所示，其振荡频率的可调范围为几 Hz ～几百 kHz。

为提高 *RC* 桥式振荡电路的振荡频率，必须减小 *R* 和 *C* 的数值。一方面，当 *R* 减小到一定程度时，同相比例运算电路的输出电阻将影响选频特性；另一方面，当 *C* 减小到一定程度时，晶体管的极间电容和电路的分布电容将影响选频特性；因此，振荡频率 f_0 高到一定程度时，其大小不仅决定于选频网络，还与放大电路的参数有关。因此，当振荡频率较高时，应选用 *LC* 正弦波振荡电路。

【例 6-1】 在图 6-8 所示电路中，若电容的取值分别为 0.01μF、0.1μF、1μF、10μF，电阻 R=100Ω，电位器 R_W=5kΩ。试问振荡频率 f_0 的调节范围为多少？

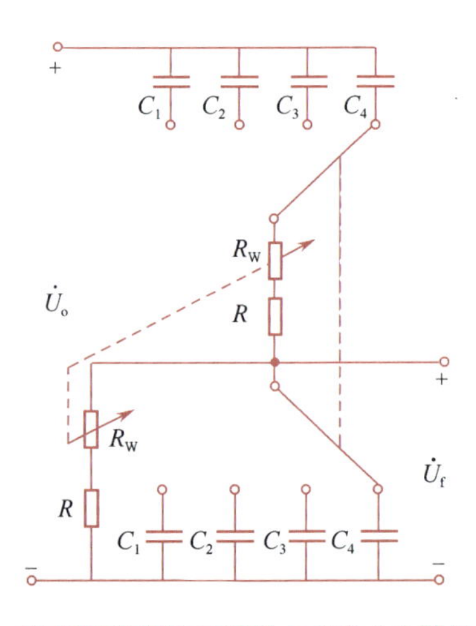

图 6-8　振荡频率连续可调的 *RC* 串 / 并联选频网络

解： 因为 $f_0=\dfrac{1}{2\pi RC}$

所以 f_0 的最大值为 $f_{0max}=\dfrac{1}{2\pi RC_{min}}=\dfrac{1}{2\pi\times100\times0.01\times10^{-6}}\approx159\text{kHz}$

f_0 的最小值为 $f_{0min}=\dfrac{1}{2\pi(R+R_W)C_{max}}=\dfrac{1}{2\pi\times(100+5\times10^3)\times10\times10^{-6}}\approx3.12\text{Hz}$

故 f_0 的调节范围为 3.12Hz ～ 159kHz。

6.1.3　*LC* 正弦波振荡电路

LC 正弦波振荡电路主要用来产生高频正弦波信号，一般在 1MHz 以上。*LC* 与 *RC* 振荡电路产生正弦振荡的原理基本相同，只是在电路组成上有区别，*RC* 振荡电路的选频网络由电阻和电容组成，*LC* 振荡电路的选频网络则由电感和电容组成。因为 *LC* 振荡电路的振荡频率较高，所以其放大电路大多采用分立元件电路。

1. *LC* 并联谐振回路

LC 正弦波振荡电路经常用到的选频网络是图 6-9 所示的理想情况下（无损耗）的 *LC* 并联谐振回路，其谐振频率为 $f_0=\dfrac{1}{2\pi\sqrt{LC}}$。当信号频率较低时，电容的容抗很大，选频网络呈感性；当信号频率较高时，电感的感抗很大，选频网络呈容性；只有当 $f=f_0$ 时，选频网络才呈纯阻性且阻抗无穷大。

但实际的 *LC* 并联谐振回路是有损耗的，各种损耗等效成电阻 *R*，如图 6-10 所示。

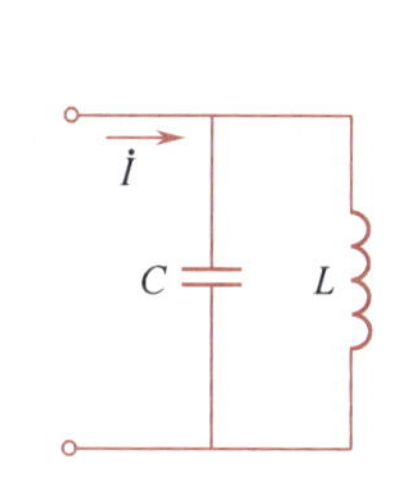

图 6-9　理想情况下的 *LC* 并联谐振回路

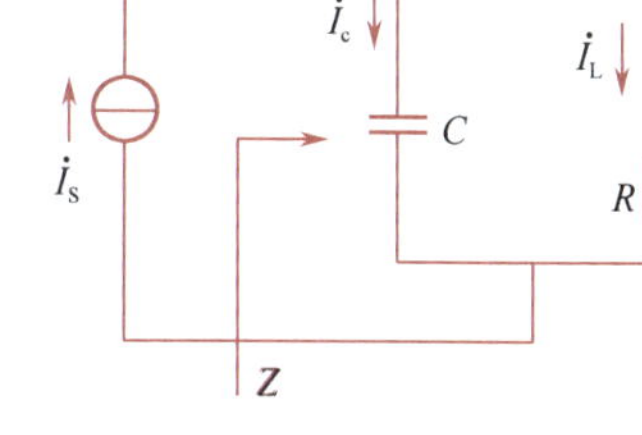

图 6-10　*LC* 并联谐振回路

由图 6-10 所示可知，*LC* 并联谐振回路的等效阻抗为

$$Z=\frac{\dfrac{1}{\mathrm{j}\omega C}(R+\mathrm{j}\omega L)}{\dfrac{1}{\mathrm{j}\omega C}+R+\mathrm{j}\omega L} \tag{6-9}$$

通常 $R<<\omega L$，故有

$$Z\approx\frac{\dfrac{1}{\mathrm{j}\omega C}\cdot\mathrm{j}\omega L}{R+\mathrm{j}\left(\omega L-\dfrac{1}{\omega C}\right)}=\frac{\dfrac{L}{C}}{R+\mathrm{j}\left(\omega L-\dfrac{1}{\omega C}\right)} \tag{6-10}$$

由式（6-10）可知，*LC* 并联谐振回路具有如下特点：

① 当角频率 $\omega=\omega_0$（$\omega_0=\dfrac{1}{\sqrt{LC}}$）时，$\omega L-\dfrac{1}{\omega C}=0$，回路产生并联谐振，谐振频率为

$$f_0=\frac{1}{2\pi\sqrt{LC}} \tag{6-11}$$

② 并联谐振时，回路的阻抗最大，且为纯电阻，即

$$Z_0=\frac{L}{RC}=Q\omega_0 L=\frac{Q}{\omega_0 C} \qquad (6\text{-}12)$$

式中，$Q=\frac{\omega_0 L}{R}=\frac{1}{\omega_0 CR}=\frac{1}{R}\sqrt{\frac{L}{C}}$称为回路的品质因数，它是用来评价回路损耗大小的指标。一般 Q 值在几十到几百范围内。由于谐振阻抗呈纯电阻性质，所以信号源电流 $\dot{I}_S$ 和 $\dot{U}_S$ 同相。

Q 值越大则回路的选频特性越好，如图 6-11 所示。图为 L、C 值相等但 Q 值不同的两个并联谐振回路的谐振曲线。从图中可以看出，Q 值越大曲线越尖锐，回路抑制偏离谐振频率 f_0 的能力越强（回路对偏离 f_0 值的信号的阻抗迅速减小），表示回路的选频特性越好。

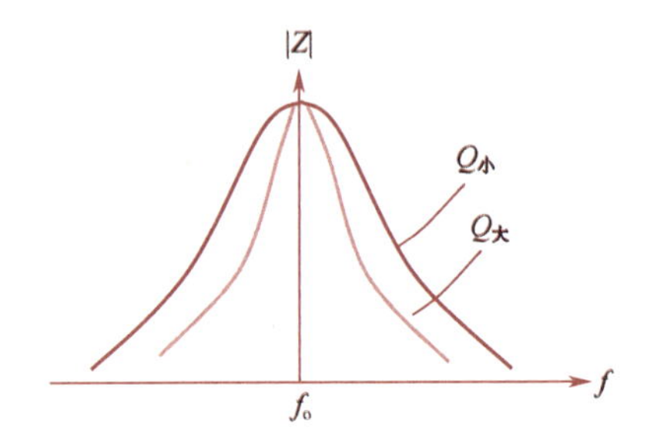

图 6-11　LC 并联谐振回路的谐振曲线

2. 变压器反馈式 LC 振荡电路

（1）电路组成

变压器反馈式 LC 正弦波振荡电路的基本电路如图 6-12 所示，它以变压器作为反馈元件，LC 选频电路作为放大器中三极管 VT 的集电极负载，反馈信号由变压器 N_2 送到基本放大器的输入端。

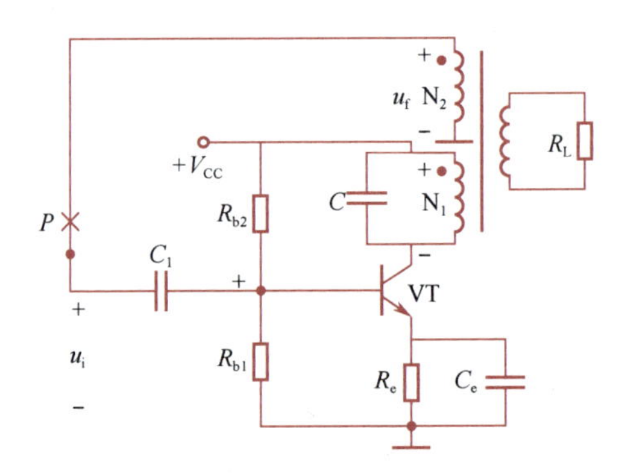

图 6-12　变压器反馈式 LC 振荡电路

（2）平衡条件分析

图 6-12 所示电路可采用瞬时极性法判断电路是否满足相位平衡条件，首先断开 P 点，在断开处给放大电路加上频率值为$f_0=\frac{1}{2\pi\sqrt{LC}}$的输入电压 $\dot{U}_i$，假设其瞬时极性对地为正，则晶体管基极动态电位对地为正，由于基本放大电路为共发射极接法，故集电极动态电位对地为负；又因为对于交流信号，电源相当于接地，所以变压器原边线圈 N_1 电压上正下负；

根据同名端得到副边线圈 N_2 电压上正下负，即反馈电压对地为正，电路引入了正反馈，满足相位平衡条件，有可能产生正弦波振荡。

因为 LC 回路对于频率为 f_0 的信号呈纯电阻，所以 $\dot{U}_f$ 与 $\dot{U}_i$ 同相，满足相位平衡条件。而对于其他频率的信号，当 $f < f_0$ 时，LC 回路呈感性阻抗；当 $f > f_0$ 时，LC 回路呈容性阻抗，均不满足相位平衡条件。此外，由于 LC 回路对 f_0 信号的阻抗最大，因此在 LC 回路两端 f_0 信号电压为最大，产生的反馈电压也是最大，所以当频率为 f_0 的信号满足振幅平衡条件时，其他频率的信号因反馈电压较小而不能满足振幅平衡条件。

通常情况下，当变压器反馈式 LC 振荡电路晶体管的 β 值达到一定值时，电路的幅度平衡条件 $AF \geqslant 1$ 比较容易满足，所以当电路接通电源后，振荡器就会起振，输出频率为 $f_0=\dfrac{1}{2\pi\sqrt{LC}}$ 的正弦波信号。

若要求振荡器的频率可调，可将 LC 回路中的电容器改为可变电容器，调节可变电容器的电容量就可以改变 f_0 的值。变压器反馈式 LC 振荡电路的振荡频率一般为几 MHz ～十几 MHz。

变压器反馈式振荡器的选频电路也可以接在基极回路中，或者接在发射极回路中，振荡器中的基本放大电路既可以由晶体管构成也可以由场效应管组成。

（3）优缺点

变压器反馈式振荡电路只要接线正确，绕组没有接反，元件没有损坏，是很容易起振产生振荡的，而且其产生的正弦波波形较好，应用范围广泛。但由于输出电压与反馈电压靠磁路耦合，因而耦合不紧密，损耗较大，同时振荡器的振荡频率也不是很稳定。

3. 电感三点式 LC 振荡电路

（1）电路组成

LC 振荡电路除变压器反馈式，常用的还有电感三点式和电容三点式振荡电路。三点式振荡电路由于选频回路中电感（或电容）的三个端点分别与晶体管（或场效应管）的三个电极相连，或与基本放大电路的输入端、输出端和公共端相连接，因而称为“三点式”。

电感三点式 LC 振荡电路如图 6-13（a）所示，其交流通路如图 6-13（b）所示，这种电路的 LC 并联谐振回路中的电感有首端、中间抽头和尾端，其交流通路分别与放大电路的集电极、发射极（地）和基极相连，其工作原理与变压器反馈式振荡器相似，但它不用变压器，而是用带抽头的电感线圈来代替，反馈信号取自电感 N_2 上的电压。习惯上将图 6-13 所示电路称为电感三点式 LC 振荡电路，或电感反馈式 LC 振荡电路。

（2）平衡条件分析

如图 6-13（a）所示，断开反馈，用瞬时极性法进行判断，各点瞬时极性如图中所标注，反馈电压的极性与输入电压同相，故电路满足正弦波振荡的相位平衡条件。振幅平衡条件也很容易满足，只要线圈的匝数比 $\dfrac{N_1}{N_2}$ 选择合适，就能起振。根据经验取 $\dfrac{N_1}{N_2}=3 \sim 7$ 较为合适。

电感三点式 LC 振荡器的振荡频率与变压器反馈式相同，只是此处的 $L=L_1+L_2+2M$，L_1 为 N_1 的电感量，L_2 为 N_2 的电感量，M 为线圈 N_1 与 N_2 之间的互感系数。所以振荡频

率为

$$f_0 \approx \frac{1}{2\pi\sqrt{(L_1+L_2+2M)C}} \tag{6-13}$$

（3）优缺点

电感三点式振荡电路容易起振，N_2 与 N_1 之间耦合紧密，振幅较大；当 C 采用可变电容器时，调节频率方便，可获得范围较宽的振荡频率，其振荡频率一般为几百 kHz ～几十 MHz。但由于反馈电压取自电感 N_2，而 N_2 对高次谐波（与 f_0 相比）的阻抗较大，使输出电压波形中含有较多的谐波成分，输出波形不理想。因此电感三点式振荡电路常用在对波形要求不高的设备中，如接收机的本机振荡器、高频加热器等。

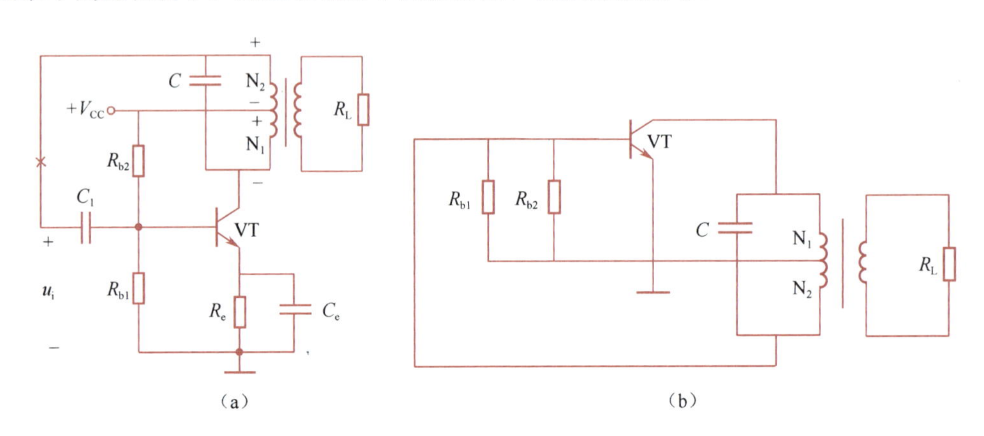

图 6-13　电感三点式 LC 振荡电路

4. 电容三点式 LC 振荡电路

（1）电路组成

电容三点式LC振荡电路如图6-14所示，它的结构形式与电感三点式LC振荡电路相似，只是把 LC 并联谐振回路中的电感与电容互换了一个位置，反馈电压从 C_2 两端取出。

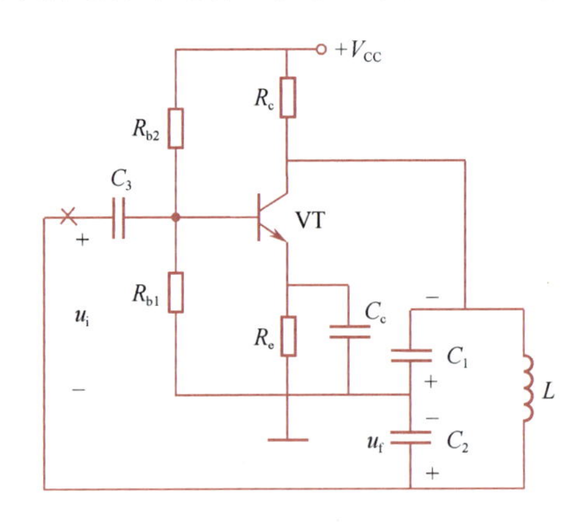

图 6-14　电容三点式振荡电路

（2）平衡条件分析

如图 6-14 所示，断开反馈，用瞬时极性法进行判断，各点瞬时极性如图中所标注，

反馈电压的极性与输入电压同相，故电路满足正弦波振荡的相位平衡条件。振幅平衡条件只要比值$\frac{C_1}{C_2}$选择合适就能满足，通常取$\frac{C_1}{C_2}$=0.01 ～ 0.5。电容三点式 LC 振荡器的振荡频率为

$$f_0 \approx \frac{1}{2\pi\sqrt{L\frac{C_1C_2}{C_1+C_2}}} \tag{6-14}$$

（3）优缺点

由于电容三点式振荡器的反馈电压从电容 C_2 两端取出，而 C_2 对高次谐波电流是低阻抗通路，因而 C_2 上的谐波电压很小，所以输出电压波形好。缺点是调节输出频率不方便，为了保证比值$\frac{C_1}{C_2}$在一定范围内，C_2 的调节范围受到限制，所以它常用于输出频率固定的场合。若要使其频率在较大范围内可调，就必须同时改变 C_1 和 C_2 的值，或者在电感支路中再串联一只容量较小的可变电容器 C_3，通过改变 C_3 来调节 f_0 的值，就不会影响起振。电容三点式振荡器的振荡频率范围一般为几百 kHz ～ 100MHz 以上。

【例 6-2】从相位平衡条件，判断图 6-15 所示电路能否产生正弦波振荡。

分析：正弦波振荡器能否产生正弦波，主要依据是看其是否满足正弦波振荡的相位平衡条件，具体方法是用瞬时极性法判断电路是否引入正反馈。

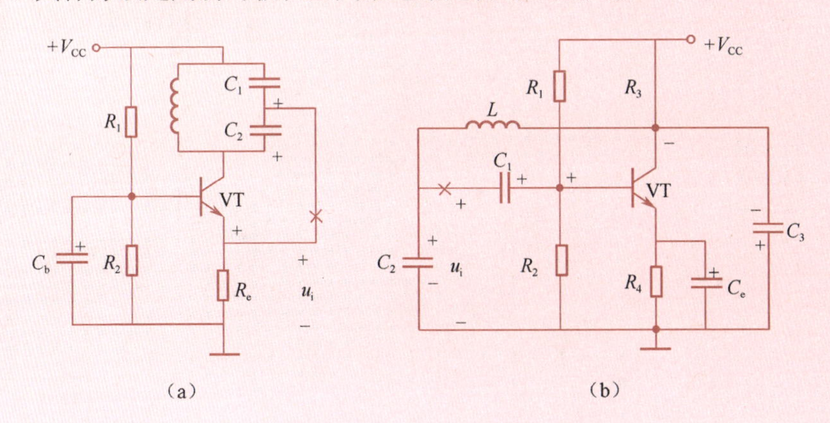

图 6-15　例 6-2 电路图

解：从图 6-15（a）所示电路可知，此电路为电容三点式 LC 振荡器，反馈电压取自电容 C_1 两端，其基本放大电路为共基极放大电路，断开反馈，假设共基极放大电路的输入端发射极瞬时极性对地为正，用瞬时极性法判断各点极性如图中标注，反馈电压的极性与输入电压同相，故电路满足正弦波振荡的相位平衡条件，有可能产生正弦波振荡。

从图 6-15（b）所示电路可知，此电路为电容三点式 LC 振荡器，反馈电压取自电容 C_2 两端，其基本放大电路为共发射极放大电路，断开反馈，假设共发射极放大电路的输入端基极瞬时极性对地为正，用瞬时极性法判断各点极性如图中标注，反馈电压的极性与输入电压同相，故电路满足正弦波振荡的相位平衡条件，有可能产生正弦波振荡。

【例 6-3】试标出图 6-16 所示电路中变压器的同名端，使电路满足相位平衡条件。

分析：变压器反馈式振荡电路是否满足相位平衡条件常常取决于变压器是否有正确的同名端，所以分析电路时，应先确定反馈电压取自哪个线圈，然后根据引入正反馈的原则，用瞬时极性法确定该线圈上电压的极性，从而得到变压器的同名端。

解：从图 6-16（a）所示电路可知，此电路为变压器反馈式 *LC* 振荡器，反馈电压取自电感 L_3 两端，其基本放大电路为共基极放大电路。如图 6-17（a）所示，断开反馈，先设定初级线圈 L_1 的下端（VT 的集电极）为同名端，再假设共基极放大电路的输入端发射极瞬时极性对地为正，用瞬时极性法判断各点极性如图 6-17（a）中标注，由图 6-17（a）所示可知，当次级线圈 L_2 上端为同名端时，电路才能引入正反馈，使反馈电压的极性与输入电压同相，由此满足正弦波振荡的相位平衡条件，电路才可能产生正弦波振荡。

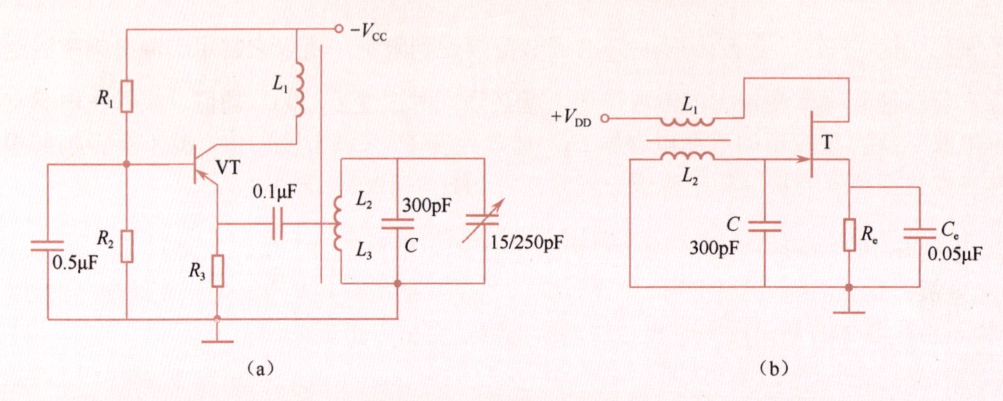

图 6-16　例 6-3 电路图

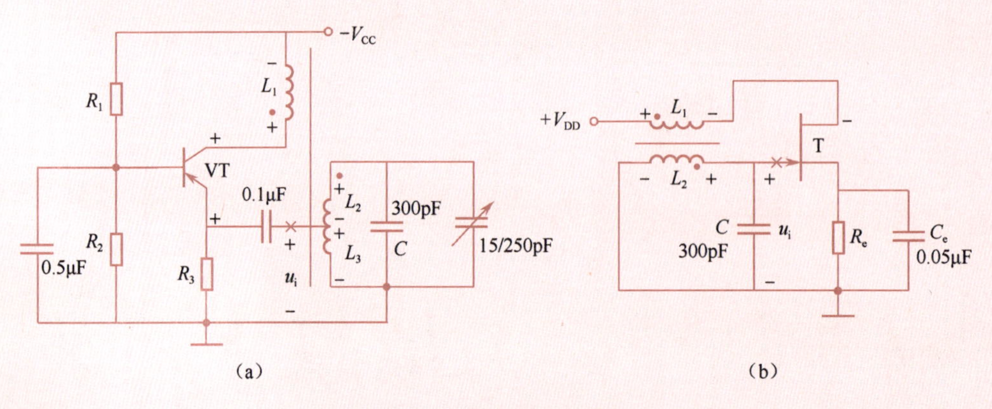

图 6-17　例 6-3 解图

从图 6-16（b）所示电路可知，此电路为变压器反馈式 *LC* 振荡器，反馈电压取自电感 L_2 两端，其基本放大电路为结型 N 沟道共源极放大电路。如图 6-17（b）所示，断开反馈，先设定初级线圈 L_1 的左端为同名端，再假设共源极放大电路的输入端栅极瞬时极性对地为正，用瞬时极性法判断各点极性如图 6-17（b）中标注，由图 6-17（b）所示可知，当次级线圈 L_2 右端为同名端时，电路才能引入正反馈，使反馈电压的极性与输入电压同相，由此满足正弦波振荡的相位平衡条件，电路才可能产生正弦波振荡。

6.1.4　石英晶体正弦波振荡电路

1. 正弦波振荡电路的频率稳定问题

在工程应用中，如在实验室用的高、低频信号发生器中，往往要求正弦波振荡电路的振荡频率具有一定的稳定度，有时要求振荡频率要十分稳定，如数字系统的时钟产生电路、通信系统中的射频振荡电路等。因此常采用“频率稳定度”这个指标来衡量振荡电路的质量，频率稳定度一般用频率的相对变化量$\Delta f/f_0$表示，f_0为振荡频率，Δf为频率偏移。频率稳定度越小，频率稳定性越好。

影响 LC 振荡电路振荡频率 f_0 的主要因素是 LC 并联谐振回路的参数 L、C 和 R。LC 谐振回路的 Q 值对频率稳定度影响较大，可以证明，Q 值越大，频率稳定度越高。由电路理论可知，$Q=\omega L/R=\dfrac{1}{R}\cdot\sqrt{\dfrac{L}{C}}$，为了提高 Q 值，应尽量减小回路的损耗电阻 R 并加大 $\sqrt{\dfrac{L}{C}}$ 值。但一般的 LC 振荡电路，其 Q 值最高达数百，在要求频率稳定度高的场合，往往采用石英晶体振荡电路。

石英晶体振荡电路，就是用石英晶体取代 LC 振荡电路中的 L、C 元件所组成的正弦波振荡电路。它的频率稳定度可高达 $10^{-9}\sim10^{-11}$ 数量级。

2. 石英晶体的基本特性与等效电路

石英晶体是一种各向异性的结晶体，是硅石的一种，其化学成分是二氧化硅（SiO_2）。从一块晶体上按一定的方位角切下的薄片称为晶片（可以是正方形、矩形或圆形等），然后在晶片的两个对应表面上涂覆银层并装上一对金属板，便构成石英产品，如图 6-18 所示，一般用金属外壳密封，也有用玻璃壳密封的。

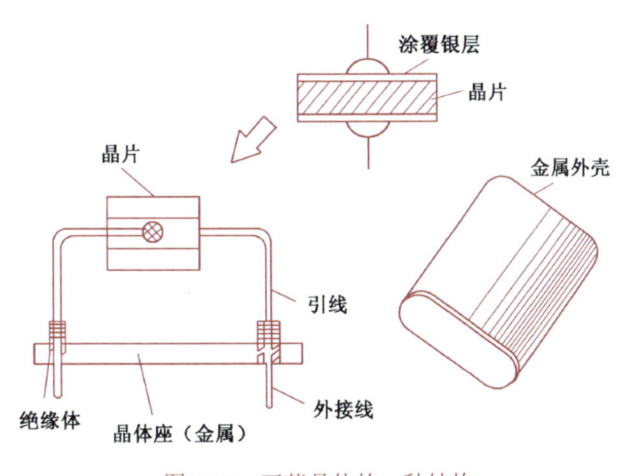

图 6-18　石英晶体的一种结构

石英晶片之所以能做振荡电路是由于它具有压电效应。从物理学知道，若在晶片的两个极板间加一电场，晶体会产生机械形变；反之，若在极板间施加机械力，则在相应的方向上产生电场，这种现象称为压电效应。若在极板间所加的是交变电压，则会产生机械变形振动，同时机械变形振动又会产生交变电压。一般来说，这种机械振动的振幅比较小，其振动频率则是很稳定的。但当外加交变电压的频率与晶片的固有频率（决定于晶片的尺寸）相等时，机械振动的幅度将急剧增加，这种现象称为压电谐振，因此石英晶体又称为石英晶体谐振器。

石英晶体的压电谐振现象可用如图 6-19（b）所示等效电路模型表示。图中 C_0 为切片与金属板构成的静电电容（约为几十 pF），L 和 C 分别模拟晶体的质量（代表机械惯性，约为 0.01 ～ 100H）和晶体弹性（约为 0.01 ～ 0.2pF）。晶片振动时，因摩擦而造成的振动损耗则用电阻 R（约为几十 Ω）来等效。因此，一块石英晶体相当于一个 LC 回路。石英晶体有很高的质量与弹性的比值（等效于 L/C），所以其 Q 值很高（高达 10000 ～ 500000），因而具有很好的选频特性。

图 6-19 所示为石英晶体的代表符号、等效电路和电抗频率特性。

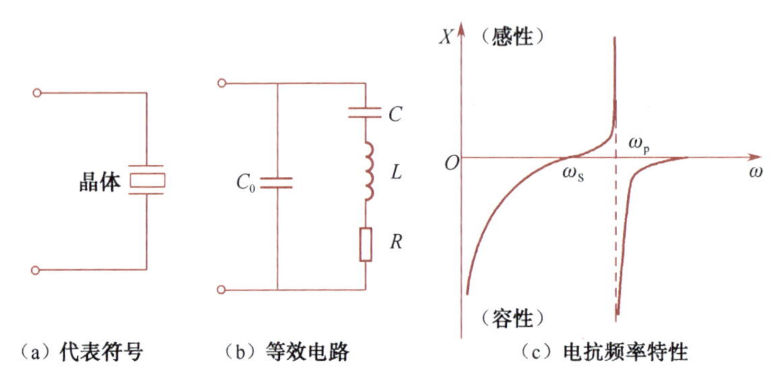

图 6-19　石英晶体的代表符号、等效电路和电抗频率特性

如图 6-19（b）所示，R、L、C 支路的等效阻抗为

$$Z=R+\mathrm{j}\omega L+\frac{1}{\mathrm{j}\omega C}=R+\mathrm{j}\left(\omega L-\frac{1}{\omega C}\right)$$

当等效电路中的 R、L、C 支路产生串联谐振时，$\omega_s L-\dfrac{1}{\omega_s C}=0$，该支路呈纯电阻性，等效电阻为 R，其串联谐振频率为

$$f_s=\frac{1}{2\pi\sqrt{LC}} \tag{6-15}$$

因为 $R \ll \omega_s C_0$，所以串联谐振的等效阻抗近似为 R，呈纯电阻性且其阻值很小。

当 $f<f_s$ 时，C_0 和 C 电抗较大，起主导作用，石英晶体呈电容性。

当 $f>f_s$ 时，L、C、R 支路呈电感性，与 C_0 并联产生并联谐振。其振荡频率为

$$f_p=\frac{1}{2\pi\sqrt{L\dfrac{CC_0}{C+C_0}}}=\frac{1}{2\pi\sqrt{LC}}\sqrt{1+\frac{C}{C_0}}=f_s\sqrt{1+\frac{C}{C_0}} \tag{6-16}$$

因为 $C << C_0$，故 $f_s = f_p$，两者非常接近，常用一个频率表示。

当 $f > f_p$ 时，电抗主要决定于 C_0，石英晶体呈电容性。

当石英晶体外加信号的频率不同时，呈现出不同的电抗特性，其电抗－频率特性如图 6-19（c）所示。从图 6-19（c）可知，石英晶体有两个很接近的谐振频率，即 R、L、C 支路串联谐振频率 f_s 和整个等效电路并联谐振频率 f_p。当 $f_s < f < f_p$ 时，石英晶体呈电感性，相当于一个电感元件；当 $f = f_s$（或 $f = f_p$）时，石英晶体呈纯电阻性，相当于一个阻值很小的电阻；在其他频率下，石英晶体呈电容性，相当于一个电容元件。

通常，石英晶体产品所给出的标称频率既不是 f_s，也不是 f_p，而是外接一个小电容 C_s 时校正的振荡频率，C_s 与石英晶体串接，如图 6-20 所示。利用 C_s 可使石英晶体的谐振频率在一个小范围内调整，C_s 应选得比 C 大。

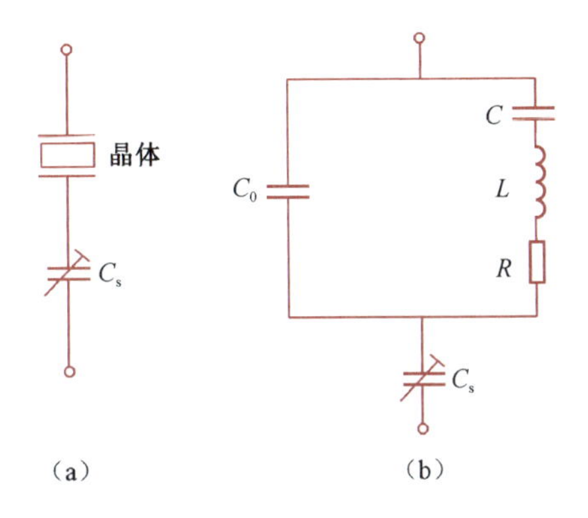

图 6-20　石英晶体串联谐振频率的调整

3. 石英晶体振荡电路

选频网络中含有石英晶体的正弦波振荡电路称为石英晶体振荡电路。石英晶体振荡电路的形式多种多样，但其基本电路只有两类，即并联型石英晶体振荡电路和串联型石英晶体振荡电路。并联型石英晶体振荡电路——工作在 f_s 与 f_p 之间，利用晶体作为一个电感来组成振荡电路；串联型石英晶体振荡电路——工作于串联谐振频率 f_s 处，利用其阻抗最小且为纯阻性来组成振荡电路。

（1）并联型石英晶体振荡电路

并联型石英晶体振荡电路是一种常用的石英晶体振荡器，其工作在 f_s 与 f_p 之间，把石英晶体作为 LC 选频回路中的电感来使用，电路如图 6-21 所示，它构成电容三点式振荡器。其等效交流电路如图 6-22 所示，石英晶体谐振器作为电感元件构成并联 LC 网络的一个组成部分，“并联型”振荡器由此而得名。

由图 6-22 可知，电容 C_1、C_2 串联，其容量为 $C' = \dfrac{C_1 C_2}{C_1 + C_2}$；再与晶体静电电容 C_0 并联，容量为 $C' + C_0$；最后与晶体的弹性等效电容 C_s 串联，得到总电容为 $C = \dfrac{C_s(C' + C_0)}{C_s + C' + C_0}$，故振荡电路的振荡频率为

$$f_0 = \frac{1}{2\pi\sqrt{L_s C}} = \frac{1}{2\pi\sqrt{L_s \dfrac{C_s(C'+C_0)}{C_s+C'+C_0}}} \tag{6-17}$$

由于 $C_s << C'+C_0$，故回路中起决定作用的是 C_s，则谐振频率近似为

$$f_0 \approx \frac{1}{2\pi\sqrt{L_s C_s}} = f_s \tag{6-18}$$

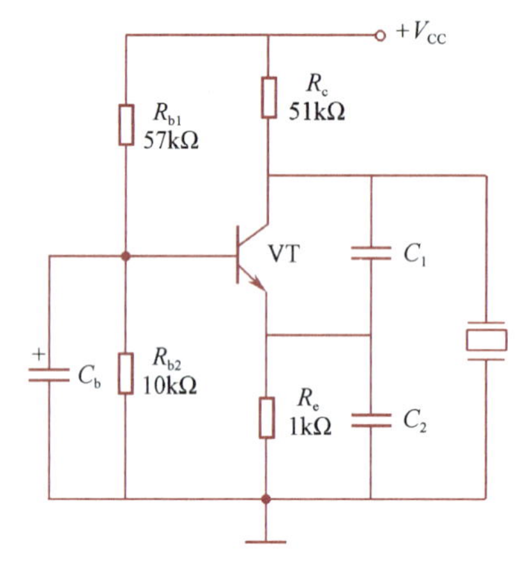

图 6-21　并联型石英晶体振荡电路

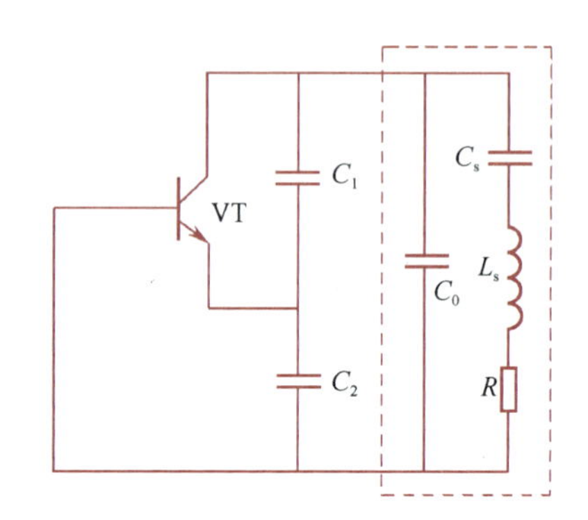

图 6-22　并联型石英晶体振荡电路等效交流电路

由式（6-18）可知，并联型石英晶体振荡电路的振荡频率基本上由晶体的固有频率 f_s 决定，而与 C' 的关系很小。这样由于 C' 不稳定而引起的频率漂移就很小，且参数 f_s 可以做得既精确又稳定，所以并联型石英晶体振荡电路的振荡频率可以十分准确和稳定。

（2）串联型石英晶体振荡电路

串联型石英晶体振荡电路工作于串联谐振频率 f_s 处，利用其阻抗最小且为纯阻性来组成振荡电路。图 6-23 所示为串联型石英晶体振荡电路。电容 C 为旁路电容，对交流信号可视为短路。电路的第一级为共基放大电路，第二级为共集放大电路。用瞬时极性法进行判断可知，只有在石英晶体呈纯阻性，即产生串联谐振时，反馈电压才与输入电压同相，电路才满足正弦波振荡的相位平衡条件，故此电路为串联型石英晶体振荡电路，其振荡频率为石英晶体的串联谐振频率 f_s。通过调整 R_p 的阻值，可使电路满足正弦波振荡的幅值平衡条件。

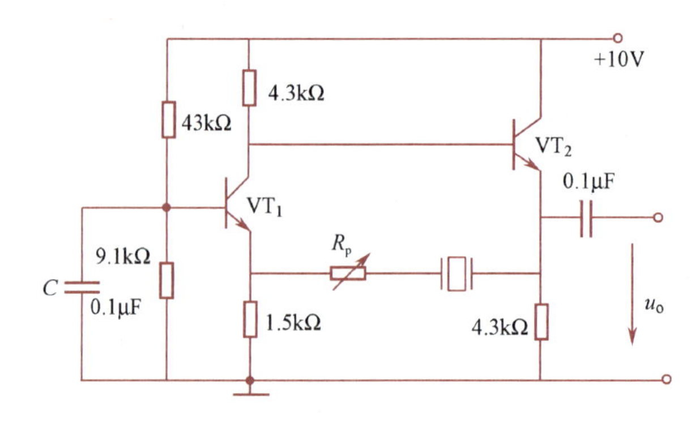

图 6-23　串联型石英晶体振荡电路

6.2　非正弦波产生电路

与正弦波振荡电路比较，非正弦波产生电路的构成、工作原理和分析方法都不相同。这里主要介绍矩形波（方波）和三角波（锯齿波）产生电路。由于非正弦波产生电路是由电压比较器、正反馈网络和 *RC* 充放电环节构成的，所以首先介绍几种常用的电压比较器，然后介绍矩形波（方波）和三角波（锯齿波）产生电路。

6.2.1　电压比较电路

电压比较电路的功能是比较两个电压的大小，通过输出电压的高电平或低电平来表示两个输入电压的大小关系。它可以用集成运算放大器组成，也可以采用专用的集成电压比较器。当用集成运放组成电压比较器时，运放工作在非线性状态。比较器一般有两个输入端和一个输出端，其输入信号通常是两个模拟量，其中一个输入信号是固定不变的参考电压，另一个则是变化的信号电压，而输出信号只有两种可能的状态，即高电平或低电平。

1. 基本电压比较电路

（1）过零电压比较器

图 6-24（a）所示电路为最简单的电压比较电路——过零电压比较器，u_i 为输入电压，它与同相输入端的参考电压 $U_{REF}=0$ 进行比较。

如图 6-24（a）所示，运放采用开环形式工作，其工作于非线性状态。由本书 3.2.3 小节可知，当反相输入电压 $u_i > 0$ 时，即 $u_- > u_+$，则 $u_o=U_{OL}$（低电平）；当 $u_i < 0$ 时，即 $u_- < u_+$，则 $u_o=U_{OH}$（高电平），由此可画出此过零比较器的电压传输特性如图 6-24（b）所示，由其电压传输特性可以看出输出电压 u_o 只有两种可能的状态，即高电平 U_{OH} 或低电平 U_{OL}，由输出电压的高、低可以比较两个输入电压的大小。输出电压 u_o 从一个电平跳变到另一个电平时对应的输入电压 u_i 的值称为阈值电压 U_T（或门限电压）。由于图 6-24（a）所示电路的输入电压 u_i 和 0V 电压进行比较，故称为过零电压比较器，其阈值电压 U_T=0V。若想获得 u_o 跳变方向相反的电压传输特性，则应在图 6-24（a）所示电路中将反相输入端接地，而将同相输入端接输入电压。

利用过零电压比较器可以将正弦波转换为方波，如图 6-24（c）所示。

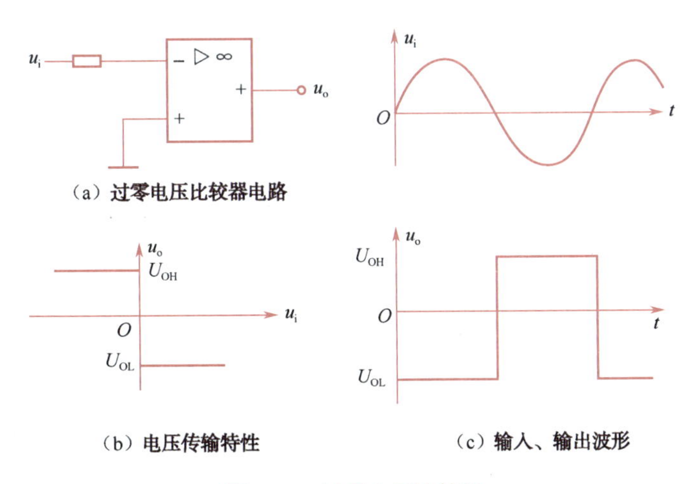

（a）过零电压比较器电路　（b）电压传输特性　（c）输入、输出波形

图 6-24　过零电压比较器

图 6-25 所示电路为有输入、输出限幅保护的过零电压比较器，VD_1、VD_2 用来防止输入信号过大损坏集成运放，输出端并联稳压管既限制了输出电压的幅度，又加快了工作速度。如图 6-25（a）所示，R_2 为限流电阻，设双向稳压管的稳压值 $|\pm U_Z|$ 小于集成运放的最大输出电压 $|\pm U_{OM}|$，当 $u_i > 0$ 时，由于集成运放的输出电压为 U_{OL}（$-U_{OM}$），所以 $u_o = -U_Z$；当 $u_i < 0$ 时，由于集成运放的输出电压为 U_{OH}（$+U_{OM}$），则 $u_o = +U_Z$。由此可知，输出电压的幅度被限制在 $\pm U_Z$。

图 6-25（b）所示电路中的 VD_3（锗管）使负向输出电压接近于零。当 $u_i > 0$ 时，集成运放的输出电压为 $-U_{OM}$，VD_3 导通，将输出电压 u_o 箝位在 VD_3（约为 0.1 ～ 0.3V）值上，所以 $u_o \approx 0V$。当 $u_i < 0$ 时，集成运放的输出电压为 $+U_{OM}$，VD_3 截止，$u_o = +U_Z$。

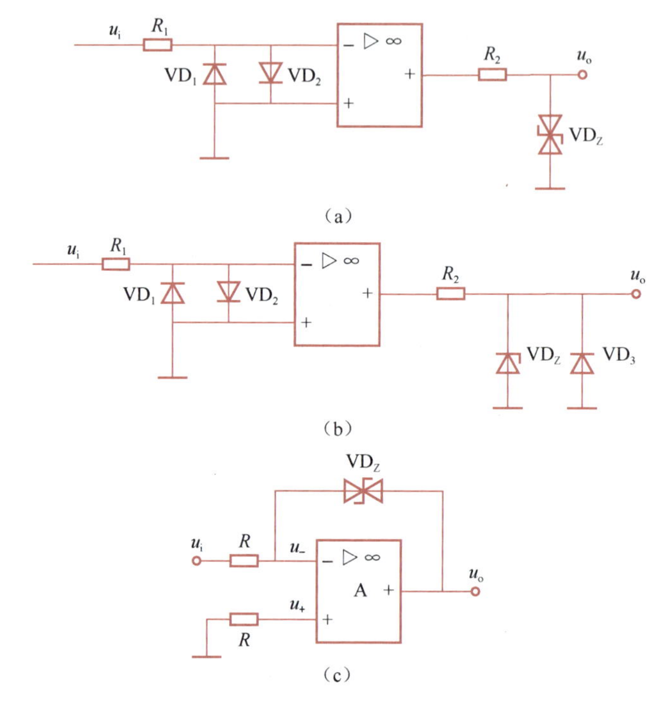

图 6-25　过零电压比较器的限幅电路

限幅电路的稳压管还可以跨接在集成运放的输出端和反相输入端之间，如图 6-25（c）所示。假设稳压管截止，则集成运放工作在开环状态，输出电压为 $+U_{OM}$ 或 $-U_{OM}$，导致稳压管被击穿，使其工作在稳压状态。所以 VD_Z 在此电路中构成负反馈通路，根据“虚短”，有 $u_-=u_+=0$，反相输入端 u_- 为“虚地”；又根据“虚断”，限流电阻 R 上的电流 i_R 等于稳压管的电流 i_Z，所以输出电压 $u_o=\pm U_Z$，达到了限幅效果。由此可知，虽然 6-25（c）所示电路引入了负反馈，但它仍具有电压比较电路的基本特性。

该电路具有以下优点：一是由于集成运放的净输入电压和净输入电流均近似为零，从而保护了输入级；二是由于集成运放并没有工作在非线性区，因而在输入电压过零时，其内部的晶体管不需要从截止区逐渐过渡到饱和区，或从饱和区逐渐过渡到截止区，由此提高了输出电压的转换速度。

（2）单门限电压比较器

单门限电压比较器如图 6-26（a）所示，其工作原理类似于过零比较器，只是在同相

输入端接入的被比较电压 $U_{REF} \neq 0$ 而已。当反相输入电压 $u_i > U_{REF}$ 时，即 $u_- > u_+$，则 $u_o = U_{OL}$（低电平）；当 $u_i < U_{REF}$ 时，即 $u_- < u_+$，则 $u_o = U_{OH}$（高电平），由此可画出此单门限比较器的电压传输特性曲线如图 6-26（b）所示。

利用单门限比较器可以将三角波转换为矩形波，如图 6-26（c）所示，改变参考电压 U_{REF} 的值即可改变矩形波的占空比。

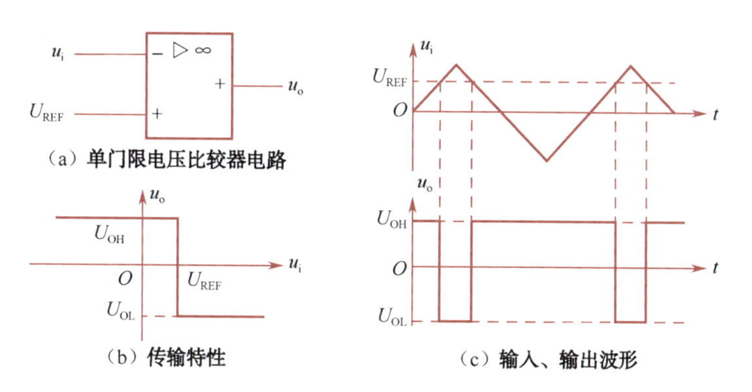

图 6-26　单门限电压比较器

2. 滞回电压比较电路

（1）反相滞回电压比较器

在基本电压比较电路中，输入电压在阈值电压附近的任何微小变化，都将引起输出电压的跳变。因此，虽然基本电压比较电路很灵敏，但抗干扰能力差。为解决这个问题，将输出电压通过反馈电阻 R_f 引向同相输入端，形成正反馈。将参考电压 U_{REF} 通过 R_2 接至同相输入端，输入信号通过 R_1 接至反相输入端，这样就构成了如图 6-27（a）所示的反相滞回电压比较器（又称反相迟滞电压比较器）。

如图 6-27（a）所示，电路引入正反馈，运放工作于非线性状态，$u_o = \pm U_Z$。当 $u_o = +U_Z$ 时，被比较电压 $U_T = U_{T+}$，称为上门限电压。根据叠加原理，可求得

$$U_{T+} = \frac{R_2}{R_f+R_2} U_Z + \frac{R_f}{R_f+R_2} U_{REF} \tag{6-19}$$

当 $u_o = -U_Z$ 时，被比较电压 $U_T = U_{T-}$，称为下门限电压。根据叠加原理，可求得

$$U_{T-} = -\frac{R_2}{R_f+R_2} U_Z + \frac{R_f}{R_f+R_2} U_{REF} \tag{6-20}$$

由式（6-19）和式（6-20）可知，滞回电压比较器的特点是有两个阈值电压。

如图 6-27（a）所示，$U_T = u_+$，又根据“虚断”，$u_i = u_-$，设电路开始工作时，$u_i < U_T$，即集成运放的 $u_- < u_+$，则输出电压的初始值 $u_o = +U_Z$，此时集成运放的同相输入端 $u_+ = U_{T+}$，若输入电压 u_i 呈增加趋势，只有当其增加到 $u_i > U_{T+}$ 时，才有 $u_- > u_+$，输出电压跳变，$u_o = -U_Z$。

当 $u_o = -U_Z$ 时，此时集成运放的同相输入端 $u_+ = U_{T-}$，若输入电压 u_i 呈减小趋势，只有当其减小到 $u_i < U_{T-}$ 时，才有 $u_- < u_+$，输出电压跳变，$u_o = +U_Z$。由此可画出此滞回电压比较器传输特性如图 6-27（b）所示，其中 $\Delta U_T = U_{T+} - U_{T-}$ 称为回差，回差越大，电路的抗

干扰能力越强，但回差越大，电路的灵敏度也越低。图 6-27（c）所示为电路的输入、输出波形。

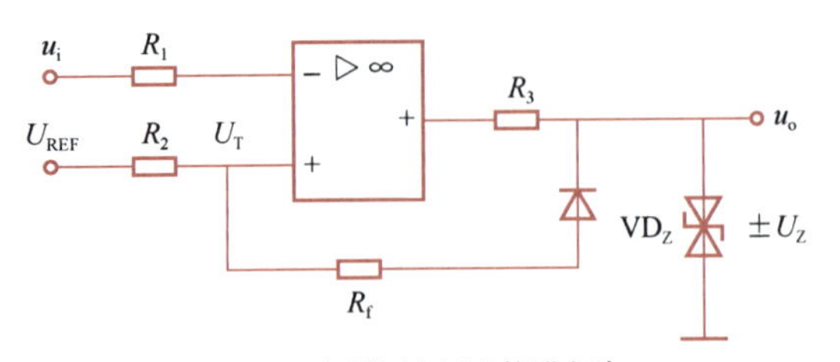

（a）反相滞回电压比较器电路

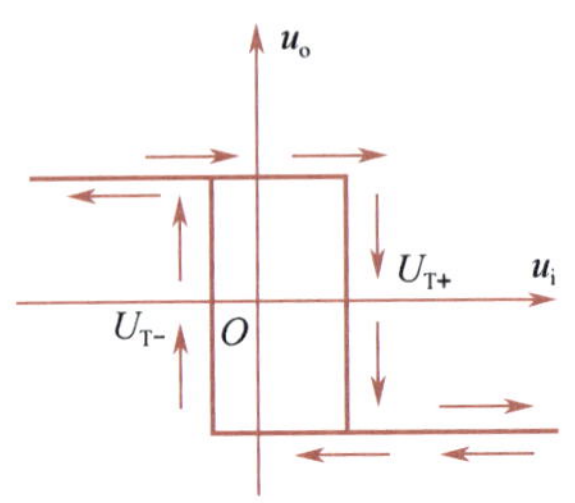

（b）电压传输特性

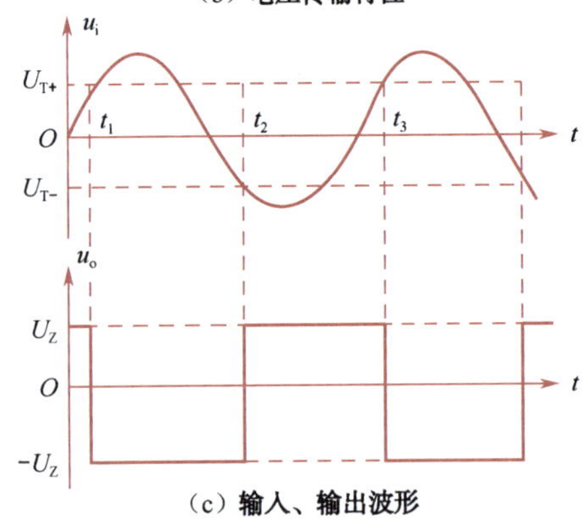

（c）输入、输出波形

图 6-27　反相滞回电压比较器

【例 6-4】设图 6-27（a）所示电路的 R_f=10kΩ，R_2=10kΩ，U_Z=6V，U_{REF}=10V。当输入 u_i 为如图 6-28 所示的波形时，画出输出 u_o 的波形。

解：如图 6-27（a）所示，其上门限电压和下门限电压分别为

$$U_{T+}=\frac{R_2}{R_f+R_2}U_Z+\frac{R_f}{R_f+R_2}U_{REF}=8\text{V}$$

$$U_{T-}=-\frac{R_2}{R_f+R_2}U_Z+\frac{R_f}{R_f+R_2}U_{REF}=2\text{V}$$

由此可画出其电压传输特性和输出波形如图 6-28（a）及图 6-28（b）所示，从本例题可知，滞回电压比较器可以对波形进行鉴幅和整形。

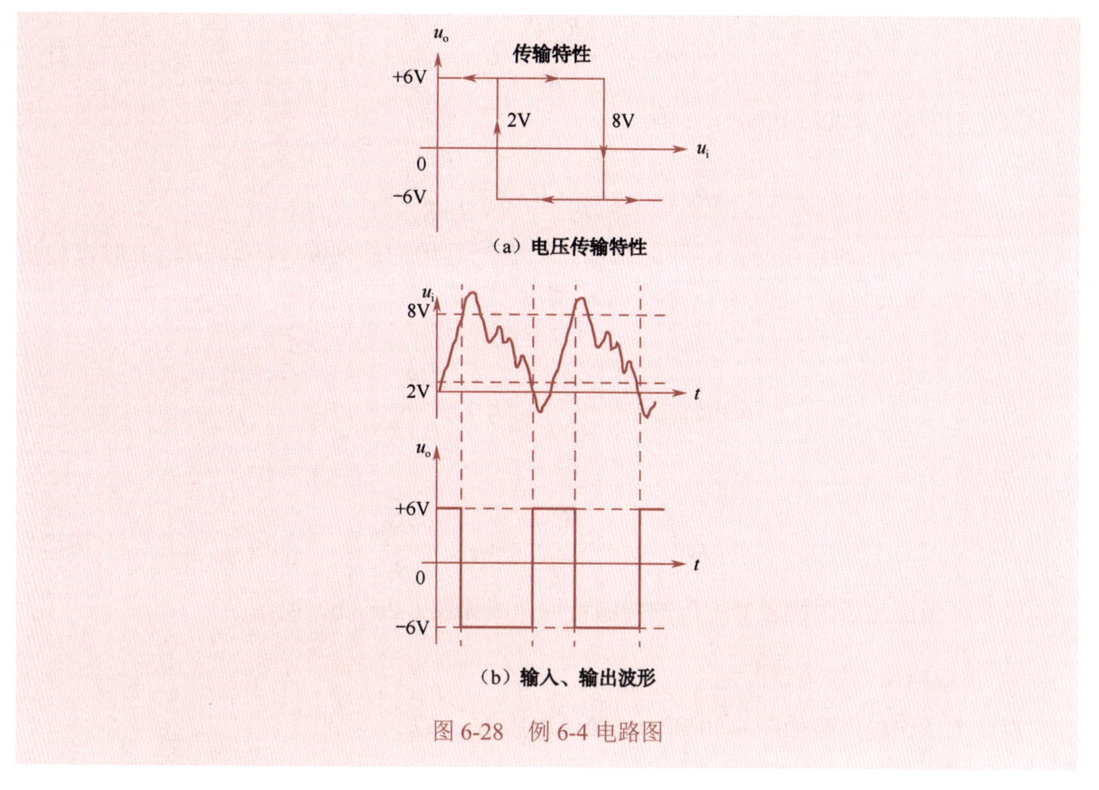

图 6-28　例 6-4 电路图

（2）同相滞回电压比较器

同相滞回电压比较器如图 6-29（a）所示。

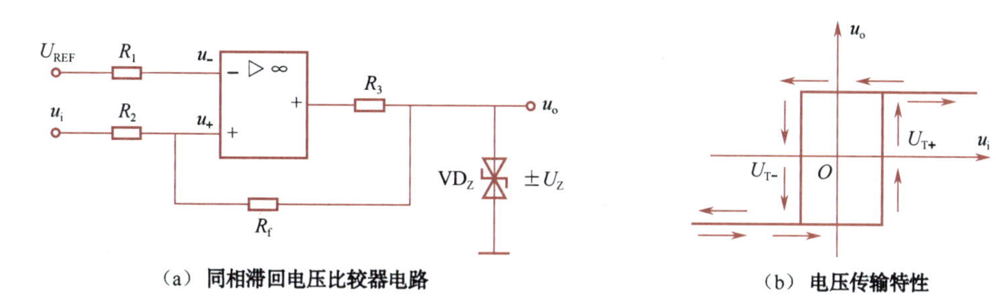

图 6-29　同相滞回电压比较器

当 u_o=+U_Z 时（此时 $u_-<u_+$），有

$$u_+=\frac{R_2}{R_f+R_2}U_Z+\frac{R_f}{R_f+R_2}u_i$$

又因为 $u_-=U_{REF}$（因为“虚断”），所以当 u_i 呈减小趋势时，u_+ 随之减小，只有当其减小到使 $u_+<u_-$（$=U_{REF}$）时，输出电压才跳变，$u_o=-U_Z$。此时使 u_o 跳变的 u_i 值用 U_{T-} 表示。

因为

$$u_+=U_{REF}=\frac{R_2}{R_f+R_2}U_Z+\frac{R_f}{R_f+R_2}u_i$$

所以

$$u_i = U_{T-} = \frac{R_f+R_2}{R_f} U_{REF} - \frac{R_2}{R_f} U_Z \tag{6-21}$$

当 $u_o=-U_Z$ 时（此时 $u_->u_+$），有

$$u_+=-\frac{R_2}{R_f+R_2} U_Z + \frac{R_f}{R_f+R_2} u_i$$

所以当 u_i 呈增加趋势时，u_+ 随之增加，只有当其增加到使 $u_+> u_-$（$= U_{REF}$）时，输出电压才跳变，$u_o= +U_Z$。此时使 u_o 跳变的 u_i 值用 U_{T+} 表示。

因为

$$u_+= U_{REF} =-\frac{R_2}{R_f+R_2} U_Z + \frac{R_f}{R_f+R_2} u_i$$

所以

$$u_i = U_{T+} = \frac{R_f+R_2}{R_f} U_{REF} + \frac{R_2}{R_f} U_Z \tag{6-22}$$

由此可画出此滞回比较器电压的传输特性曲线如图 6-29（b）所示。

3. 窗口电压比较电路

窗口电压比较电路如图 6-30 所示，参考电压 $U_{RH}>U_{RL}$。

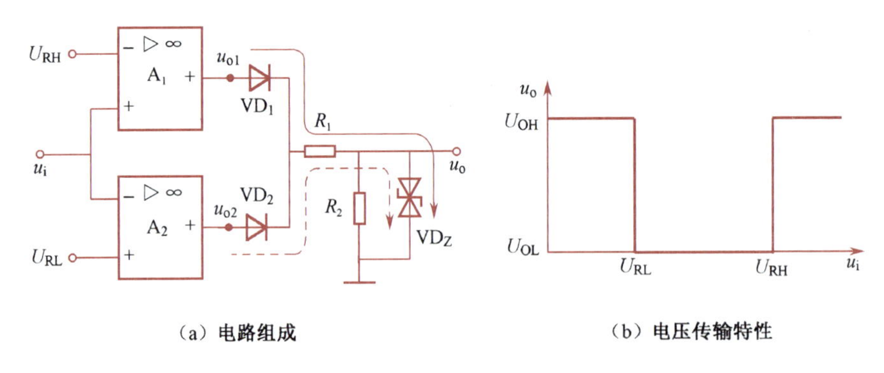

（a）电路组成　　（b）电压传输特性

图 6-30　窗口电压比较电路

如图 6-30 所示，运放采用开环形式工作，集成运放 A_1 和 A_2 均工作于非线性状态。当输入电压 $u_i > U_{RH}$ 时，集成运放 A_1 的 $u_+ > u_-$，其输出电压 $u_{o1}=+U_{OM}$，二极管 VD_1 导通；又因为 $u_i >U_{RL}$，集成运放 A_2 的 $u_+ > u_-$，其输出电压 $u_{o2}= -U_{OM}$，二极管 VD_2 截止。电流通路如图 6-30（a）中实线所标注，稳压管 VD_Z 工作在稳压状态，输出电压 $u_o= +U_Z$。

当输入电压 $u_i >U_{RL}$ 时，集成运放 A_2 的 $u_+ > u_-$，其输出电压 $u_{o2}= +U_{OM}$，二极管 VD_2 导通；又因为 $u_i >U_{RH}$，集成运放 A_1 的 $u_+ > u_-$，其输出电压 $u_{o1}= -U_{OM}$，二极管 VD_1 截止。电流通路如图 6-30（a）中虚线所标注，稳压管 VD_Z 工作在稳压状态，输出电压 $u_o=+U_Z$。

当 $U_{RL}<u_i<U_{RH}$ 时，$u_{o1}=u_{o2}= -U_{OM}$，故 VD_1 和 VD_2 均截止，稳压管也截止，输出电压 $u_o=0$。

U_{RH} 和 U_{RL} 分别为窗口比较电路的两个阈值电压，若 U_{RH} 和 U_{RL} 均大于零，则此窗口比较器的电压传输特性曲线如图 6-30（b）所示。

6.2.2　方波和矩形波产生电路

1．方波产生电路

图 6-31（a）所示电路为由滞回比较器构成的方波产生电路，它是在反相滞回电压比较器的基础上增加了一个由 R、C 组成的定时电路。

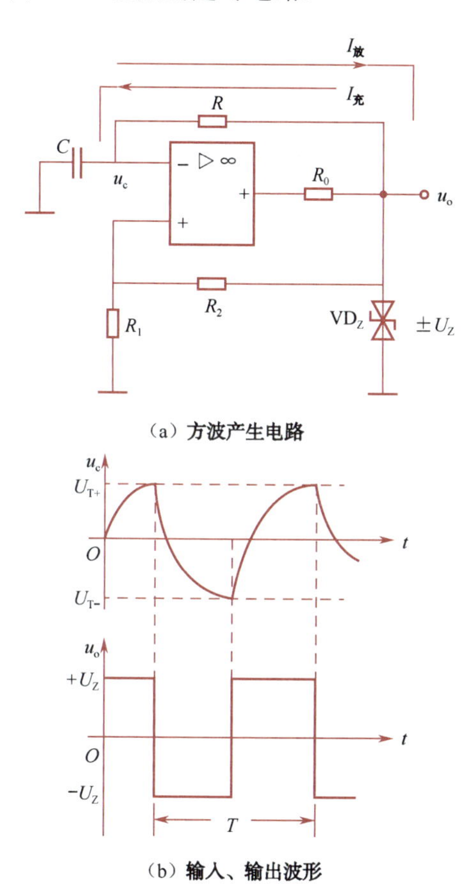

（a）方波产生电路

（b）输入、输出波形

图 6-31　方波发生器

如图 6-31（a）所示，当电源接通瞬间，运放的 u_+ 和 u_- 必存在差别，是 $u_+> u_-$ 还是 $u_+<u_-$ 是随机的，设 $u_c(0)=0V$，$u_+> u_-$，则 $u_o= +U_Z$，此时 u_o 通过 R 对 C 进行充电，u_c 逐渐增加，又因为 $u_+= U_{T+}=\dfrac{R_1}{R_f+R_2}U_Z$，所以当 u_c 增加到 $u_c>U_{T+}$ 时，即运放的 $u_-> u_+$，输出电压跳变，$u_o= -U_Z$。

当 $u_o= -U_Z$ 时，$u_+=U_{T-}=-\dfrac{R_1}{R_f+R_2}U_Z$，电容通过 R 向 u_o 放电，u_c 逐渐减小，当 u_c 减小到 $u_c<U_{T-}$ 时，即运放的 $u_-< u_+$，输出电压跳变，$u_o= +U_Z$。上述过程周而复始，形成振荡，输出对称方波，其 u_c 和 u_o 的波形如图 6-31（b）所示，根据电容充电三要素法，可以求出电路的振荡周期和频率为

$$T = 2RC\ln\left(1+\frac{2R_1}{R_2}\right) \tag{6-23}$$

$$f=\frac{1}{T}=\frac{1}{2RC\ln\left(1+\dfrac{2R_1}{R_2}\right)} \tag{6-24}$$

改变 R 和 C 可以改变方波的振荡频率。

2. 矩形波产生电路

矩形波就是不对称方波，矩形波中高电平的宽度时间 T_K 与其周期 T 之比称为占空比 D，方波就是占空比 D=1/2 的矩形波。为了获得矩形波，在图 6-31（a）所示电路的基础上稍加改进即可，占空比可调的矩形波电路如图 6-32（a）所示。

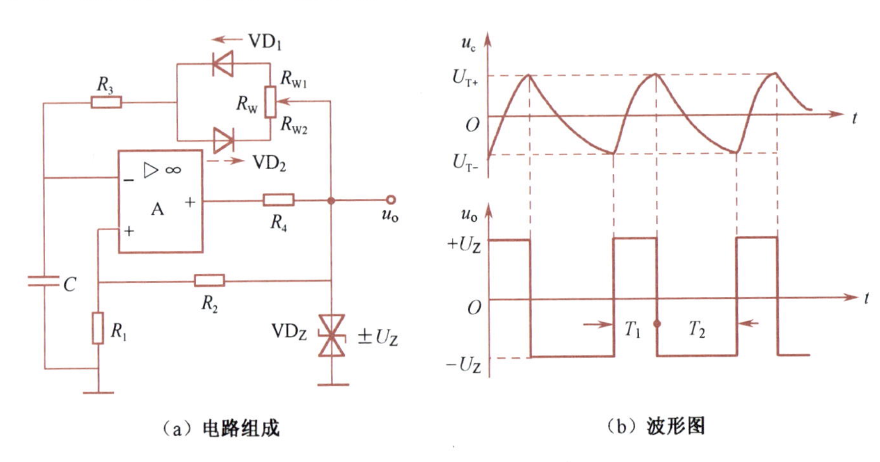

（a）电路组成 （b）波形图

图 6-32 矩形波产生电路

当 u_o= $+U_Z$ 时，u_o 通过 R_{W1}、VD_1 和 R_3 对电容 C 正向充电，忽略二极管导通时的等效电阻，则时间常数 $\tau_1 \approx (R_{W1} + R_3)\,C$，充电时间为

$$T_1 \approx (R_{W1} + R_3)C\ln\left(1+\frac{2R_1}{R_2}\right) \tag{6-25}$$

当 u_o= $-U_Z$ 时，电容 C 通过 R_{W2}、VD_2 和 R_3 向 u_o 端放电，忽略二极管导通时的等效电阻，则时间常数 $\tau_2 \approx (R_{W2} + R_3)\,C$，放电时间为

$$T_2 \approx (R_{W2}+R_3)\,C\ln\left(1+\frac{2R_1}{R_2}\right) \tag{6-26}$$

当 $R_{W1} \neq R_{W2}$ 时，$T_1 \neq T_2$，输出的就是矩形波。可以证明，其周期为

$$T= T_1+T_2 \approx (R_W + 2R_3)\,C\ln\left(1+\frac{2R_1}{R_2}\right) \tag{6-27}$$

占空比为

$$D=\frac{T_1}{T_2}\approx\frac{R_{W1}+R_3}{R_W+2R_3} \tag{6-28}$$

式（6-28）表明，改变电位器 R_W 滑动触头的位置可以调节电路的占空比，但周期不变。

通过对矩形波产生电路的分析可知，欲改变输出电压的占空比，就必须使电容充电和放电的时间常数不相等。利用二极管的单向导电性可以引导电流流经不同的通路，构成占空比可调的矩形波产生电路。

6.2.3　三角波和锯齿波产生电路

1. 三角波产生电路

在方波产生电路中，当滞回比较器的阈值电压较小时，可以将电容两端的电压看成近似的三角波，但由于 RC 的充放电不是恒流的，所以这种三角波的线性度较差，只在要求不高的情况下，才采用此电路。为了提高三角波的线性度，就要保证电容是恒流充放电的。图 6-33（a）所示电路为三角波产生电路，它用集成运放组成的积分电路取代方波发生器中的 RC 电路，图中 A_1 组成滞回比较器，A_2 组成积分电路。

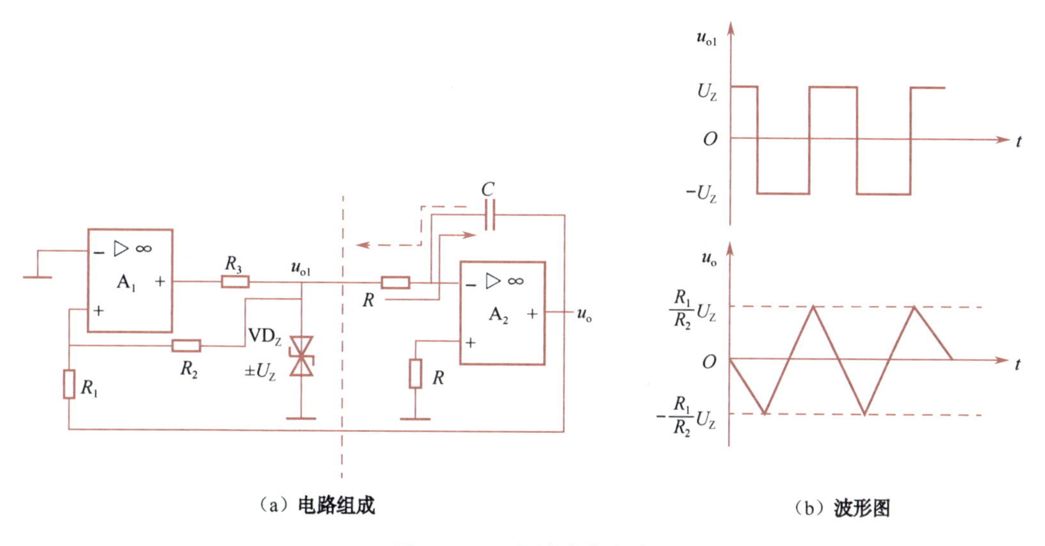

图 6-33　三角波产生电路

如图 6-33（a）所示，设接通电源（$t=0$）时，$u_{o1}=+U_Z$，电容 C 恒流充电，因为 A_2 积分电路的 $u_-=0$ 为虚地，所以充电电流为 U_Z/R，如图中实线所示。输出电压 $u_o=u_c$ 线性下降，当 u_o 下降到一定程度，使 A_1 的 $u_+<u_-$ 时，u_{o1} 从 $+U_Z$ 跳变到 $-U_Z$，与此同时 A_1 的 u_+ 也跳变，电容 C 放电，如图中虚线所示。则输出电压线性上升，当 u_o 上升到一定程度，使 A_1 的 $u_+>u_-$ 时，u_{o1} 从 $-U_Z$ 跳变到 $+U_Z$，电容再次充电，u_o 再次下降。如此周而复始，产生振荡，因充放电时间常数相同，所以输出三角波，其波形如图 6-33（b）所示，u_o 为三角波，u_{o1} 为方波，所以图 6-33（a）所示电路也称为三角波－方波产生电路。

当 $u_{o1}=+U_Z$ 时，根据叠加原理，集成运放 A_1 同相输入端的电位为

$$u_+=\frac{R_1}{R_1+R_2}U_Z+\frac{R_2}{R_1+R_2}u_o$$

当 u_o 下降到使 A_1 的 $u_+=u_-=0$ 时，此时的输出电压为

$$u_o=-\frac{R_1}{R_2}U_Z$$

同理，当 $u_{o1}=-U_Z$ 时，集成运放 A_1 同相输入端的电位为

$$u_+=-\frac{R_1}{R_1+R_2}U_Z+\frac{R_2}{R_1+R_2}u_o$$

当 u_o 上升到使 A_1 的 $u_+=u_-=0$ 时，此时的输出电压为

$$u_o=\frac{R_1}{R_2}U_Z$$

所以三角波的振荡幅度为

$$u_{om}=\frac{R_1}{R_2}U_Z \tag{6-29}$$

根据电容充电三要素法，可以求出电路的振荡周期和频率为

$$T=\frac{4R_1R_3C}{R_2} \tag{6-30}$$

$$f=\frac{R_2}{4R_1R_3C} \tag{6-31}$$

2. 锯齿波产生电路

锯齿波和三角波的区别：三角波的上升和下降斜率的绝对值相等，而锯齿波上升和下降斜率的绝对值不相等。所以只要把三角波产生电路稍加改进，利用二极管的单向导电性，使积分电路中电容的充放电回路不同，即可得到锯齿波产生电路，如图 6-34（a）所示。

如图 6-34（a）所示可知，电路充电回路为 R_4、C，放电回路为 $R_6//R_4$、C，设 $R_6<<R_4$，则充放电时间常数不同，所以输出波形 u_o 为锯齿波电压，u_{o1} 为矩形波电压，其波形如图 6-34（b）所示。

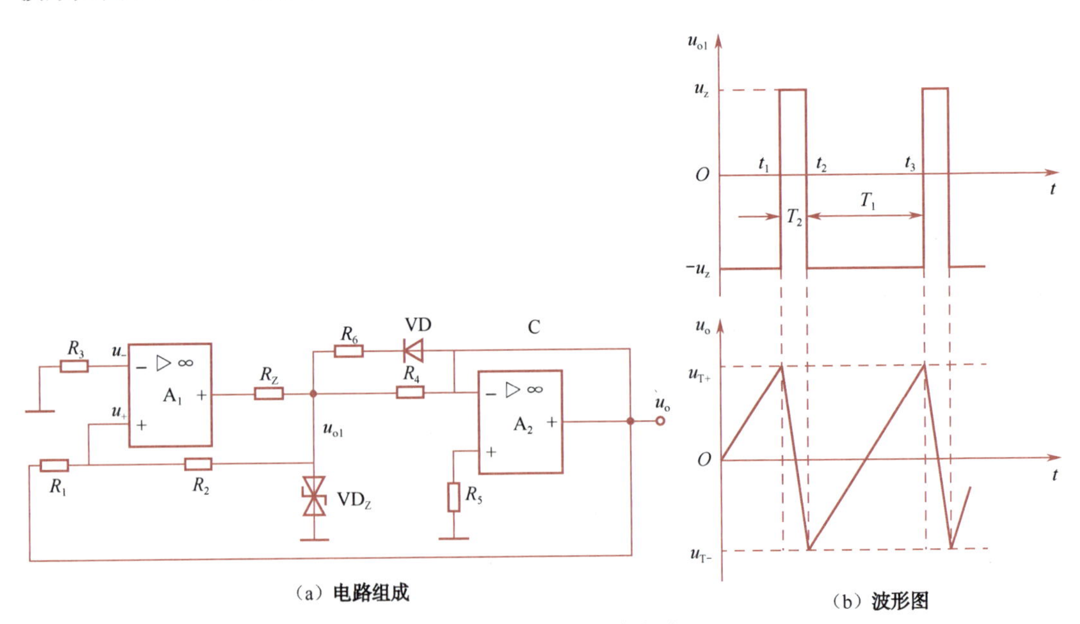

（a）电路组成　　（b）波形图

图 6-34　锯齿波产生电路

本章小结

1. 正弦波产生电路

（1）正弦波振荡电路由放大电路、选频网络、正反馈网络和稳幅环节四部分组成。

（2）正弦波振荡的平衡条件为

$$\begin{cases} |\dot{A}\dot{F}| = 1 & \text{（幅值平衡条件）} \\ \varphi_a = \varphi_f = 2n\pi\ (n\text{为整数}) & \text{（相位平衡条件，可以用瞬时极性法判断电路此条件是否满足）} \end{cases}$$

电路的起振条件为 $|\dot{A}\dot{F}| > 1$。

（3）按选频网络所用元件的不同，正弦波振荡电路可分为 RC、LC 和石英晶体三种类型。

① RC 正弦波振荡电路：振荡频率 $f = \dfrac{1}{2\pi RC}$（1Hz ～ 1MHz，低频信号）。

② LC 正弦波振荡电路：振荡频率 $f = \dfrac{1}{2\pi\sqrt{LC}}$（1MHz 以上，高频信号）。

其中，电感三点式 LC 振荡器的 $L = L_1 + L_2 + 2M$，电容三点式 LC 振荡器的 $C = \dfrac{C_1 \times C_2}{C_1 + C_2}$。

③石英晶体正弦波振荡电路：振荡频率 = 石英晶体的固有频率（非常稳定）。

2. 非正弦波产生电路

（1）电压比较电路

① 电压比较电路通常工作在开环或正反馈状态，集成运放工作在非线性区，其输出电压为高电平或低电平。

② 电压比较电路有单门限比较器（只有一个阈值电压）、窗口比较器（两个阈值电压）、滞回比较器（具有滞回特性，当 u_i 增加时，只有当 u_i ＞上门限电压 U_{T+} 时，输出电压才跳变；当 u_i 减小时，只有当 u_i ＜下门限电压 U_{T-} 时，输出电压才跳变）。

（2）方波和矩形波产生电路

①方波产生电路：由滞回比较器和 R、C 积分电路构成，其占空比 D=1/2，振荡频率为

$$f = \frac{1}{T} = \frac{1}{2RC\ln\left(1 + \dfrac{2R_1}{R_2}\right)}$$

② 矩形波产生电路：在方波产生电路的基础上，改变 R、C 充放电回路的时间常数，即为矩形波产生电路。

（3）三角波和锯齿波产生电路

① 三角波产生电路：用集成运放组成的积分电路取代方波发生器中的 RC 电路，即可得到三角波产生电路，其电容充放电的电流恒定，由此得到三角波，振荡频率为 $f = \dfrac{R_2}{4R_1R_3C}$。

② 锯齿波产生电路：在三角波产生电路的基础上，使积分电路中充放电回路不同，即可得到锯齿波产生电路。

习题

1．判断下列说法是否正确，用“√”或“×”表示判断结果并填入括号内。

（1）在图 6-35 所示方框图中，只要 $\dot{A}$ 和 $\dot{F}$ 同符号，就有可能产生正弦波振荡。（　）

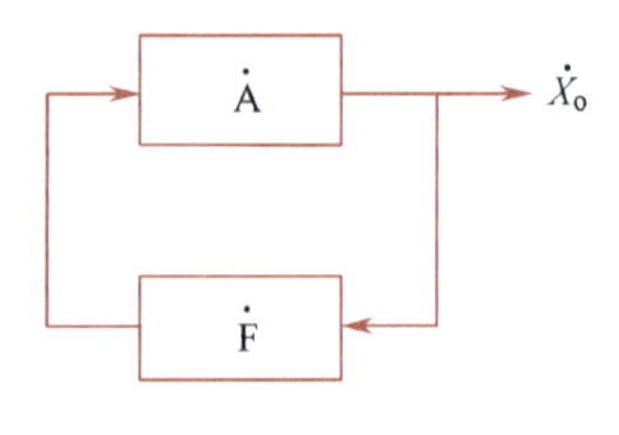

图 6-35　题 1 图

（2）电路只要满足 $|\dot{A}\dot{F}|=1$，就一定会产生正弦波振荡。（　）

（3）只要集成运放引入正反馈，就一定工作在非线性区。（　）

2．将正确的答案填入空内。

（1）LC 并联网络在谐振时呈______，在信号频率大于谐振频率时呈______，在信号频率小于谐振频率时呈________。

（2）当信号频率等于石英晶体的串联谐振频率或并联谐振频率时，石英晶体呈______；当信号频率在石英晶体的串联谐振频率和并联谐振频率之间时，石英晶体呈______；其余情况下呈________。

（3）当信号频率 $f=f_0$ 时，RC 串 / 并联网络呈________。

3．试用相位平衡条件判断图 6-36 所示电路能否产生正弦波振荡，并指出振荡电路的类型。

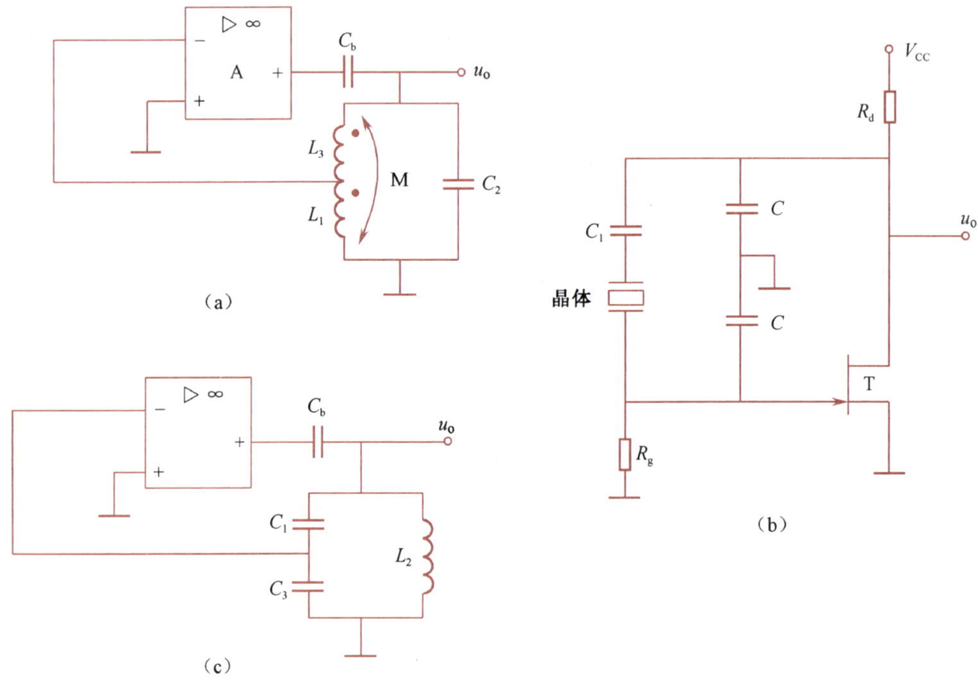

图 6-36　题 3 图

4．图 6-37 所示电路为 RC 串 / 并联桥式正弦波振荡电路。

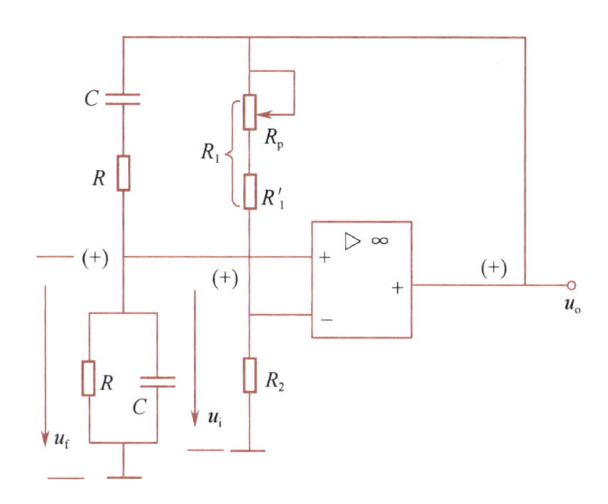

图 6-37　题 4 图

（1）根据相位平衡条件判断电路能否产生正弦波振荡？

（2）若能产生振荡，其振荡频率是多少？

（3）说明电阻 R_1 和 R_2 的大小关系。若 $R'_1=2R_2$，$R_p=0$，电路能否起振？若不能起振，应当怎样调整 R_p 的大小？

5．试分别画出图 6-38 所示各电路的电压传输特性曲线。

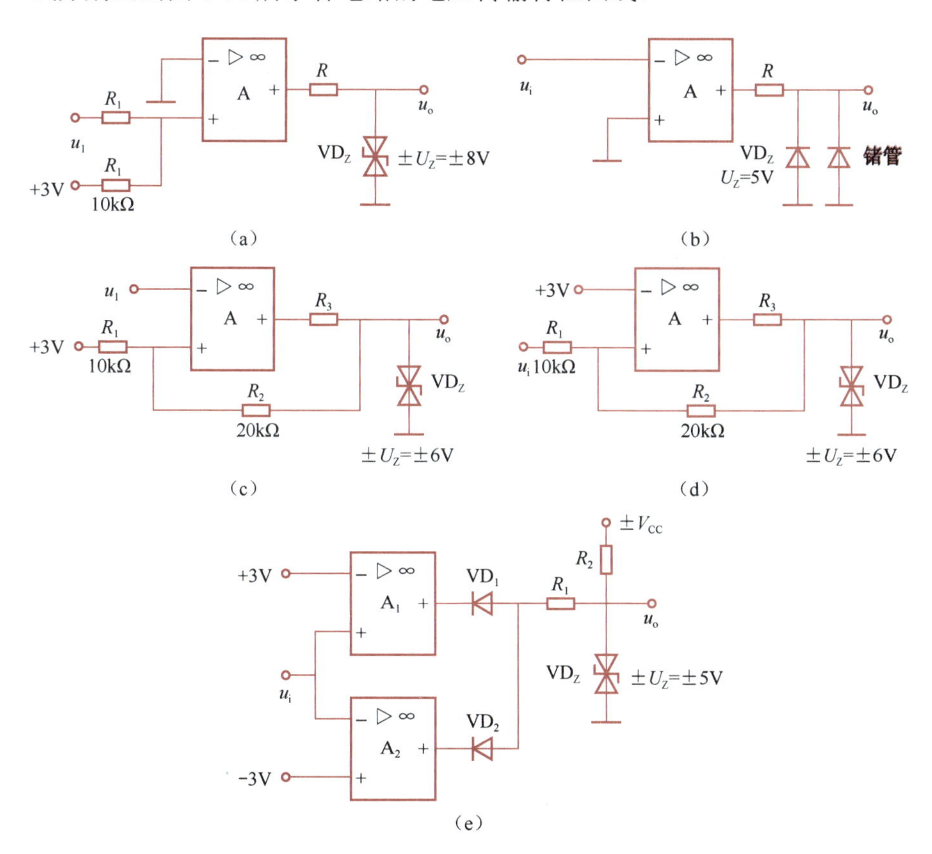

图 6-38　题 5 图

6. 图6-39所示电路为光控电路的一部分，它将连续变化的光电信号转换成离散信号（不是高电平就是低电平），电流 i_1 随光照的强弱而变化。

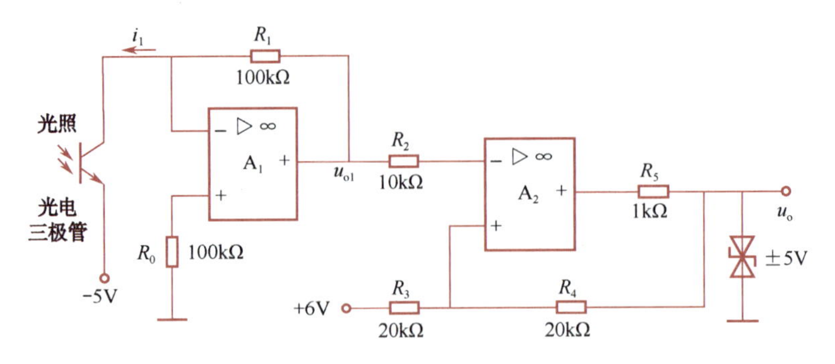

图 6-39　题 6 图

（1）判断 A_1、A_2 工作在线性区还是非线性区。

（2）画出 u_o 与 i_1 的传输特性曲线。

7. 图 6-40 所示为利用窗口比较器检测晶体管 β 值的电路，各元件参数如图中标注，试判断该电路能否区分 β 值在 50 ～ 100 之间的晶体管。

（1）分析该电路的工作原理。

（2）画出窗口比较电路的传输特性曲线。

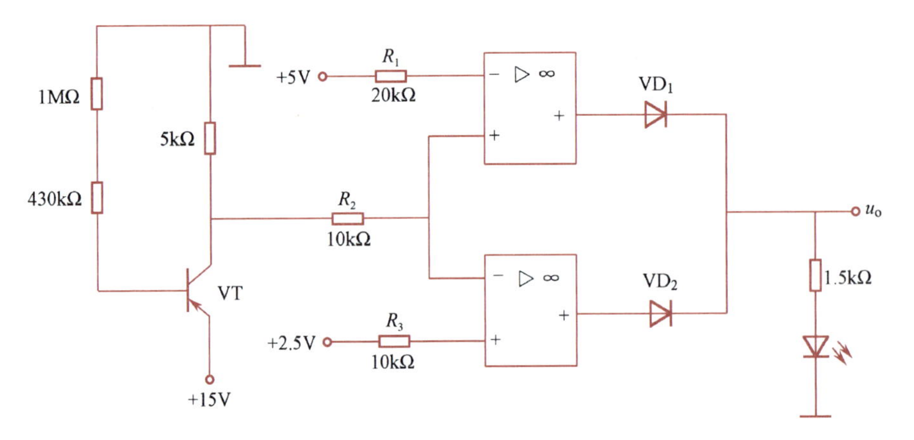

图 6-40　题 7 图

第 7 章　直流稳压电源电路

知识目标

● 了解直流稳压电源的组成及主要性能指标。

● 掌握单相整流电路的工作原理，理解电容滤波电路的特点。

● 了解线性集成稳压器的组成和工作原理，熟悉三端集成稳压器的应用。

● 知道开关稳压电路的特点及基本原理。

技能目标

● 会合理选择单相桥式整流电容滤波电路中的整流二极管和滤波电容。

● 会根据单相桥式整流电容滤波电路的输出电压值判断电路工作是否正常及故障所在。

● 知道三端集成稳压器的引脚排列及应用电路的连接。

● 知道开关集成稳压器的引脚排列及应用电路的连接。

● 能组装和调试直流稳压电源电路。

在电子电路中，通常都需要电压稳定的直流电源供电。小功率直流稳压电源多采用220V、50Hz单相交流电供电，其组成可以用图7-1所示框图表示，它一般由电源变压器、整流、滤波和稳压电路等四部分组成。

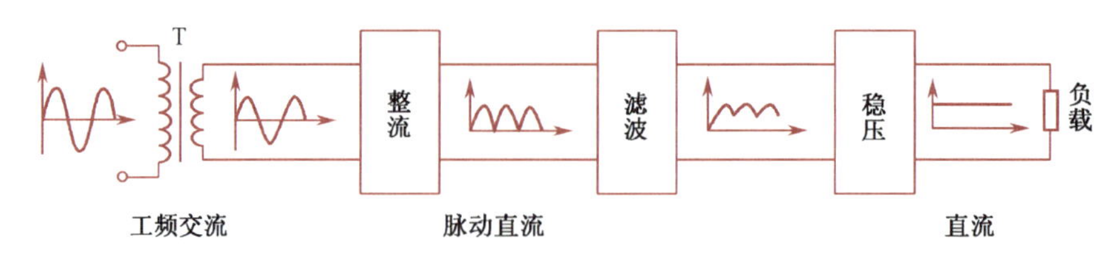

图7-1　直流稳压电源的组成

如图7-1所示可知，电源变压器是将交流电网220V的交流电压变为合适的交流电压；整流电路是将交流电压变为脉动的直流电压（即方向不变，但大小随时间变化的交流电）；滤波电路则是滤掉脉动直流电中的纹波，将脉动直流电压转变为平滑的直流电压；稳压电路的作用是当电网电压波动、负载和温度变化时，维持输出直流电压的稳定。

任务　可调式集成稳压电源电路

一、任务目的

通过可调式集成稳压电源的制作，掌握集成稳压电源的基本原理及应用。

二、任务要求

可调式集成稳压电源性能指标：

（1）输出电压调节范围在1.25～30V连续可调；

（2）输出电流可达1.5A；

（3）纹波电压≤5mV；

（4）电压调整率 $K_u \leqslant 3\%$；

（5）电流调整率 $K_i \leqslant 1\%$。

三、任务实现

本电源设计可将220V、50Hz的交流市电经过降压、整流、滤波和稳压之后，输出1.25～30V的连续直流稳定电压，可以给单片机及其他供电电压在该范围的芯片进行供电。其中稳压模块由LM317组成，实现直流电压的稳定输出，具有输出稳定、简单易调的特点。可调式集成稳压电源设计电路如图7-2所示。

图7-2所示电路为外加少量元件组成的可调式稳压电路。为了获得较高的输出电压值，LM317稳压器的调节端和地之间的电阻值 R_3 及其压降往往较大，在 R_3 两端并接一个小于10μF的电容 C_3，可有效地抑制输出端的纹波。VD_6 为保护二极管，防止当输入端或输出端发生短路时，C_3 中储存的电荷通过稳压器内部的调整管和基准放大管放电而损坏稳压器。

该集成稳压器的输出电压取决于外接电阻 R_2 和 R_3 的分压比。LM317输出端与调整端之间的电位差恒等于1.25V，调整端管脚1的电流极小（约为几毫安），所以流过 R_2 和 R_3 的电流几乎相等，通过改变电位器的阻值 R_3 就能改变输出电压 U_o。

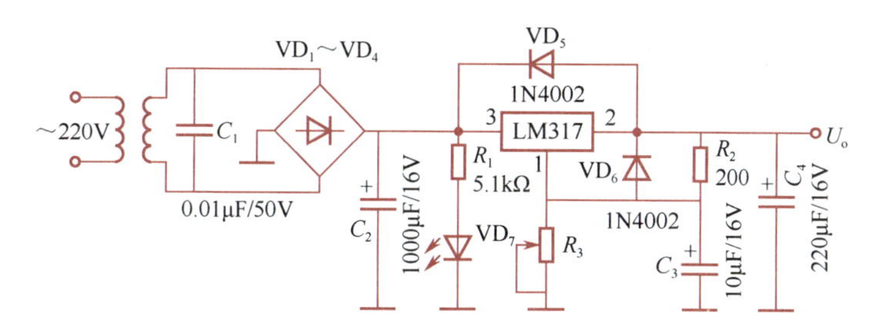

图 7-2　LM317 可调集成稳压电源设计电路

LM317 为了保持输出电压的稳定性，要求流经 R_2 的电流要小于 5mA，这就限制了电阻 R_2 的取值。此外，还应注意，LM317 在不加散热片时的最大允许功耗为 2W，在加 200mm ×200mm ×4mm 散热板后，其最大允许功耗可达 15W。

LM317 集成稳压器在没有容性负载的情况下可以稳定地工作。但当输出端有 500 ～ 5000pF 的容性负载时，就容易发生自激。为了抑制自激，在输出端接入 220μF 的铝电解电容 C_4，该电容还可以减小高频噪声和改善电源的瞬态响应。但是接上该电容以后，集成稳压器输入端一旦发生短路，C_4 将对稳压器的输出端放电，其放电电流可能损坏稳压器，故在稳压器的输入与输出端之间接入一只保护二极管 VD_5，当输入端短路时，C_4 通过 VD_5 放电，防止稳压器被损坏。

元件清单：

• VD_1 ～ VD_6	IN4002	二极管
• C_1		涤纶或独立电容
• C_2 ～ C_4		铝电解电容
• R_1 ～ R_2		（1/8）W 碳膜电阻

7.1　半导体二极管单相整流电路

整流电路主要利用二极管的单向导电性将交流电变为脉动直流电，在小功率（1kW 以下）整流电路中，常见的有单相半波、全波和桥式整流电路。在以下的分析中，均将二极管作为理想器件处理，即其正向导通电阻为零，反向电阻为无穷大。

7.1.1　单相半波整流电路

1. 工作原理

单相半波整流电路如图 7-3（a）所示。整流变压器 T_r 可将 220V 的交流市电变为所需的交流低压，同时还具有良好的高低压之间的隔离作用。图中 u_1 表示电网电压，u_2 表示变压器副边的瞬时值，设

$$u_2=\sqrt{2}\ U_2\sin\omega t \tag{7-1}$$

式中，U_2 为变压器副边电压的有效值。

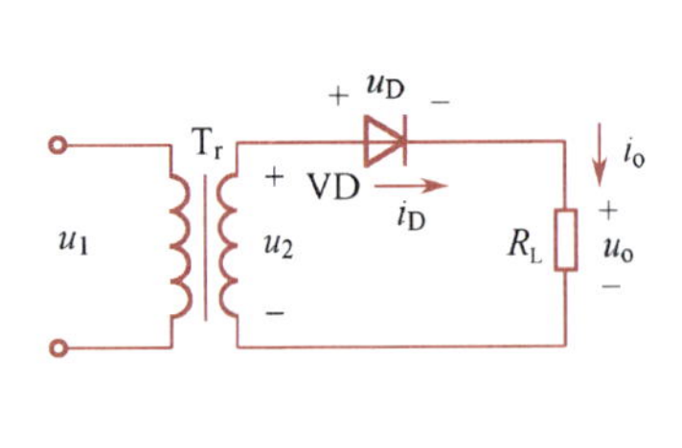

（a）电路图

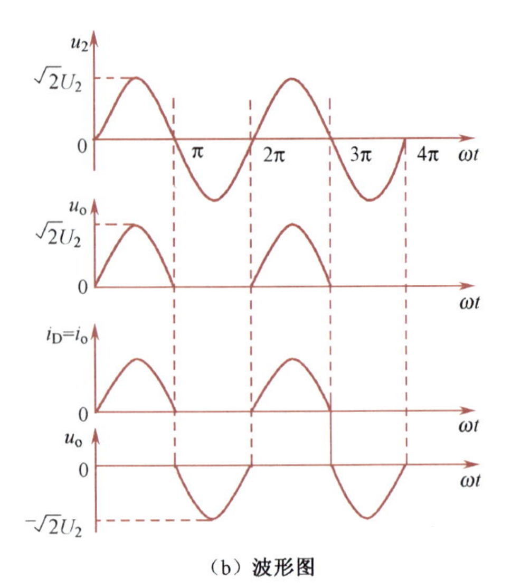

（b）波形图

图 7-3 半波整流电路及其波形

如图 7-3（a）所示，当 u_2 正半周时（即 $u_2>0$），二极管 VD 导通，电流的流通途径为 $u_{2+}\rightarrow u_D\rightarrow R_L\rightarrow u_{2-}$，忽略二极管导通电压，则 $u_o= u_2$；当 u_2 负半周时（即 $u_2<0$），二极管 VD 截止，$u_o=0$，输入电压 u_2 全部加在截止的二极管 VD 两端，即二极管承受的反向电压 $u_D=u_2$，其电流、电压波形如图 7-3（b）所示。由此可见，在交流电压 u_2 变化一周时，负载 R_L 上得到单相脉动直流电压。这种整流电路只利用了电源电压 u_2 的半个波形，所以称为半波整流电路。

2. 主要参数

整流输出的电压和电流用一个周期内的平均值表示。利用傅里叶级数理论，可求得半波整流电路的直流分量（即平均值）为

$$R_L=\frac{1}{2\pi}\int_0^{2\pi}\sqrt{2}\ U_2\sin\omega t\mathrm{d}\omega t=\frac{\sqrt{2}}{\pi}U_2=0.45U_2 \tag{7-2}$$

流过二极管的平均电流为

$$I_D=I_O=\frac{U_O}{R_L}=0.45\frac{U_2}{R_L} \tag{7-3}$$

二极管所承受的最高反向工作电压为

$$U_{RM}=\sqrt{2}\ U_2 \tag{7-4}$$

因此在选择二极管时，必须满足以下两个条件：

① 二极管的额定反向电压（U_R）应大于其承受的最高反向工作电压 U_{RM}，即

$$U_R>U_{RM}$$

② 二极管的额定整流电流（I_F）应大于通过二极管的平均电流 I_D，即

$$I_F>I_D$$

通过以上分析可知，半波整流电路的特点是电路简单、所用元件少，但输出直流分量较低、输出电压波动大，而且只利用了交流电的半个周期，电源变压器利用率低，它主要

适用于要求不高的场合。为了克服半波整流电路的缺点，常采用桥式整流电路。

7.1.2　单相桥式整流电路

1. 工作原理

单相桥式整流电路如图 7-4（a）所示。四个二极管作为整流元件，接成电桥形式，其中 VD_1 和 VD_2 的阴极接在一起，该处为输出直流电压 U_O 的正极性端；VD_3 和 VD_4 的阳极接在一起，该处为输出直流电压 U_O 的负极性端。电桥的另外两端，接入待整流的交流电压。图 7-2（b）所示电路是单相桥式整流电路常见的简易画法。

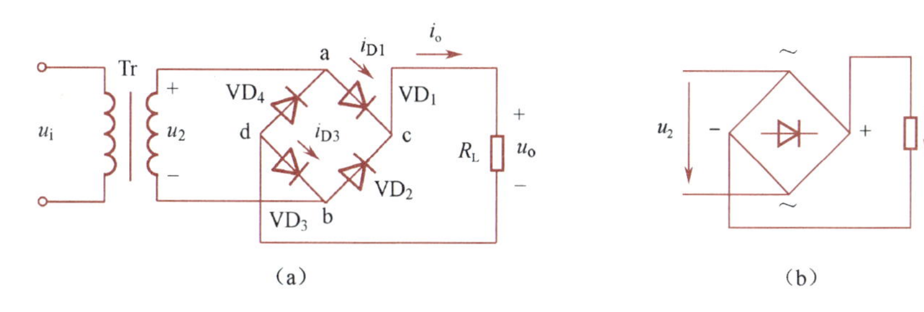

图 7-4　单相桥式整流电路

如图 7-4（a）所示，当 u_2 位于正半周时，二极管 VD_1、VD_3 导通，VD_2、VD_4 截止。电路中的电流路径为

$$u_{2+} \longrightarrow a \longrightarrow VD_1 \longrightarrow c \longrightarrow R_L \longrightarrow d \longrightarrow VD_3 \longrightarrow b \longrightarrow u_{2-}$$

即 $i_o = i_{D1} = i_{D3}$，此电流在负载 R_L 上形成上正、下负的输出电压 u_o，忽略 VD_1、VD_3 的导通电压，则 $u_o = u_2$。

当 u_2 位于负半周时，二极管 VD_2、VD_4 导通，VD_1、VD_3 截止。电路中的电流路径为

$$u_{2-} \longrightarrow b \longrightarrow VD_2 \longrightarrow c \longrightarrow R_L \longrightarrow d \longrightarrow VD_4 \longrightarrow a \longrightarrow u_{2+}$$

即 $i_o = i_{D2} = i_{D4}$，此电流流经 R_L 的方向与 u_2 正半周时相同，因此 R_L 两端同样形成上正、下负的输出电压 u_o，忽略 VD_2、VD_4 的导通电压，则 $u_o = -u_2$。

由此可见，无论 u_2 处于正半周还是负半周，都有电流以同方向流过负载 R_L。因此，输出电压 u_o 为单方向的全波脉动直流电压。其电压、电流波形如图 7-5（b）、（c）所示。

2. 主要参数

在变压器二次电压 u_2 相同的情况下，桥式整流电路的输出电压比单相半波整流电路提高了一倍，其输出的直流平均电压为

$$U_O = 2\times0.45U_2 = 0.9U_2 \tag{7-5}$$

在桥式整流电路中，由于二极管 VD_1、VD_3 和 VD_2、VD_4 是轮流导通的，故流过每只二极管的平均电流只是负载电流的一半，即二极管的通态平均电流为

$$I_D = \frac{1}{2}I_O = 0.45\frac{U_2}{R_L} \tag{7-6}$$

由于二极管在导通的半个周期内可视为短路，这时截止的一对二极管便与 u_2 并联而

承受反向电压，其承受的最高反向工作电压为

$$U_{RM}=\sqrt{2}\ U_2 \tag{7-7}$$

二极管的电流、电压波形如图 7-5（c）、（d）所示。

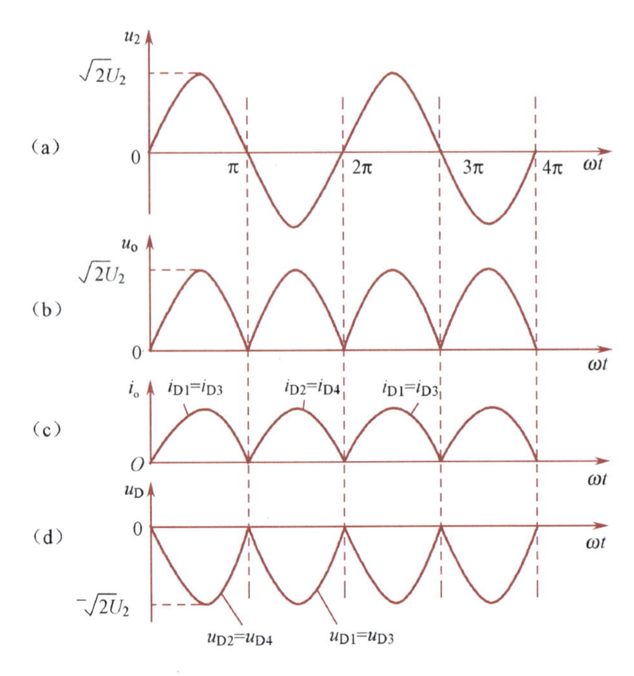

图 7-5　桥式整流电路的电流、电压波形

在桥式整流电路中，如果四个整流二极管按一定的规则制作在一起，并封装成为一个器件，称为整流桥（简称桥堆），其外形与管脚如图 7-6 所示。使用时，a、b 两端接交流输入电压，c、d 两端为输出直流电压的正、负极。

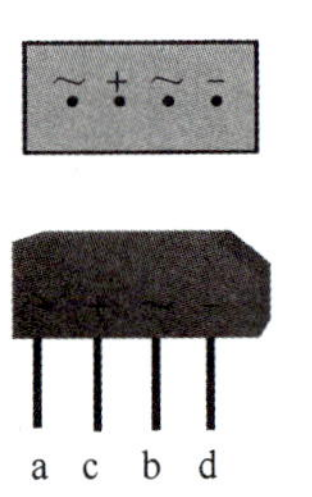

图 7-6　整流桥外形与管脚图

7.2　滤波电路

整流电路将交流电变成了脉动直流电，但脉动直流电中含有较大的交流成分（称为纹波电压），不能被电子线路直接使用。为了获得平滑的直流电，一般在整流电路后加接滤波电路，以滤除整流后脉动直流电中的交流成分。

7.2.1　电容滤波电路

图 7-7（a）所示为桥式整流电容滤波电路，它是在桥式整流后，由一个容量较大的带极性的电解电容器 C 和负载电阻 R_L 并联组成的。输出电压 u_o 就是电容两端的电压 u_c。

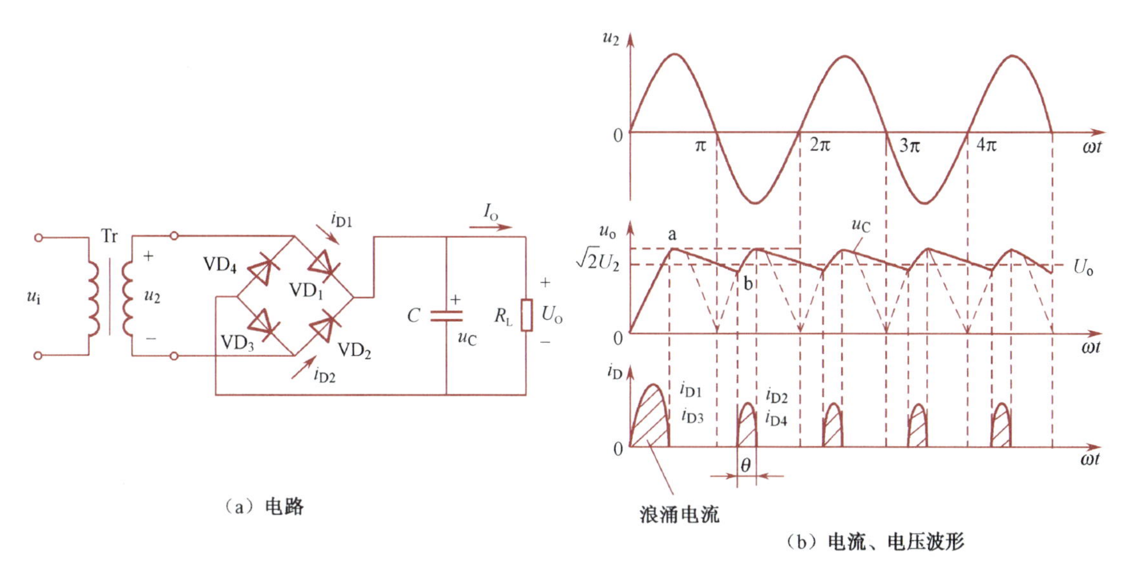

（a）电路

（b）电流、电压波形

图 7-7　桥式整流电路及其电流、电压波形

1. 工作原理

设接通电源瞬间（t=0 时），电容两端电压 u_C=0，当 u_2 由零上升时，VD_1、VD_3 导通，对电容 C 进行充电，同时向负载 R_L 提供电流，此时 VD_2、VD_4 截止。由于充电回路的电阻很小，所以 u_C 和 u_2 同步变化，当 $\omega t=\pi/2$ 时，u_C 随 u_2 达到峰值，如图 7-7（b）中的 a 点。此后 u_2 开始下降，使 $u_2<u_C$，此时四只二极管 VD_1 ～ VD_4 均处于截止状态，电容 C 向负载 R_L 放电，由于放电时间常数 R_LC 很大，所以电容两端电压 u_C 按指数规律缓慢下降。当 u_C 下降到图中的 b 点时，$|u_2|>u_C$，二极管 VD_2、VD_4 导通，VD_1、VD_3 截止，u_2 经 VD_2、VD_4 再次对电容 C 进行充电，输出电压增大。当 $\omega t=3\pi/2$ 时，电容两端电压 u_C 又达到峰值。以后随着 u_2 的周期性变化，电容不断重复上述充、放电过程，输出电压 $u_o=u_C$，波形如图 7-7（b）中实线所示。

2. 主要参数

由以上分析可知，整流电路后接滤波电容，不仅使输出电压的波形变平滑了，而且还提高了输出电压的平均值，其大小与电容 C 向负载 R_L 的放电速度有关，放电时间常数越大，电容放电速度就越慢，输出波形就越平滑，其平均值就越大。为了获得良好的滤波效果，一般取电容的放电时间常数为

$$R_LC \geqslant (3 \sim 5)\frac{T}{2} \tag{7-8}$$

式中，T 为输入交流电压的周期，此时输出电压的平均值为

$$U_O \approx 1.2U_2 \qquad (7\text{-}9)$$

在桥式整流电容滤波电路中，流过每只二极管的平均电流是负载电流的一半，即

$$I_D = \frac{1}{2} I_O \qquad (7\text{-}10)$$

当 R_L 开路（空载），电容充电到 u_2 的峰值时，四只二极管均截止，电容无放电回路，u_C（$=u_o$）保持不变，且

$$U_O \approx \sqrt{2}\, U_2 \qquad (7\text{-}11)$$

在整流滤波电路中，整流二极管只有在 $|u_2|>u_C$ 时才导通，故其导通时间缩短，一个周期内的导通角 $\theta<\pi$。而电容 C 充电的瞬时电流很大，电路中形成了浪涌电流，如图 7-5（b）所示，容易造成二极管的损坏。为此在选择整流管时，必须留有足够的余量，一般按 $I_D=$（2 ～ 3）I_O 来选择整流管。此外对电容器的耐压也有一定的要求，一般取电容器的耐压值为（1.5 ～ 2）U_2。

电容滤波电路的特点是电路简单、输出直流电压较高、纹波也较小。缺点是输出特性较差，适用于小电流的场合。

【例 7–1】 单相桥式整流电容滤波电路如图 7-7（a）所示，设交流电源的频率 $f=50\text{Hz}$。若要求输出直流电压 $U_O=30\text{V}$，输出直流电流 $I_O=0.3\text{A}$。试选择整流二极管和滤波电容。

解： 由式（7-9）确定电源变压器二次电压有效值为

$$U_2 = \frac{U_O}{1.2} = \frac{30\text{V}}{1.2} = 25\text{V}$$

流过二极管的平均电流为

$$I_D = \frac{1}{2} I_O = \frac{1}{2} \times 0.3\text{A} = 0.15\text{A}$$

二极管承受的最高反向电压为

$$U_{RM} = \sqrt{2}\, U_2 = \sqrt{2} \times 25\text{V} = 35.4\text{V}$$

因此，选择整流管的最大整流电流 $I_F \geqslant$（2 ～ 3）$I_O=$（0.6 ～ 0.9）A，最高反向工作电压 $U_{RM}>36\text{V}$。查手册可以选用四只特性相同的 2CZ55C 二极管（参数：$I_F=1\text{A}$，$U_{RM}=100\text{V}$）或选用 1A、100V 的整流桥。

由式（7-8）取 $R_LC = 4\dfrac{T}{2}$，则

$$C \geqslant \frac{4T}{2R_L} = \frac{4\times\frac{1}{50}}{\frac{2\times 30}{0.3}}\text{F} = 400\mu\text{F}$$

可选取标称电容为 470μF/50V 的电解电容。

7.2.2　其他形式滤波电路

1. 电感滤波电路

利用电感电流不能突变、输出电流比较平滑的的特性，将电感 L 与负载 R_L 串联，可以使输出电压的波形也比较平滑。桥式整流电感滤波电路如图 7-8（a）所示。

由于电感的直流电阻很小，交流阻抗（$X=\omega L$）较大，且谐波频率越高，阻抗越大。所以整流电压中的直流分量经过电感后基本没有损失，但交流分量却有很大一部分降落在电感上，$\omega L/R$ 的比值越大，交流分量在电感上的分压越多，负载电流变化越大，滤波的效果就越好。所以电感滤波电路一般适用于低电压、大电流的场合。

电感滤波电路的输出电压与变压器二次电压有效值 U_2 成正比，即

$$U_O=0.9\,U_2 \tag{7-12}$$

2. π 型滤波电路

为了进一步减小输出电压中的交流分量，可将电感、电容和电阻组合起来，构成复式滤波电路。常见的有 π 型 RC、π 型 LC 和 T 型 LC 复式滤波电路。图 7-8（b）所示为 π 型 LC 滤波电路。

如图 7-8（b）所示，电容 C_1、C_2 对交流分量的容抗很小，有很好的滤波效果，电感 L 对交流分量的感抗很大，所以负载 R_L 上的交流分量很小。当负载电流较小时，可用电阻 R 代替电感 L 组成 π 型 RC 滤波电路，这样可以克服电感体积大、重量大和成本高的缺点。由于电阻要消耗功率，所以 π 型 RC 滤波电路功率损耗较大。一般情况下，对于大功率负载，通常选用 LC 滤波电路；小容量负荷一般选用 RC 滤波电路。

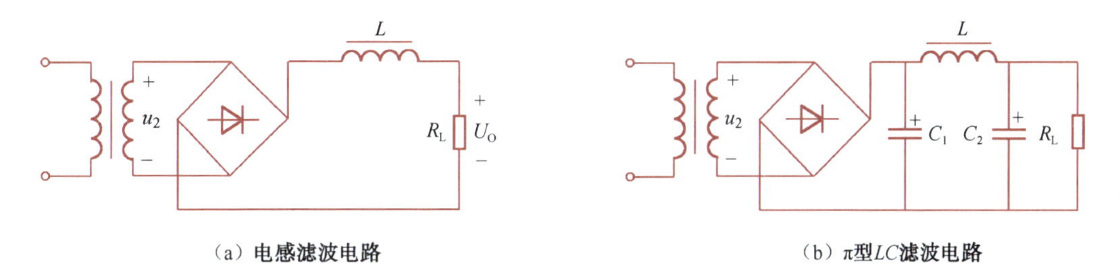

图 7-8　电感滤波、π 型 LC 滤波电路

7.3　稳压电路

经整流滤波后的电压虽然变平滑了，但当交流电源电压波动或负载变化时，都会引起输出电压的变化，为了获得稳定的直流电压，一般还需要在整流滤波电路后接入稳压电路，才能满足电子线路对直流电源的要求。

7.3.1　稳压电路的主要技术指标

稳压电路的技术指标分为两大类：一类为特性指标，一类为质量指标，用来表示稳压性能。

1. 特性指标

稳压电路的特性指标表示稳压电源的规格，主要包括：

（1）输出电压及输出电压调节范围；

（2）最大输入 / 输出电压差；

（3）最小输入 / 输出电压差；

（4）额定输出电流及输出电流调节范围。

2. 质量指标

稳压电路的质量指标表示稳压电源性能，主要包括：

（1）稳压系数 S_r

稳压系数是表征直流稳压电源性能优劣的重要指标，其定义为在负载电流和环境温度不变的条件下，稳压电路的输出电压相对变化量与输入电压相对变化量之比。即

$$S_r=\left.\frac{\Delta U_O/U_O}{\Delta U_I/U_I}\right|_{\Delta I_O=0,\ \Delta T=0}\times 100\% \qquad (7\text{-}13)$$

它反映了电网电压波动对稳压电源输出电压稳定性的影响，S_r 越小，输出电压稳定性越好。S_r 一般为 1%～0.01%。

由于工程上把电网电压波动 ±10% 作为极限，也使△ U_I/U_I=10%，在这个条件下，所谓输出电压相对变化量△ U_O/U_O 称为电压调整率。有些厂家把规定输入电压变化范围下的输出电压的变化量Δ U_O（以 mV 计），称为线性调整率（如集成三端稳压电路）。

（2）电流调整率 S_I

其定义为在输入电压 U_I 和环境温度不变的条件下，稳压电路的输出电压相对变化量与负载电流变化量之比。即

$$S_r=\left.\frac{\Delta U_O/U_O}{\Delta I_O}\right|_{\Delta U_I=0,\ \Delta T=0}\times 100\% \qquad (7\text{-}14)$$

该指标反映了负载变化对输出电压稳定性的影响。有些厂家用 I_O 从 0 变化到最大时产生的Δ U_O 来表示。S_I 越小，输出电压越稳定。

（3）温度系数 S_T

其定义为在输入电压 U_I 和负载电流不变的条件下，稳压电路的输出电压相对变化量与环境温度变化量之比。即

$$S_T=\left.\frac{\Delta U_O/U_O}{\Delta T}\right|_{\Delta U_I=0,\ \Delta I_O=0}\times 100\% \qquad (7\text{-}15)$$

该指标反映了环境温度变化对输出电压稳定性的影响。S_T 越小，输出电压越稳定。

（4）输出电阻 R_O

其定义为在输入电压 U_I 和环境温度不变的条件下，稳压电路的输出电压变化量与负载电流变化量之比。即

$$R_O=\left.\frac{\Delta U_O}{\Delta I_O}\right|_{\Delta U_I=0,\ \Delta T=0} \qquad (7\text{-}16)$$

R_O 越小，表示负载电流 I_O 变化（负载变化）时，输出电压的变化越小，输出电压保

持稳定的能力越强，即电路带负载能力越强。一般 R_O<1Ω，当 R_O=0 时，稳压电源为恒压源。

（5）纹波电压及纹波抑制比 S_R

稳压电路输出电压中的交流分量称为纹波电压，通常用有效值或峰 – 峰值表示（在电容滤波电路中、额定输出电流情况下测出）。在输入、输出条件不变时，输入纹波电压的峰值与输出纹波电压的峰 – 峰值之比，用对数表示，称为纹波抑制比。即

$$S_R = 20\lg\frac{U_{IP-P}}{U_{OP-P}}\ \text{dB} \tag{7-17}$$

S_R 越小，表明稳压电路抑制交流分量的能力越强。

7.3.2　稳压管稳压电路

利用稳压二极管组成的稳压电路如图 7-9 所示，R 为限流电阻，R_L 为稳压电路的负载。当输入电压 U_I 波动、负载 R_L 变化时，该电路能维持输出电压 U_O 的稳定。

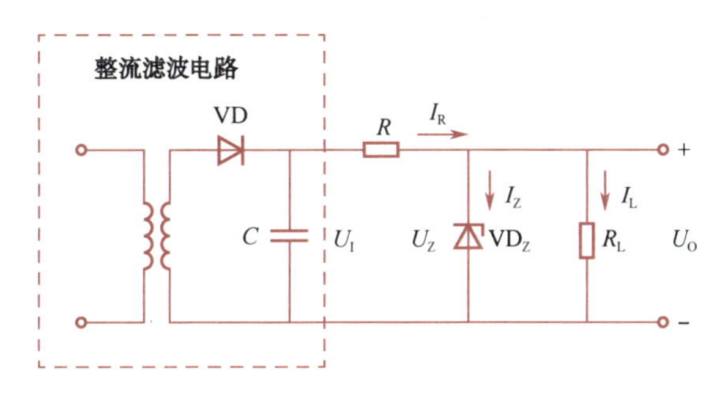

图 7-9　稳压二极管稳压电路

由图 7-9 所示可知，当稳压二极管正常工作时，有

$$U_O = U_I - I_R R \tag{7-18}$$

$$I_R = I_Z + I_L \tag{7-19}$$

当 R_L 不变，U_I 增大时，电路变化过程如下：

$$U_I\uparrow \rightarrow U_O\uparrow \rightarrow U_Z\uparrow \rightarrow I_Z\uparrow\uparrow \rightarrow I_R\,(=I_Z+I_L)\,R\uparrow\uparrow \rightarrow U_O\downarrow$$

由此可知，U_I 增大时，U_O 随之增大，则流过稳压二极管的电流 I_Z 显著增加，使 I_RR 增大，迫使输出电压 U_O 下降，其结果，是输入电压 U_I 的增加量绝大部分都降落在限流电阻 R 上，从而使输出电压 U_O 基本维持恒定。

当 U_I 不变，负载 R_L 减小（即负载电流 I_L 增大）时，电路变化过程如下：

$$R_L\downarrow \rightarrow U_O\downarrow \rightarrow U_Z\downarrow \rightarrow I_Z\downarrow\downarrow \rightarrow I_R\,(=I_Z+I_L)\,R\downarrow\downarrow \rightarrow U_O\uparrow$$

同理，R_L 减小，使 U_O 下降，则 I_Z 显著下降，使 I_RR 减小，迫使 U_O 上升，从而维持输出电压 U_O 的稳定。

【例 7–2】 在图 7-9 所示稳压电路中，设输出电压 U_O 稳定在 9V，限流电阻 R=47Ω，稳压二极管选用 2CW107，其稳定电压 U_Z=8.5 ～ 9.5V，I_{Zmax}=100mA，I_{Zmin}=5mA，R 选用 1W 金属膜电阻。

（1）当输入电压 $U_{I(min)}$=12V 为最小，负载电流 $I_{L(max)}$=56mA 为最大时，试求流过稳压二极管的电流 I_Z 为多大？

（2）当输入电压 $U_{I(max)}$=13.6V 为最大，负载电流 $I_{L(min)}$=0 为最小时，试求流过稳压二极管的电流 I_Z 和限流电阻 R 所承受的功耗。

解：（1）当 $U_{I(min)}$=12V，$I_{L(max)}$=56mA 时，流过稳压二极管的电流为最小，由图 7-9 所示可知

$$I_R=\frac{U_{I(min)}-U_O}{R}=\frac{(12-9)\text{V}}{47\Omega}=64\text{mA}$$

$$I_Z=I_{Z(min)}=(64-56)\ \text{mA}=8\text{mA}>5\text{mA}$$

由此可见，在此电路中流过稳压二极管的最小电流大于 $I_{Z(min)}$，可以保证稳压二极管工作在反向击穿区。

（2）当 $U_{I(max)}$=13.6V，$I_{L(min)}$=0 时，流过稳压二极管的电流为最大，由图 7-9 所示可知

$$I_R=\frac{U_{I(max)}-U_O}{R}=\frac{(13.6-9)\text{V}}{47\Omega}=98\text{mA}$$

$$I_Z=I_{Z(max)}=(98-0)\ \text{mA}=98\text{mA}>100\text{mA}$$

由此可见，在此电路中流过稳压二极管的最大电流没有超过其最大稳定电流 $I_{Z(max)}$，不会形成热击穿，可以保证稳压二极管安全工作。

限流电阻 R 上所消耗的功率为

$$P_R=I_R（U_I-U_O）=98\times10^{-3}\times（13.6-9）\text{W}=0.45\text{W}$$

因为 P_R=0.45W<1W，所以 R 工作是安全可靠的。

7.3.3 串联型晶体管稳压电路

采用稳压二极管可以构成简单的稳压电路，但其性能较差，带负载能力弱，一般只提供基准电压，不作为电源使用，不能满足很多场合下的应用。利用晶体管可以构成性能良好的串联型晶体管稳压电路，这种电路中用晶体管做调整管并工作在线性放大状态，所以称为线性稳压电路。又因为调整元件晶体管与负载是串联关系，故称为串联型稳压电路。

串联型晶体管稳压电路如图 7-10 所示，它由取样电路、基准电路、比较放大电路和调整管组成。图中 VT_1 为调整管，工作在线性放大区，作为电压调节元件，其压降 U_{CE} 随集电极电流 I_{C1} 的增大（减小）而减小（增大）；R_3 和稳压管 VD_Z 构成基准电压源，为集成运算放大器 A 的同相输入端提供基准电压 U_Z；R_1、R_2、R_P 组成取样电路，取出输出电压 U_O 的一部分 U_F 反馈到集成运算放大器的反相输入端；集成运算放大器 A 构成比较放大电路，用来对取样电压 U_F 和基准电压 U_Z 的差值进行放大。

如图 7-10 所示，当负载 R_L 不变，电源电压波动使 U_I 增大时，电路变化过程如下：

$$U_I\uparrow\rightarrow U_O\uparrow\rightarrow U_F\uparrow\rightarrow U_{B1}\downarrow\rightarrow I_{B1}\downarrow\rightarrow I_{C1}\downarrow\rightarrow U_{CE}\uparrow\rightarrow U_O\downarrow$$

由此可知，U_I 增大时，U_O 随之增大，电路产生以上调整过程，从而维持输出电压的稳定。

同理，若 U_I 不变，负载 R_L 变化使输出电压减小时，其调整的过程与之相反。

如图 7-10 所示可知，运算放大器 A 的外围电路引入了负反馈，其工作在线性状态，根据“虚短”概念，有

$$U_F = \frac{R'_2}{R_1+R_2+R_P} U_O = U_Z$$

$$U_O = \frac{R_1+R_2+R_P}{R'_2} U_Z \tag{7-20}$$

可见，调节 R_P 即可调节输出电压的大小。

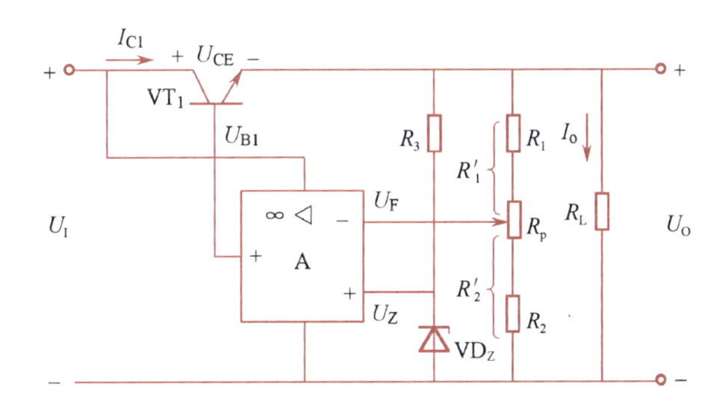

图 7-10　串联型晶体管稳压电路

7.4　三端集成稳压器

随着半导体集成电路工艺的迅速发展，把调整管、比较放大器、基准电源等做在一块硅片内，即可成为集成稳压组件。集成稳压器具有体积小、重量轻、外围元件少、性能可靠和使用调节方便等一系列优点，因此得到广泛的应用。

集成稳压器的类型很多，按结构形式可分为串联型、并联型和开关型；按输出电压是否可调可分为固定式和可调式；按输出电压的极性可分为正电压和负电压输出；按稳压器的输出端子可分为三端式和多端式。作为小功率的稳压电源，以三端式串联型稳压器的应用最为普遍。

7.4.1　三端固定式集成稳压器

1. 型号及管脚排列

三端固定输出集成稳压器有塑料封装和金属封装，其外形和管脚排列如图 7-11 所示。由图可见，它只有输入、输出和公共地端三个管脚，其产品系列有 CW7800（输出正电压）和 CW7900 系列（输出负电压），它们的管脚排列有所不同，如图 7-11（a）、（b）所示。

稳压器型号的意义：

（1）“78” 或 “79” 后面所加的字母表示额定输出电流，如 L 表示 0.1A，M 表示 0.5A，无字母表示 1.5A，H 表示 5A。

（2） 最后的两位数字表示额定电压，如 CW7805 表示输出电压为 +5V，额定电流为 1.5A。

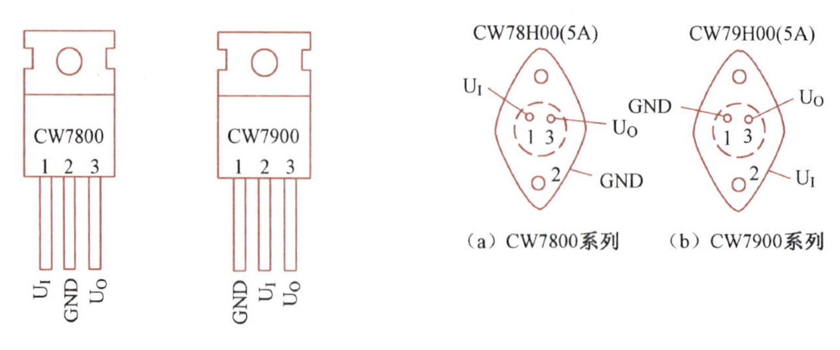

图 7-11 三端固定式集成稳压器外形及管脚排列

2. 应用电路

（1）基本应用电路

在实际应用电路中，可根据所需输出电压和输出电流的要求，选择合适的三端集成稳压器。图 7-12 所示为 CW7800 系列三端稳压器组成的基本应用电路，其输出电压为 +12V，最大输出电流为 1.5A。

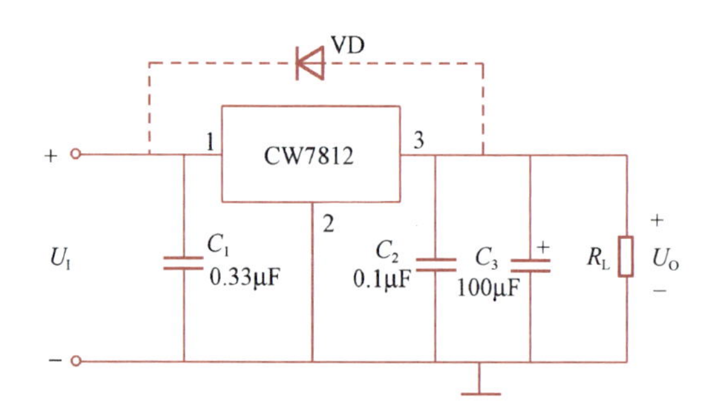

图 7-12 CW7800 系列基本应用电路

为使三端稳压器正常工作，对各元器件有如下要求：

① 输入端电压 U_I 应比输出端电压 U_O 至少大 2.5 ～ 3V。

② 输入端电容 C_1 用来抵消较长接线的电感效应，防止自激振荡，还可以抑制电源的高频脉冲干扰，一般取 0.1 ～ 1μF。

③ 输出端电容 C_2、C_3 用来改善负载的瞬态响应，消除电路的高频噪声，同时也具有消振作用。

④ VD 是保护二极管，用来防止在输入端短路时输出电容 C_3 所存储电荷通过稳压器放电而损坏器件。

CW7900 系列的接线与 CW7800 系列类似。

（2）提高输出电压的电路

图 7-13 所示为提高输出电压的稳压电路，图中 I_Q 是三端稳压器的静态工作电流，其值一般为 5mA，最高可达 8mA。外接电阻 R_1 上的电压 U_{XX} 是三端稳压器的标称输出电压。由图 7-13 所示可知，稳压电路的输出电压为

$$U_O=U_{XX}+(I_1+I_Q)\,R_2$$

$$=U_{XX}+\left(\frac{U_{XX}}{R_1}+I_Q\right)R_2 \tag{7-21}$$

$$=\left(1+\frac{R_2}{R_1}\right)U_{XX}+I_QR_2$$

当 I_Q 较小时，则

$$U_O=\left(1+\frac{R_2}{R_1}\right)U_{XX} \tag{7-22}$$

由此可见，提高 R_2 与 R_1 的比值，就可提高输出电压 U_O。这种接法的缺点是当输入电压变化时，I_Q 也要变化，将降低稳压器的精度。

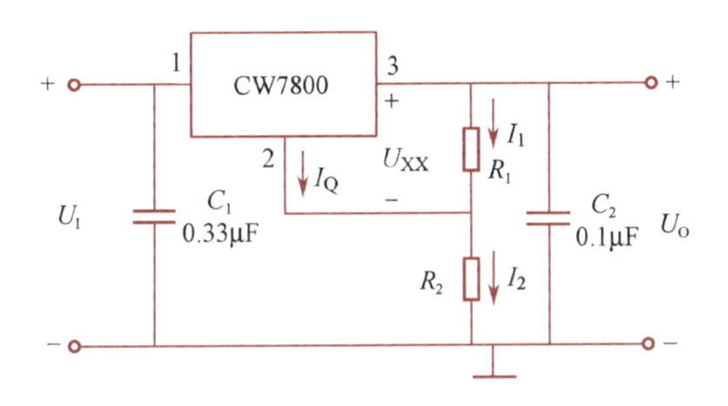

图 7-13　提高输出电压的稳压电路

（3）输出正、负电压的电路

若需要正、负电压同时输出的稳压电源，可将 CW7800 正电压单片稳压器和 CW7900 负电压单片稳压器各一块接成图 7-14 所示电路。由图可见，这两组稳压器有一个公共接地端，而且它们的整流部分也是公共的，在输出端同时获得 +15V 和 –15V 两个极性相反的电压。

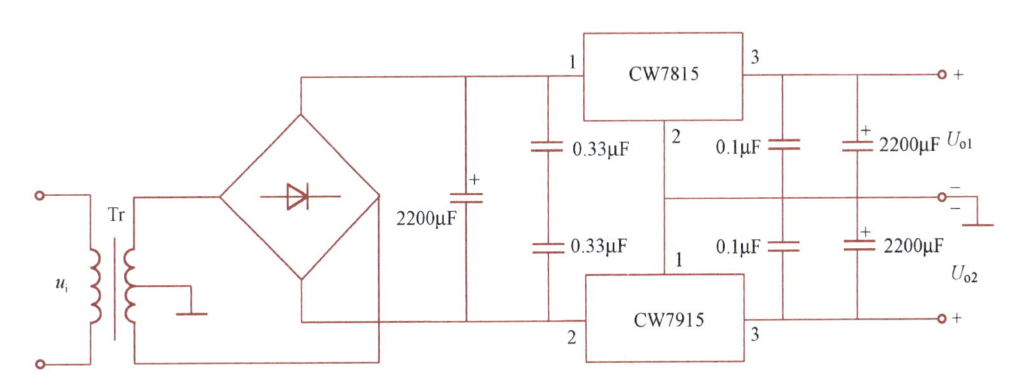

图 7-14　正、负同时输出的稳压电源电路

7.4.2　三端可调式集成稳压器

三端可调式集成稳压器，是指输出电压可调节的稳压器。按输出电压的极性可分为正电压稳压器，如 CW117 系列（有 CW117、CW217、CW317 等）；负电压稳压器，如 CW137 系列（有 CW137、CW237、CW337 等）。按输出电流的大小，每个系列又可分

为 L 型系列（$I_O \leqslant 0.1A$）、M 型系列（$I_O \leqslant 0.5A$），如果不标 L 和 M，则 $I_O \leqslant 1.5A$。

1. 型号及引脚排列

CW117 和 CW137 系列塑料直插式封装的外形和管脚排列如图 7-15 所示。由图可见，三端可调式稳压器除了输入端和输出端外，另一个管脚为电压调整端，用 ADJ 表示。

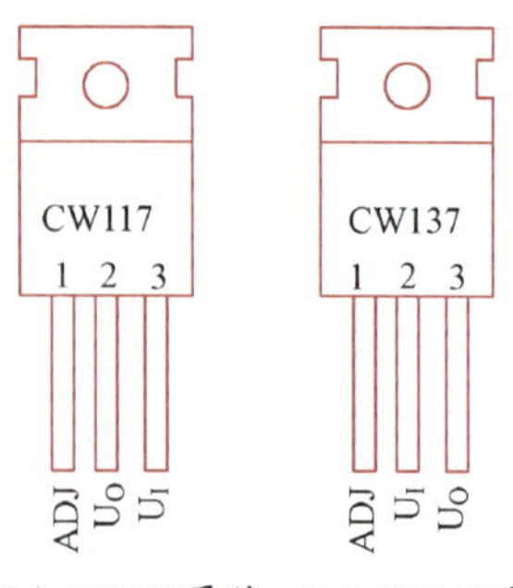

图 7-15　三端可调式集成稳压器外形及管脚排列

2. 应用电路

图 7-16 所示为三端可调式稳压器的基本应用电路。图中，VD_1 用于防止输入端短路时，C_4 上存储电荷产生很大的瞬时电流流入稳压器而使之损坏，C_2 用于减小输出电压的纹波，VD_2 则用于防止输出端短路时，C_2 通过调整端放电而损坏稳压器。R_1、R_p 构成取样电路，调节 R_p 可改变取样比，即可调节输出电压 U_O 的大小。

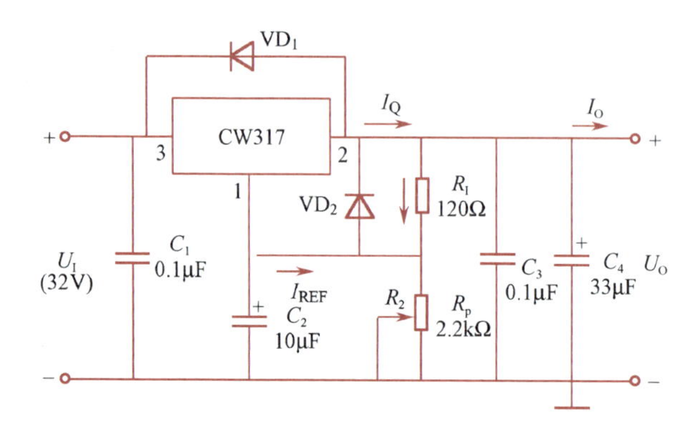

图 7-16　三端可调输出集成稳压器的基本应用电路

由图 7-16 所示可知，设 $U_{21}=U_{REF}$，U_{REF} 为输出端与调整端之间的基准电压，$U_{REF}=1.25V$；I_{REF} 为基准电路的工作电流，即基准电流，$I_{REF} \approx 50\mu A$，则输出电压为

$$U_O = U_{REF} + \left(\frac{U_{REF}}{R_1} + I_{REF} \right) R_2 \tag{7-23}$$

式（7-23）中，若忽略 I_{REF}，则输出电压为

$$U_O \approx 1.25 \times \left(1 + \frac{R_2}{R_1} \right) \tag{7-24}$$

可见，调节电位器 R_p（即改变 R_2 的大小）就可以改变取样比 R_2/R_1，从而调节输出电压大小。当 R_2=0 时，U_O=1.25V；当 R_2=2.2kΩ 时，$U_O \approx$ 24V。该电路输出电压的调节范围为 1.25 ～ 24V。

为保证电路在负载开路时能正常工作，R_1 的选取很重要。由于元件参数具有一定的分散性，实际运用中可选取静态工作电流 I_Q=10mA，于是 R_1 可确定为

$$R_1=\frac{U_{REF}}{I_Q}=\frac{1.25}{10\times10^{-3}}=125\Omega \tag{7-25}$$

取标称值 R_1=120Ω。

7.5　开关型稳压电源电路

前面讨论的线性集成稳压器有很多优点，应用也很广泛，但由于调整管工作在线性放大状态，其管压降较大，而且负载电流全部要通过它，因此其管耗较大，电源的效率低，为 40% ～ 60%，并且要安装较大面积的散热片。如果使调整管工作在开关状态，即工作在饱和导通和截止相交替的开关状态，那么当调整管饱和导通时，虽有较大电流通过，但其管压降较小，因而管耗不大；而在调整管截止时，尽管管压降很大，但通过的电流很小，则其管耗也很小。所以开关型稳压电源的效率明显提高，可达到 80% ～ 90%，而且这一效率几乎不受输入电压大小的影响，即开关型稳压电源稳压范围较宽，因此多数开关型稳压电源可以不采用电源变压器，减少了体积和重量。开关型稳压电源的主要缺点是输出电压中含有较大的纹波，但由于其优点显著、发展迅速，使用越来越广泛，如现在电脑的 ATX 电源、笔记本电脑电源适配器、打印机电源、手机充电器等。

开关型稳压电源的种类很多，按照开关管与负载的连接方式可分为串联型和并联型；按照开关管控制信号的调制方式可分为脉冲宽度调制型（PWM）、脉冲频率调制型（PFM）和调宽调频混合调制型；按照开关型稳压电源中的开关控制信号是否由电路自身产生，可分为自激式和他激式开关稳压电源。本节以应用较多的串联脉宽调制型开关稳压电源为例，讨论开关型稳压电源电路的组成和工作原理。

7.5.1　开关型稳压电路的基本工作原理

图 7-17 所示为串联型开关稳压电路的组成框图。图中，U_I 为开关稳压电源的输入电压，由整流滤波电路输出；U_O 为开关稳压电源的输出电压；VT 为调整管，工作于开关状态，它与负载 R_L 串联；VD 为续流二极管，L、C 组成滤波电路；R_1、R_2 组成取样电路，控制电路用来产生开关管的控制脉冲，控制脉冲的周期 T 保持不变，但其脉宽受来自取样电路误差信号的调制。

1. 基本工作原理

如图 7-17 所示，当控制脉冲 u_B 为高电平时，调整管 VT 饱和导通，若忽略其饱和压降，则 $u_E=U_I$，二极管 VD 承受反向电压而截止，u_E 经电感 L 向负载供电，同时对电容 C 充电。由于电感 L 的自感电动势的作用，i_L 随时间线性增长，L 存储能量。

当控制脉冲 u_B 为低电平时，调整管 VT 截止，$u_E \approx 0$。由于通过电感 L 的电流不能突变，在其两端产生相反的感应电动势，使 VD 导通，于是电感 L 中存储的能量经 VD 向负载供电，

i_L 经 R_L 和 VD 继续流通，所以 VD 称为续流二极管。这时 i_L 随时间线性下降，而后 C 向负载供电，以维持负载所需电流。由此可见，虽然调整管工作在开关状态，但由于续流二极管的作用及 L、C 的滤波作用，稳压电路可以输出平滑的直流电压。

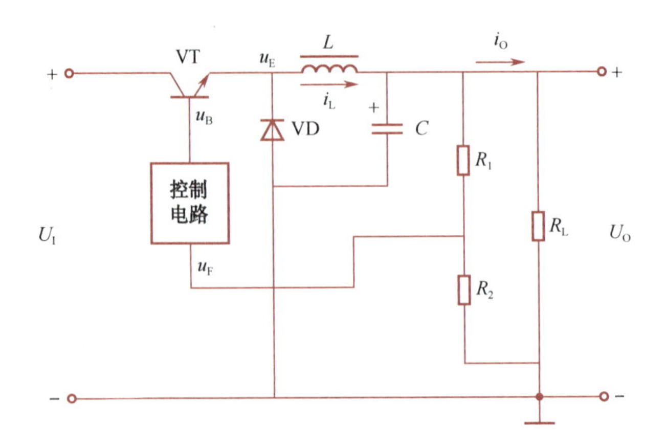

图 7-17　串联型开关稳压电路组成框图

根据上述讨论可以画出开关型稳压电路的工作波形如图 7-18 所示。其中 t_{on} 表示开关调整管 VT 的导通时间，t_{off} 表示调整管 VT 的截止时间，（$t_{on}+t_{off}$）为控制信号的周期 T，即调整管导通、截止的转换周期。

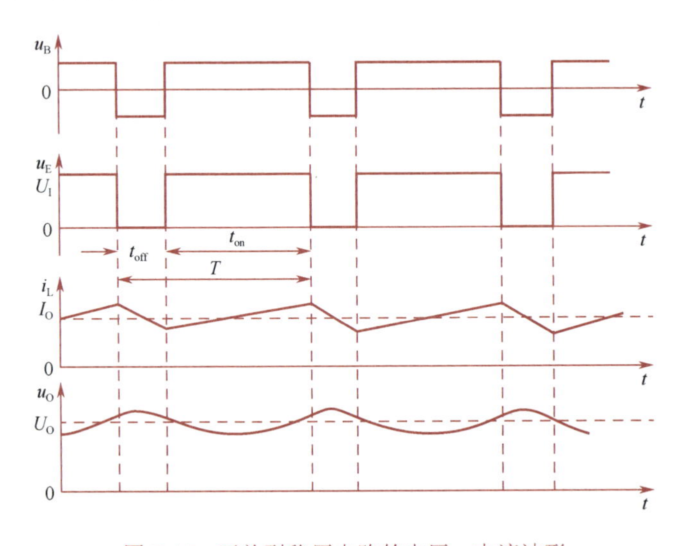

图 7-18　开关型稳压电路的电压、电流波形

当忽略电感 L 的直流电压、调整管的饱和压降和二极管的导通压降时，开关型稳压电源输出电压的平均值为

$$U_O = \frac{t_{on}}{t_{on}+t_{off}} U_I = \frac{t_{on}}{T} U_I = DU_I \tag{7-26}$$

式中，$D = t_{on}/T$ 为脉冲波形的占空比。式（7-26）表明，当输入电压 U_I 一定时，输出电压正比于脉冲占空比 D，调节 D 就可以改变输出电压 U_O 的大小，所以图 7-15 所示电路称为脉宽调制式（PWM）开关型稳压电路。

2. 稳压过程

在闭环情况下，电路能根据输出电压的变化自动调节调整管的导通和关断时间，以维持输出电压的稳定。当电路由于 U_I 不稳定或负载变化引起 U_O 变化时，经 R_1、R_2 分压得到的取样电压 u_F 也随之变化，由此影响 t_{on} 或 t_{off} 时间，从而牵制输出电压 U_O 变化而自动维持稳定。例如，当由于某种原因输出电压 U_O 升高时，电路将自动产生如下调整过程：

$$U_O \uparrow \rightarrow u_F \uparrow \rightarrow t_{on} \downarrow \rightarrow D \downarrow \rightarrow U_O \downarrow$$

反之，若输出电压 U_O 下降，必使 t_{off} 减小，占空比 D 增大，使 U_O 自动回升到稳定值。

由此可见，开关型稳压电路是自动调节调整管开关时间实现稳压的。开关型稳压电路的开关频率一般取 10k ～ 100kHz 为宜。这是因为开关频率过高，会使开关调整管在单位时间内开关转换的次数增加，由此使调整管的功耗增加、电源效率降低；若开关频率太低，L、C 值较大，则会使整个系统尺寸和重量变大，成本增加。

7.5.2　集成开关稳压器及其应用

集成开关稳压器的种类很多，下面介绍两种集成度高、使用方便的集成开关稳压器及其应用。

1. 集成开关稳压器 CW4960/4962 及其应用

CW4960/4962 内部电路完全相同，主要由基准电压源、误差放大器、脉冲宽度调制器、功率开关管及软启动电路、输出过流限制电路、芯片过热保护电路等组成。由于它已将功率开关管集成在芯片内部，所以在构成稳压电路时只需外接少量元件。其最大输入电压为 50V，输出电压范围为 5.1 ～ 40V 连续可调，变换效率为 90%。脉冲占空比可在 0 ～ 100% 内调整。工作最高频率为 100kHz。

CW4960 采用单列 7 脚封装形式，如图 7-19（a）所示。其额定输出电流为 2.5mA，过流保护电流为 3 ～ 4.5mA，使用很小的散热片；CW4962 采用双列直插式 16 脚封装，如图 7-19（b）所示。其额定输出电流为 1.5mA，过流保护电流为 2.5 ～ 3.5mA，不用散热片。

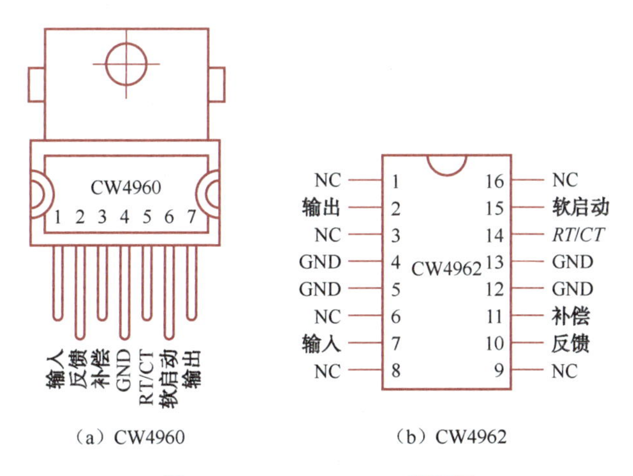

图 7-19　CW4960/4962 管脚图

CW4960/4962 的典型应用电路如图 7-20 所示（有括号的为 CW4960 的管脚标号）。

它是串联型开关稳压电路，电容 C_1 用于减小输出纹波电压，R_1、R_2 为取样电阻，其输出电压为

$$U_O=5.1\times\left(1+\frac{R_1}{R_2}\right) \tag{7-27}$$

R_1、R_2 的取值范围为 500 ～ 10kΩ。

R_T、C_T 决定开关电源的工作频率 $f=1/(R_TC_T)$。一般取 $R_T=1$ ～ 27kΩ，$C_T=1$ ～ 3.3nF，图 7-20 所示电路的工作频率为 100kHz。R_P、C_P 为补偿电容，用来防止产生寄生振荡，VD 为续流二极管，采用 4A/50V 的肖特基二极管，C_3 为软启动电容，一般 C_3=1μ ～ 4.7μF。

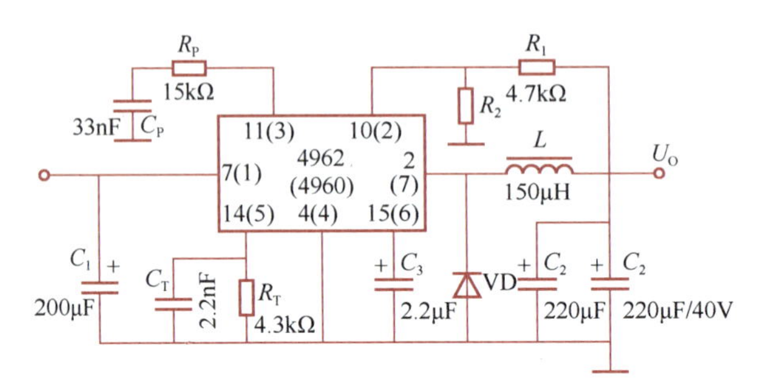

图 7-20　CW4960/4962 典型应用电路

2. 集成开关稳压电源使用注意事项

（1）工作频率的确定

开关型稳压电路的开关频率一般取 10k ～ 100kHz 为宜。这是因为开关频率过高，会使开关调整管在单位时间内开关转换的次数增加，由此使调整管的功耗增加、电源效率降低；若开关频率太低，L、C 值较大，则会使整个系统尺寸和重量变大，成本增加。通常开关频率大于 20kHz。

（2）电路元件的选择

开关调整管要选饱和压降 $U_{CE(sat)}$ 和穿透电流 I_{CEO} 很小的功率管，要求开关的延时、上升、存储和下降时间尽可能小，一般取 $f_T\geqslant 10\beta f$ 的高频功率管（f 为工作频率）。

续流二极管应选用正向压降小、反向电流小及存储时间短的开关二极管，一般选用肖特基二极管。

滤波电感应选用高频特性好、抗磁饱和的磁环来绕制，应有足够的电感量且直流损耗小，不发生磁饱和。

滤波电容应选用高频电感效应小的高频电解电容，或用多个高频特性好的小电容并联使用。

（3）结构上的考虑

主回路的连线应尽可能短和尽可能粗，以减小电阻损耗和分布参数的影响。接地要良好，设计印制电路板时，共地面积尽量大，控制电路应被共地面积所包围，信号电线和功率电线应分开，并在输出一点接地。电感线圈应用铜箔屏蔽。

本章小结

1. 直流稳压电源是电子设备中的重要组成部分，其作用是将交流电变为稳定的直流电，为电子电路正常工作提供能源保证。一般小功率直流稳压电源由电源变压器、整流电路、滤波电路和稳压电路等部分组成。

2. 直流稳压电源的种类很多，但无论何种类型的稳压电源，都要求它在输入电压变化或负载变化时，电路能进行自我调节，使输出电压保持稳定。衡量直流稳压电源的性能指标有特性指标和质量指标。特性指标有输出电压及输出电压调节范围、最大输入 / 输出电压差、最小输入 / 输出电压差、额定输出电流及输出电流调节范围。主要质量指标有稳压系数 S_r、电流调整率 S_I、温度系数 S_T、输出电阻 R_O、纹波电压及纹波抑制比 S_R，要求 S_r、S_I、S_T、R_O 和纹波电压及 S_R 越小越好。

3. 经过桥式整流、电容滤波电路后，可将交流电压变成直流电压。当 $R_LC \geqslant (3 \sim 5)\dfrac{T}{2}$时，$U_O \approx 1.2U_2$（$U_2$ 为变压器二次电压的有效值）。

4. 硅稳压管稳压电路是最简单的稳压电路，用于稳定性要求不高的场合。它通过限流电阻的电压变化来保持负载上的直流电压的稳定。

5. 在小功率电路中，采用串联反馈式稳压电源。电路引入负反馈，使输出电压稳定可调。

6. 集成稳压电源应用广泛，在小功率直流电供电系统中多采用线性集成稳压器，三端集成稳压器性能可靠、使用方便。它的应用电路有电压固定、输出电压可调等基本形式。

7. 在大中型功率稳压电路中，为减小调整管的功耗，提高电源效率，常采用开关型稳压电路。

习题

1. 判断下列说法是否正确，用“ √ ”或“×”表示判断结果并填入括号内。

（1）整流电路可将正弦电压变为脉动的直流电压。（　）

（2）电容滤波电路适用于小负载电流，而电感滤波电路适用于大负载电流。（　）

（3）在单相桥式整流电容滤波电路中，若有一只整流管断开，输出电压平均值变为原来的一半。（　）

（4）对于理想的稳压电路，$\Delta U_O/\Delta U_I=0$，$R_O=0$。（　）

（5）线性直流电源中的调整管工作在放大状态，开关型直流电源中的调整管工作在开关状态。（　）

（6）因为串联型稳压电路中引入了深度负反馈，因此也可能产生自激振荡。（　）

（7）在稳压管稳压电路中，稳压管的最大稳定电流必须大于最大负载电流。（　）而且，其最大稳定电流与最小稳定电流之差应大于负载电流的变化范围。（　）

2. 选择合适答案填入空内。

（1）整流的目的是____。

A. 将交流电变为脉动直流电　B. 将高频变为低频　C. 将正弦波变为方波

（2）在单相桥式整流电路中，若有一只整流管接反，则____。

A．输出电压约为 $2U_D$　　B．变为半波整流

C．整流管将因电流过大而烧坏

（3）直流稳压电源中滤波电路的目的是____。

A．将交流变为直流　　B．将高频变为低频

C．将交、直流混合量中的交流成分滤掉

（4）滤波电路应选用____。

A．高通滤波电路　　B．低通滤波电路　　C．带通滤波电路

（5）若要组成输出电压可调、最大输出电流为 3A 的直流稳压电源，则应采用____。

A．电容滤波稳压管稳压电路　　B．电感滤波稳压管稳压电路

C．电容滤波串联型稳压电路　　D．电感滤波串联型稳压电路

（6）串联型稳压电路中的放大环节所放大的对象是____。

A．基准电压　　B．采样电压　　C．基准电压与采样电压之差

（7）开关型直流电源比线性直流电源效率高的原因是____。

A．调整管工作在开关状态　　B．输出端有 LC 滤波电路

C．可以不用电源变压器

3．如图 7-21 所示单相桥式整流电容滤波电路，已知交流电源频率 f=50Hz，u_2 的有效值 U_2=15V，R_L=50Ω。试估算：

（1）输出电压 U_O 的平均值；

（2）流过二极管的平均电流；

（3）二极管承受的最高反向电压；

（4）滤波电容 C 容量的大小。

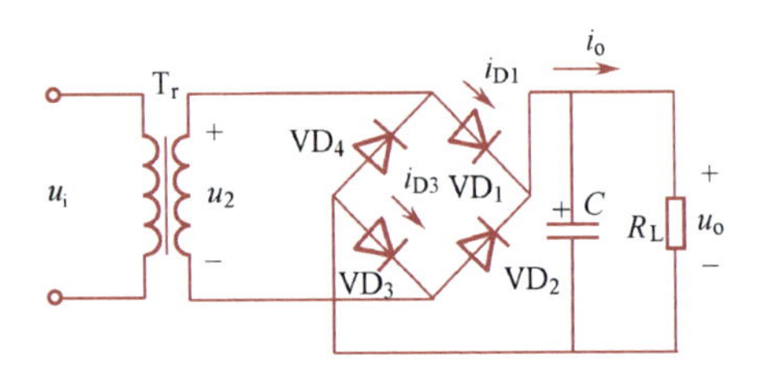

图 7-21　题 3 图

4．电路如图 7-22 所示，已知 I_Q=5mA，试求输出电压 U_O。

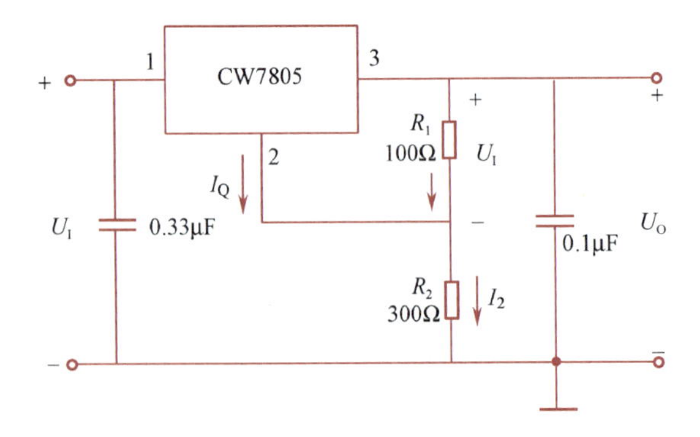

图 7-22　题 4 图

5．直流稳压电路如图 7-23 所示，试求输出电压 U_O 的大小。

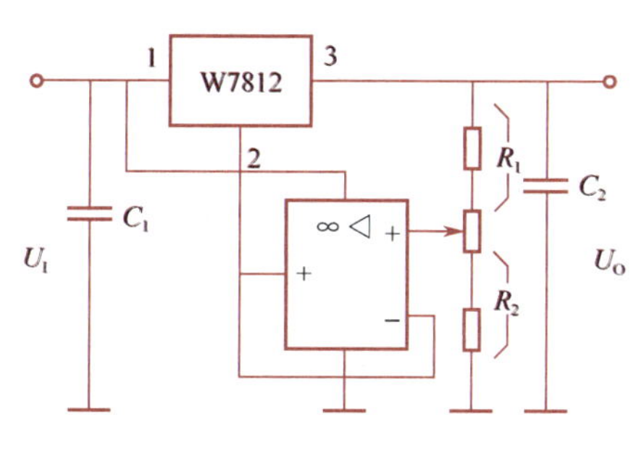

图 7-23　题 5 图

参 考 文 献

[1] 康华光 . 电子技术基础（模拟部分）. 第 5 版 . 北京：高等教育出版社，2006.
[2] 黄洁 . 电子技术基础 . 武汉：华中科技大学出版社，2006.
[3] 胡宴如 . 模拟电子技术及应用 . 北京：高等教育出版社，2011.
[4] 卢庆林 . 模拟电子技术 . 重庆：重庆大学出版社，2000.
[5] 周筱龙 . 电子技术基础（第 2 版）. 北京：电子工业出版社，2006.
[6] 郭宗莲 . 模拟电子技术基础 . 北京：中国铁道出版社，2015.
[7] 张宪 . 详解实用电子电路 128 例 . 北京：化学工业出版社，2013.
[8] 葛介康 . 少年电子制作 . 福州：福建科学技术出版社，2007.
[9] 陈永甫 . 电子技术 . 北京：电子工业出版社，2015.